全国高等职业教育"十二五"规划教材
中国电子教育学会推荐教材
全国高等职业院校规划教材·精品与示范系列

院级精品课
配套教材

# 建筑电气工程预算技能训练

韩永学　杨玉红　孙景翠　主编

电子工业出版社
**Publishing House of Electronics Industry**
北京·BEIJING

## 内 容 简 介

本书根据国家示范专业建设项目成果，结合多年的校企合作实践教学经验进行编写，作者由经验丰富的骨干教师和从事建筑电气工程预算与施工的工程技术人员共同组成。全书共分 6 个学习情境，包括建筑电气工程预算认知、电气照明工程预算编制、建筑电气消防工程预算编制、建筑电气动力工程预算编制、建筑电气弱电工程预算编制、工程量清单计价与投标书编制。

全书以项目驱动的形式进行设置，根据实际工作需要安排学习任务，体现职业技能教育注重实用、由浅入深、由易到难、循序渐进的特点。本书实行理实一体化教学，理论基础知识以职业技能所依托的知识点为主线，操作训练参照国家职业资格认证标准，理论与实践教学内在联系有效，衔接与呼应合理，强化了知识性和实践性的统一，做到教、学、做结合，学生学后可从事建筑电气工程预算、招投标等工作。

本书为高等职业本专科院校建筑电气工程、建筑设备工程、楼宇智能化工程、建筑工程管理、建筑经济管理等专业的教学用书，也可作为开放大学、成人教育、自学考试、中职学校和培训班的教材，以及建筑企业工程技术人员的参考用书。

本书配有免费的电子教学课件、习题参考答案，详见前言。

**图书在版编目（CIP）数据**

建筑电气工程预算技能训练／韩永学，杨玉红，孙景翠主编．—北京：电子工业出版社，2010.4
全国高等职业院校规划教材·精品与示范系列
ISBN 978-7-121-10660-6

Ⅰ．①建…　Ⅱ．①韩…②杨…③孙…　Ⅲ．①房屋建筑设备：电气设备－建筑预算定额－高等学校：技术学校－教材　Ⅳ．①TU723.3

中国版本图书馆 CIP 数据核字（2010）第 058828 号

策划编辑：陈健德（E-mail：chenjd@phei.com.cn）
责任编辑：徐　萍
印　　刷：北京七彩京通数码快印有限公司
装　　订：北京七彩京通数码快印有限公司
出版发行：电子工业出版社
　　　　　北京市海淀区万寿路 173 信箱　邮编 100036
开　　本：787×1 092　1/16　印张：18.25　字数：492.8 千字　插页：2
版　　次：2010 年 4 月第 1 版
印　　次：2020 年 7 月第 9 次印刷
定　　价：37.00 元

凡所购买电子工业出版社图书有缺损问题，请向购买书店调换。若书店售缺，请与本社发行部联系，联系及邮购电话：（010）88254888，88258888。

质量投诉请发邮件至 zlts@phei.com.cn，盗版侵权举报请发邮件至 dbqq@phei.com.cn。

本书咨询联系方式：chenjd@phei.com.cn。

# 职业教育　继往开来 (序)

自我国经济在新的世纪快速发展以来，各行各业都取得了前所未有的进步。随着我国工业生产规模的扩大和经济发展水平的提高，教育行业受到了各方面的重视。尤其对高等职业教育来说，近几年在教育部和财政部实施的国家示范性院校建设政策鼓舞下，高职院校以服务为宗旨、以就业为导向，开展工学结合与校企合作，进行了较大范围的专业建设和课程改革，涌现出一批示范专业和精品课程。高职教育在为区域经济建设服务的前提下，逐步加大校内生产性实训比例，引入企业参与教学过程和质量评价。在这种开放式人才培养模式下，教学以育人为目标，以掌握知识和技能为根本，克服了以学科体系进行教学的缺点和不足，为学生的顶岗实习和顺利就业创造了条件。

中国电子教育学会立足于电子行业企事业单位，为行业教育事业的改革和发展，为实施"科教兴国"战略做了许多工作。电子工业出版社作为职业教育教材出版大社，具有优秀的编辑人才队伍和丰富的职业教育教材出版经验，有义务和能力与广大的高职院校密切合作，参与创新职业教育的新方法，出版反映最新教学改革成果的新教材。中国电子教育学会经常与电子工业出版社开展交流与合作，在职业教育新的教学模式下，将共同为培养符合当今社会需要的、合格的职业技能人才而提供优质服务。

近期由电子工业出版社组织策划和编辑出版的"全国高职高专院校规划教材·精品与示范系列"，具有以下几个突出特点，特向全国的职业教育院校进行推荐。

（1）本系列教材的课程研究专家和作者主要来自于教育部和各省市评审通过的多所示范院校。他们对教育部倡导的职业教育教学改革精神理解得透彻准确，并且具有多年的职业教育教学经验及工学结合、校企合作经验，能够准确地对职业教育相关专业的知识点和技能点进行横向与纵向设计，能够把握创新型教材的出版方向。

（2）本系列教材的编写以多所示范院校的课程改革成果为基础，体现重点突出、实用为主、够用为度的原则，采用项目驱动的教学方式。学习任务主要以本行业工作岗位群中的典型实例提炼后进行设置，项目实例较多，应用范围较广，图片数量较大，还引入了一些经验性的公式、表格等，文字叙述浅显易懂。增强了教学过程的互动性与趣味性，对全国许多职业教育院校具有较大的适用性，同时对企业技术人员具有可参考性。

（3）根据职业教育的特点，本系列教材在全国独创性地提出"职业导航、教学导航、知识分布网络、知识梳理与总结"及"封面重点知识"等内容，有利于老师选择合适的教材并有重点地开展教学过程，也有利于学生了解该教材相关的职业特点和对教材内容进行高效率的学习与总结。

（4）根据每门课程的内容特点，为方便教学过程对教材配备相应的电子教学课件、习题答案与指导、教学素材资源、程序源代码、教学网站支持等立体化教学资源。

职业教育要不断进行改革，创新型教材建设是一项长期而艰巨的任务。为了使职业教育能够更好地为区域经济和企业服务，我们殷切希望高职高专院校的各位职教专家和老师提出建议，共同努力，为我国的职业教育发展尽自己的责任与义务！

中国电子教育学会

# 前　言

　　本书根据国家示范性高职院校项目建设要求，结合多年的工学结合人才培养经验进行编写。为了适应现代社会发展对建筑电气工程技术专业人才的大量需求，培养适应建筑电气职业标准的高技能职业人才，急需深化职业教育教学改革，推行工学结合+项目导向+定岗实习的"2+1"人才培养模式，创新任务驱动教学模式，构建以岗位能力为核心、以实践教学为主体的特色课程体系和人才培养方案。

　　本书包括6个学习情境。学习情境1主要介绍工程预算的发展、内容及计价特点，基本建设工程项目的划分，基本建设工程的"三算"与电气安装工程的"三算"，建筑电气工程造价管理及其基本内容；学习情境2介绍门卫室照明工程施工图预算的编制，多层住宅照明工程施工图预算的编制，高层住宅照明工程施工图预算的编制与训练；学习情境3包括某综合楼电气消防预算案例，消防工程项目预算实训；学习情境4包括某车间动力预算编制，某民用锅炉房动力预算，动力工程预算软件应用实训；学习情境5包括弱电工程施工图的识读，某办公楼弱电工程预算编制案例，某住宅楼弱电工程预算编制案例，某厂房弱电工程预算编制实训；学习情境6包括照明工程工程量清单的编制，工程量清单计价的编制方法，工程量清单计价编制案例，工程量清单计价软件的应用，工程量清单投标报价书的编制。

　　本教材力求体现国家倡导的"以就业为导向，以能力为本位"的精神，精简整合理论课程，注重实训教学，强化技能实用培训，本着"实际、实用、实效"的原则，统筹规划教材内容，合理安排知识点、技能点，教学形式生动活泼，符合职业院校学生的认知规律，以培养适应科技进步、经济发展和市场就业需要的人才。

　　学习本书，可为建筑电气工程预算、结算、决算打下基础，为从事建筑电气工程做好理论与技能方面的准备。另外，为使读者在学习过程中能将理论与实际密切结合，书中给出了相关习题与训练项目，旨在培养学生的应用能力，以适应现代化建筑行业的岗位需求。

　　本书有如下特色：

　　1．根据国家示范性高职院校项目建设要求，结合多年的工学结合人才培养经验，紧紧围绕本专业的职业能力安排书中内容。

　　2．在每个学习情境的阐述过程中，结合工程项目实际预算中所需要的知识点和技能展开分析，指导学生工程实践的必修内容。

　　3．结合典型工作任务，采用边讲边练的方法，做到学中有做、做中有学，增强学生的积极性和对知识的理解与应用能力。

4. 采用角色扮演法进行建筑电气工程预算综合训练，使学生有真实企业工作者的体验，有利于学生掌握职业技能和顺利就业。

5. 各章正文前配有"教学导航"，为本章的教学提供参考指导；正文中设有"知识分布网络"，指出本节的主要知识点及层次关系，以利于读者把握学习脉络；每章最后有"知识梳理与总结"，对本章知识进行梳理，以利于读者对本章知识点及重点的把握，提高学习效果。

本书在编写过程中考虑新技术、新材料、新工艺及新方法在工程预算中的应用，紧紧围绕工程项目，使理论与实践密切结合。另外在每个学习情境中均安排了实训项目，目的是提高学生的动手能力，使学生做到毕业即上岗，上岗即顶岗。

本书的编写注重针对性和实用性，适合作为高职高专院校建筑电气工程、建筑设备工程、楼宇智能化工程、建筑工程管理、建筑经济管理等专业的教材，也可作为开放大学、成人教育、自学考试、中职学校和培训班的教材，以及建筑企业工程技术人员的参考用书。

本书由韩永学、杨玉红、孙景翠主编，韩永学负责统一定稿。其中学习情境 1、3、4 由韩永学编写，学习情境 2 由杨玉红编写，学习情境 5、6 由孙景翠编写，学习情境 3 部分内容由李明君编写。高级会计师孙景芬对本书进行了认真的审阅，提出了宝贵的意见，在此一并表示感谢。

本书参考了大量的书刊资料，并引用了部分资料，除在参考文献中列出外，在此谨向这些书刊资料作者表示衷心的感谢。

由于编写时间仓促，经验不足，本书难免存在错误和不妥之处，恳请读者批评指正。

为了方便教师教学，本书配有免费的电子教学课件和习题参考答案，请有此需要的教师登录华信教育资源网（www.hxedu.com.cn）免费注册后进行下载，有问题时请在网站留言板留言或与电子工业出版社联系（E-mail:hxedu@phei.com.cn）。

编者

2010 年元月

目　录

# 学习情境1 建筑电气工程预算认知

## 教学导航

| 学 习 任 务 | 任务 1.1　了解工程预算<br>任务 1.2　基本建设工程项目的划分<br>任务 1.3　基本建设工程的"三算"与电气安装工程的"三算"<br>任务 1.4　建筑电气工程造价管理及其基本内容 | 参考学时 | 2 |
|---|---|---|---|
| 能 力 目 标 | 明白建筑电气工程预算的组成、特点及要求；学会建筑电气预算编制的基本内容；掌握建筑电气工程预算所从事职业岗位应具备的基本技能 | | |
| 教学资源与载体 | 多媒体网络平台，教材，课业单、工作计划单、评价表 | | |
| 教学方法与策略 | 引导文法，参与型教学法 | | |
| 教学过程设计 | 课程教学设计与要求→多媒体讲解建筑电气造价及相关基础知识→引发学生的求知欲望，设置好学前铺垫 | | |
| 考核与评价内容 | 电气预算的认知；基本建设工程项目的划分；基本建设与电气安装工程"三算"的划分；语言表达能力；工作态度；任务完成情况与效果 | | |
| 评 价 方 式 | 自我评价（10%），小组评价（30%），教师评价（60%） | | |

# 任务 1.1 了解工程预算

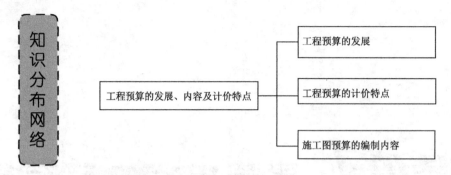

## 1.1.1 工程预算的发展及计价特点

### 1. 工程预算的发展

世界各发达国家都很重视工程造价管理，工程造价管理学科大体经历了以下 4 个阶段：

（1）由事后算账发展到事先算账；

（2）由被动反映工程设计与施工发展到能动影响工程设计与施工；

（3）由依附于施工或建筑师发展到形成一个独立的专业和学科体系；

（4）由概算定额管理发展到对建设工程全过程、全方位的工程造价管理。

工程预算管理是一个很重要的学科，在建筑业中都很重视工程预算。日本称工程预算为"积算"，美国称为"造价管理"，并于 1991 年将工程造价管理专业改名为全面造价管理专业。

我国于 1985 年成立了中国工程建设概预算定额委员会，于 1990 年成立了中国建设工程造价管理协会，各省、市、自治区、国务院各部委都成立了工程造价管理委员会；于 1996 年国家人事部和建设部建立注册造价工程师制度，标志着该学科已发展成为一个独立、完整的学科体系。

### 2. 工程预算的计价特点

预算分为建筑工程总预算和建筑安装工程预算。

建筑工程总预算是指初步设计概算所确定建设项目的总费用，包括建筑工程费、安装工程费、设备工器具购置费、工程建设其他费用、建设期贷款利息等。

工程预算的计价特点如下。

（1）单件性。建设工程受地区自然、地理条件和社会习惯的影响，建筑物千差万别。加上地区构成投资用的组成要素不同，其工程预算也会不同。因此，建设工程不能由国家或企业规定统一的价格，只能各个项目分别计价。

（2）多次性。建设工程周期长、规模大、投资大，不能一次确定可靠的价格，要在建设程序的各个阶段进行计价，以保证工程预算的准确性。相应的工程阶段都要编制工程预算，反映了建设工程多次计价的特点。多次性计价就是逐步接近最终造价的过程。

（3）分部分项组合计价。一个建设项目可以分解为若干个分项工程项目，分项工程项目是计算工程预算的最基本的计量单位。编制预算时，按分项工程项目工程量套定额，分别计

算出单位工程造价，再计算各单项工程造价，最后汇总成总造价。这个计价过程体现了分部分项组合计价的特点。

### 3．电气安装工程预算

电气安装工程是建筑工程的重要组成部分，而预算又是工程造价管理的重要组成部分。什么是预算？

预算——预先算账，计划花钱。具体来讲就是，事先根据图纸算出所需的材料和费用，施工中材料数量按实际需要购买。

做预算要求准确无误，工程造价低，容易中标，但会造成建设资金不足，影响工程进度，施工单位经济效益受到影响，甚至还要追加基建投资。所以应做到力争准确，误差越小越好。为使预算编制准确，应对定额的形式、内容、种类和分项工程项目的划分，以及定额的正确使用方法等有比较系统的了解，并应熟练掌握。

电气安装工程预算由定额项目费和企业管理费等组成，上述内容之和构成了工程预算成本，预算成本是电气安装工程预算价值的最低经济界限。编制工程预算主要是正确地计算工程直接费，它是确定预算价格的决定因素。要正确地计算工程直接费，就应掌握预算的基本知识（如识图、工程量计算方法等），正确计算工程量，正确使用预算定额。

## 1.1.2　施工图预算的编制内容

施工图预算（以下简称预算）是施工图设计文件的组成部分。进行施工图设计时，应根据设计划分的单位工程编制预算。单位工程预算包括建筑电气工程预算及设备安装工程预算。

### 1．预算的作用

按预算承包的工程，其预算经审定后是确定工程造价、签订建筑安装工程合同和办理工程结算的基础。

实行施工招标的工程，预算是编制工程标底的基础。

在设计单位内部，预算是考核施工图设计经济合理性的依据。

施工图设计及其预算应控制在批准的初步设计概算范围之内。当单位工程预算突破相应概算时，应分析原因，对施工图中不合理部分进行修改，对其合理部分应在总概算范围内调剂解决。

### 2．预算编制的责任单位

预算由承担设计任务的设计单位负责编制或委托有资格的造价咨询机构编制。具体编制人员应持有建筑电气工程造价人员资格证书。

### 3．预算的编制依据

（1）国家有关的法令及法规；

（2）施工图设计和施工组织设计；

（3）有关定额和规定；

（4）地方颁布的材料价格或工程所在地基本计价主管部门颁布的材料预算价格及有关规定；

（5）工程所在地的材料市场价格。

#### 4. 文件组成

（1）编制说明，主要包括工程概况、编制依据、其他费用计取的依据、其他需要说明的情况，存在的主要问题及其他必要的说明；

（2）建筑工程或设备安装工程预算表；

（3）主要材料汇总表；

（4）单位估价表；

（5）预算文件的电子文档（含软件计算成果文件）。

单位估价表和主要工程量计算表，在预算审查时一并送审。

#### 5. 审定

施工图预算提交建设单位后，由建设单位按有关规定审定。

## 任务 1.2  基本建设工程项目的划分

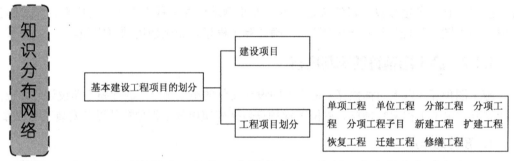

正确理解工程项目名称的概念，并能正确划分，对于编制工程造价非常重要。

#### 1. 建设项目

建设项目：具有单独的计划任务书和独立的总体设计。在工业建设中，一般以一个工程为一个建设项目。建设项目的划分举例如下：

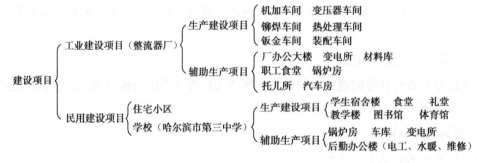

#### 2. 工程项目的划分

1）单项工程

单项工程是指具有独立的设计文件，建成后可以独立发挥生产能力或效益的工程。如：工厂内的车间，学校内的教学楼。

2）单位工程

单位工程是指具有独立的设计文件，可以独立组织施工，竣工以后不能独立发挥生产能力和作用的工程。如：电气照明工程，通风与空调工程，电气设备安装工程，给排水工程等。

3）分部工程

分部工程一般指专业工程中的某一道工序。如：电气照明工程中的钢管敷设、管内穿线、普通灯具安装等。

4）分项工程

分项工程是指每道工序中的不同敷设方式、不同灯具安装等。如：钢管敷设中砖混凝土结构明配、砖混凝土结构暗配，普通灯具安装中吸顶灯具安装、软线吊灯安装、壁灯安装等。

5）分项工程子目

分项工程子目是指分项工程中不同规格的材料敷设、不同容量的设备安装等，也就是每个分项工程安装所对应的编号。如：$\phi$ 25 钢管砖、混凝土结构暗配，500kV·A 三相电力变压器安装。

分项工程子目是工程预算的基本计价单位，一个建设项目的直接费是通过若干个分项工程项目子目的费用计算出来的。

6）新建工程

新建工程是指平地起家、从无到有的工程，或者新建项目的投资超过原有部分的 3 倍以上的工程。

7）扩建工程

扩建工程是指为了扩大原有产品的生产能力和效益，而新增设的主要车间和主要工程。

8）改建工程

改建工程包括：为提高生产效率，改进产品质量的工程；改变产品方向，对原有的设备、工艺流程进行技术改造的工程；为提高综合生产能力而增设的一些附属于辅助车间或非生产型的工程。

9）恢复工程

恢复工程是指由于自然灾害（水灾、地震、飓风）、战争和人为的其他灾害等原因，在原来的基础上重新建起的工程。

10）迁建工程

迁建工程是指原有的企业和事业单位，由于各种原因迁到另外的地方去建设的工程。如：1972 年部分军工厂迁到山里；哈尔滨酱油厂由哈市道里区迁到江北利民开发区。

11）修缮工程

修缮工程是指对原来的建筑物或设备延长使用期的工程。如：20 世纪 70 年代、80 年代建的楼房换线、换灯，重新装饰的工程。

建筑电气工程预算技能训练

# 任务 1.3  基本建设工程的"三算"与电气安装工程的"三算"

国家建设部明确规定：凡是基本建设工程都要编制建设预算；初步设计阶段必须编制初步设计总概算，单位工程开工前必须编制施工图预算。

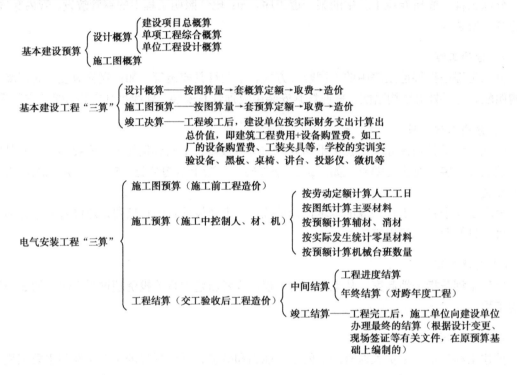

# 任务 1.4  建筑电气工程造价管理及其基本内容

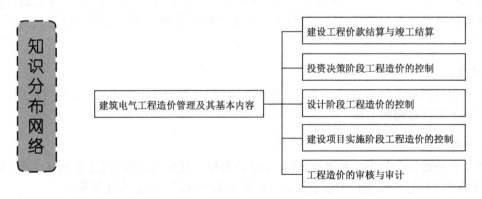

工程造价管理是运用科学、技术原理和经济及法律等管理手段，研究和解决工程建设活动中工程造价的确定与控制、技术与经济、经营与管理的理论、方法和实际问题的一门学科。它是以建设工程为研究对象，以工程技术与经济、管理与法律为手段，以效益为目的，技术、经济、管理、法律相结合的新兴边缘学科，是一门理论性、实践性、政策性很强的管理学科。

建设电气工程造价管理的基本内容，包括电气设备安装工程施工图预算，建设工程价款结算与竣工结算，投资决策阶段工程造价的控制，设计阶段工程造价的控制，建设项目实施阶段工程造价的控制，工程造价的审核与审计等。

### 1. 建设工程价款结算与竣工决算

我国现行的工程价款结算方法，基本上是以合同价或预算定额单价为基础的静态结算，对时间因素考虑不足，不能如实反映价格变化等因素的影响。为了克服此弊病，须对工程价款的结算采用动态结算方法。所谓动态结算方法，是指在进行工程价款的结算时按当地实际价格或价格信息进行调整，一般只需对投资影响大的材料等调价，如设备、电缆、铜绝缘导线、钢材、工资等。

竣工决算是指在建设项目全部完工并经竣工验收合格后，核定新增固定资产和流动资产，办理其交付使用的依据，是对建设项目实际造价和投资效益的总结，所以要求竣工决算必须内容完整，真实可靠。

### 2. 投资决策阶段工程造价的控制

决策阶段是控制工程造价的关键性阶段。在这一阶段，工程造价管理人员要认真地进行多方案的技术经济比较，择优确定最佳建设方案，在此基础上合理确定投资估算并协助项目法人做好工程。

### 3. 设计阶段工程造价的控制

设计是建设项目进行全面规划和具体描绘实施意图的过程，是处理技术与经济关系的关键环节，是控制工程造价的重要阶段。

> **提示：工程造价的控制方法**
>
> 在初步设计时，应严格按照可行性研究报告及投资估算认真做好多方案的技术经济比较，认真做好技术经济与评价，进行技术设计和施工图设计。设计阶段控制工程造价的主要方法是优化设计方案，加强设计过程中的技术经济分析和推行限额设计与标准化设计。

### 4. 建设项目实施阶段工程造价的控制

施工阶段工程造价控制的目标，就是把工程造价控制在承包合同或施工图预算内，并力求在规定的工期内完成质好价廉的建筑产品。

施工阶段控制工程造价的主要方法是：施工招投标，优化施工组织设计，合理使用资金、控制工程变更，处理好索赔等。

### 5. 工程造价的审核与审计

工程造价的审核与审计是为了提高各阶段工程造价的编制质量，防止和克服高估或低算，以及避免工程造价不符合现行规定、法规、政策而产生的偏高或偏低现象，准确地反映基建投资，提高投资效益。

# 知识梳理与总结

　　本情境是建筑电气工程预算的入门项目，主要任务是使读者对预算有一个综合的了解，以使后续课程的学习在明确的目标中进行。

　　本情境对建筑电气工程预算的形成、发展、组成及分类进行了概括的说明，对建筑电气预算编制的基本内容进行了阐述，对建筑电气安装"三算"与基本建设"三算"的区别进行了说明，同时介绍了建筑电气工程造价管理及其基本内容。

1. 明白建筑电气工程预算的组成、特点及要求；
2. 学会建筑电气预算编制的基本内容；
3. 掌握建筑电气工程预算所从事职业岗位应具备的基本技能；
4. 清楚单项工程、单位工程、分项工程、分项子目工程。

## 实训 1　工程预算认知

### 1. 实训目的

（1）能对电气工程预算有明确的认识；
（2）能明确建筑工程预算在工程中的意义；
（3）能正确掌握工程造价管理的基本内容。

### 2. 实训步骤

（1）学生分组，每组 6～8 人；
（2）编写实训计划书；
（3）实训实施。

### 3. 填写训练表格（见表 1.1）

表 1.1　预算认知训练

| 项 目 名 称 | 完 成 内 容 | 基 本 答 案 |
|---|---|---|
| 新校区建设项目 | 指出单项工程 | |
| | | |
| | | |
| | | |
| | | |

续表

| 项 目 名 称 | 完 成 内 容 | 基 本 答 案 |
|---|---|---|
| 新校区建设项目 | 指出单位工程 | |
| | | |
| | | |
| | 哪些是分项工程 | |
| | | |
| | | |
| | 哪些是分项子目工程 | |
| | | |
| | | |
| | | |
| | 列出 6 个分部工程 | |
| | | |
| | | |
| | | |
| | | |
| | | |
| | 竣工决算包括哪两项 | |
| | | |
| | 建筑电气安装"三算"内容 | |

## 4. 技能考核

（1）实训认知能力；

（2）表格填写情况：

优____ 良____ 中____ 及格____ 不及格____

# 学习情境2 电气照明工程预算编制

## 教学导航

| 学 习 任 务 | 任务 2.1　门卫室照明工程施工图预算编制<br>任务 2.2　多层住宅照明工程施工图预算编制<br>任务 2.3　预算软件的应用 | 参考学时 | 16 |
|---|---|---|---|
| 能 力 目 标 | 具有识读建筑电气照明工程图的能力；学会施工图预算的编制步骤与方法；明白照明工程工程量的计算方法；懂得预算定额与费用定额的使用方法；具有预算软件的使用能力；能完成典型照明工程的施工图预算；培养利用网络更新预算知识的能力 | | |
| 教学资源与载体 | 3 套完整的照明工程施工图纸，博丰预算软件，相关资料，多媒体网络平台，教材，一体化造价实训室，评价表 | | |
| 教学方法与策略 | 案例教学法，角色扮演法 | | |
| 教学过程设计 | 给出工程图→采用设计步步深入法，边学边做 | | |
| 考核与评价内容 | 门卫照明预算书，尤其对照明工程工程量的计算方法及照明工程项目的划分进行重点考核 | | |
| 评 价 方 式 | 自我评价（10%），小组评价（30%），教师评价（60%） | | |

# 任务 2.1　门卫室照明工程施工图预算编制

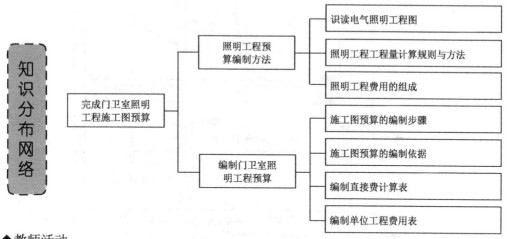

◆教师活动

教师提出所要完成的项目名称，并明确完成此项目过程中所应完成的几项任务，教师采用引导式教学，由浅入深模拟实际的真实案例，师生互动，把所需要的知识贯穿其中。

◆学生活动

学生完成 3 个照明工程施工图预算的编制，通过收集资料、明确任务、讨论、汇报成果、修改、进行总结达到学会编制施工图预算的目的。

## 2.1.1　门卫室照明工程

### 1. 工程认知

（1）本工程为一层门卫室建筑。本工程电源由室外采用电缆穿钢管埋地引入，系统采用 TN-C。配电箱安装高度为，底边距地 1.6m，配电箱尺寸 300mm×200mm×150mm。暗开关距地 1.5m，插座距地 0.5m。

（2）设计依据：

① 《民用建筑设计规范》JGJ/T16—92；

② 《建筑照明设计标准》JG50034—200。

（3）门卫室配电系统图见图 2-1，门卫室照明平面图见图 2-2。

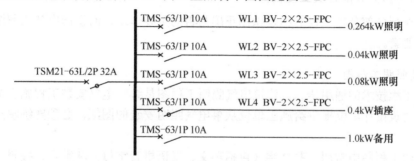

图 2-1　门卫室配电系统图

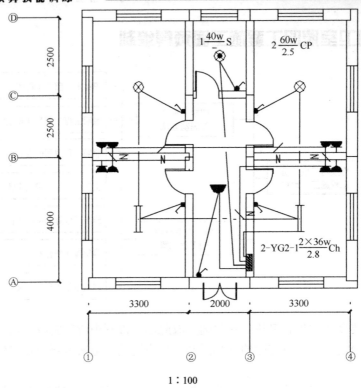

$$1:100$$

图 2-2　门卫室照明平面图

**2. 任务要求**

完成门卫室照明工程施工图预算书。根据电气照明工程预算书的组成，把即将完成的预算书分成以下 4 部分来完成：

第一部分，划分与排列出门卫室照明工程分部分项工程名称；

第二部分，门卫室照明工程工程量计算表编制；

第三部分，门卫室照明工程直接费用计算表编制；

第四部分，门卫室照明工程费用汇总表编制。

### 2.1.2　照明工程预算编制方法

**1. 划分与排列分部分项工程名称**

划分与排列分部分项工程名称是识图正确与否的重要体现，而识读电气工程图是完成预算书的第一要素。

**1）识读照明工程图**

图纸是工程技术的通用语言。建筑电气照明工程图是编制电气安装工程施工图预算的重要依据，是建筑设计单位提供给施工单位从事电气照明安装的图纸，必须熟练掌握其特点和分析方法。

电气照明工程图中常用一些文字（包括英文、汉语拼音字母）和数字、按照一定的格式书写来表达电气设备及线路的规格型号、编号、容量、安装方式、标高及位置等。

（1）线路标注的一般格式如下：

$$a-d(e \times f)-g-h$$

说明：a——线路编号；

d——导线型号；

e——导线根数；

f——导线截面；

g——导线敷设方式；

h——导线敷设部位。

对于非末端线路，还应标注线路的代号。

线路的代号：

PG——配电干线；

LG——电力干线；

MG——照明干线；

LFG——电力分支线；

PFG——配电分支线；

MFG——照明分支线；

KZ——控制线。

（2）灯具的一般标注方法为

$$a - b\frac{c \times d \times L}{e}f$$

说明：a——灯数；

b——型号或编号；

c——每盏照明灯具的灯泡数；

d——灯泡容量（W）；

e——灯具安装高度（m）（壁灯灯具中心与地距离/吊灯灯具底部与地距离）；

f——安装方式；

L——光源种类。符号如下：

IN——白炽灯　　FL——荧光灯　　IR——红外灯　　UV——紫外灯

Ne——氖灯　　　I——碘灯　　　Xe——氙灯　　　Na——钠灯

Hg——汞灯　　　ARC——弧光灯　LED——发光二极管

（3）线根数的标注方式为

说明：用具体数字说明导线的根数。

（4）电箱的标注，分为两种方式。

平面图中的标注方式：a

系统图中的标注方式：a-b-c

说明：a——设备编号；

b——设备型号；

c——功率（kW 或 kVar）或计算电流（A）。

（5）导线敷设方式的标注符号见表2-1，管线敷设部位的标注符号见表2-2，照明器安装方式的标注文字符号见表2-3，常用电气符号见表2-4。

表2-1　导线敷设方式的标注符号

| 名　　称 | 新 代 号 |
| --- | --- |
| 导线和电缆穿焊接钢管敷设 | SC |
| 穿电线管敷设 | TC |
| 穿水煤气管敷设 | RC |
| 穿硬聚氯乙烯管敷设 | PC |
| 穿阻燃半硬聚氯乙烯管敷设 | FPC |
| 用塑料线槽敷设 | PR |
| 用钢线槽敷设 | SR |
| 用电缆桥架敷设 | CT |
| 用塑料夹敷设 | PLC |
| 穿蛇皮管敷设 | CP |
| 穿阻燃塑料管敷设 | PVC |

表2-2　管线敷设部位的标注符号

| 名　　称 | 新 代 号 |
| --- | --- |
| 沿钢索敷设 | SR |
| 沿屋架或跨屋架敷设 | BE |
| 沿柱或跨柱敷设 | CLE |
| 沿墙面敷设 | WE |
| 沿天棚面或顶板面敷设 | CE |
| 在能进人的吊顶内敷设 | ACE |
| 暗敷设在梁内 | BC |
| 暗敷设在柱内 | CLC |
| 暗敷设在墙内 | WC |
| 暗敷设在地面或地板内 | FC |
| 暗敷设在屋面或顶板内 | CC |
| 暗敷设在人不能进入的吊顶内 | ACC |

表2-3　照明器安装方式的标注文字符号

| 名　　称 | 新 代 号 |
| --- | --- |
| 线吊式 | CP |
| 自在器线吊式 | CP1 |
| 固定线吊式 | CP2 |
| 防水线吊式 | CP3 |
| 线吊器或链吊式 | Ch |

续表

| 名　称 | 新代号 |
|---|---|
| 管吊式 | P |
| 壁装式 | W |
| 吸顶式或直附式 | S |
| 嵌入式（嵌入不可进入的顶棚） | R |
| 顶棚内安装（嵌入可进入的顶棚） | CR |
| 墙壁内安装 | WR |
| 台上安装 | T |
| 支架上安装 | SP |
| 柱上安装 | CL |
| 座装 | HM |

表 2-4　常用电气符号

| 名　称 | 图形符号 | 说　明 | 名　称 | 图形符号 | 说　明 |
|---|---|---|---|---|---|
| 单极开关 | | | 灯的一般符号 | | 或信号灯的一般符号 |
| 单极开关 | | 暗装 | 防水防尘灯 | | |
| 单极开关 | | 密闭（防水） | 事故照明灯 | | 用于专用电路上 |
| 双极开关 | | | 事故照明灯装置 | | 自带电源（应急灯） |
| 双极开关 | | 暗装 | 花灯 | | |
| 双极开关 | | 密闭（防水） | 壁灯 | | |
| 三极开关 | | | 天棚灯 | | |
| 单极拉线开关 | | | 荧光灯 | | 一般符号 |
| 双控拉线开关 | | 单极三线 | 三管荧光灯 | | |
| 双控开关 | | 单极三线 | 多管荧光灯 | | 图中所示为 5 管荧光灯 |
| 多拉开关 | | 如用于不同照度 | 疏散灯 | | 图中箭头指示为疏散方向 |
| 钥匙开关 | | | 安全出口指示灯 | | |

（6）看电气照明工程图时，要先了解建筑物的整体结构、楼板、墙面、门窗位置、房间布置等。了解了图形符号与文字符号后，掌握建筑电气安装工程图的特点，这样才能比较迅速、全面地读懂图纸，以完全实现读图的目的。

例如，当面对一套图纸时，可以按以下顺序进行阅读。

① 看标题栏及图纸目录。了解工程名称、项目内容、设计日期及图纸数量和内容等。

② 看总说明。了解工程总体概况及设计依据，了解图纸中未能表达清楚的有关事项，如供电电源的来源、电压等级、线路敷设方法、设备安装高度及安装方式、补充使用的非国

家标准图形符号、施工时应注意的事项等。有些分项局部问题是在分项工程的图纸上进行说明的，看分项工程图纸时，也要先看设计说明。

③ 识读电气照明系统图。照明工程的图纸中都包含有系统图，看系统图的目的是了解系统的基本组成，了解主要电气设备、元件之间的连接关系及其规格、型号、参数等，掌握该系统的组成概况。

④ 识读电气照明平面布置图。平面布置图是建筑电气工程图纸中具有重要意义的图纸，如电气设备安装平面图、照明平面图、防雷接地平面图等，都是用来表示设备的安装位置、线路敷设部位、敷设方法及所有导线型号、规格、数量、管径大小的。在通过阅读系统图了解了系统的组成概况之后，即可依据平面图编制工程预算。所以，对平面图必须熟读。阅读平面图时，一般可按以下顺序进行：电源进线+总配电箱→干线+支干线→分配电箱→用电设备。对于电气照明工程图来讲，分析图纸时，要掌握以下内容：

➤ 照明配电箱的型号、数量、安装标高，配电箱的电气系统；

➤ 照明线路的配线方式、敷设位置、线路走向，导线的型号、规格、根数、连接方法；

➤ 灯具的类型、功率、安装位置、安装方式及标高；

➤ 开关的类型、安装位置、距地高度、控制方式；

➤ 插座及其他电器的类型、容量、安装位置、安装高度等。

（7）读图时应注意以下事项。

① 读图时切忌粗糙。

② 读图时要准备好记录，要做到边读边记。记录的主要内容有：主要设备的规格、型号及台数，引出管线缆的分布、走向和编号，管线缆及设备与其他专业交叉的部位，缺项或漏项，图样表达不清或不齐全、不能施工的部位，图样与标准不符或经核算后设备和材料的规格有较大出入者，图样与国家政策有较大误差及偏离者，认为图样有误或有疑问的部位等。应记录图号并在图上用铅笔标注，以便核查。

③ 读图时切忌无头无绪、杂乱无章。一般应以房间、回路、某一子系统或某一子项目为单位，按读图程序一一阅读。每张图全部读完后再读下一张图，在读图过程中遇有与其他图有关联的情况或标注说明时，应找出另一张图然后返回来继续读完原图。

④ 读图时，对图中所有设备、元件和材料的规格、型号、数量及备注要求要准确掌握。

⑤ 读图时要尊重原设计，不得随意更改图中的任何内容，因为施工图的设计者是负有法律责任的。

⑥ 读图时必须弄清各种图形符号、文字符号及标注的含义。对于一些不规范的或旧标准中的符号和标注，应查阅依据，不得随意定义其含义，必要时应询问设计者。

⑦ 读图时应注意图中采用的比例，特别是图纸较多且各图的比例都不同时更应如此，否则对编制预算和材料单将会有很大的影响。导线、电缆、管路及防雷线等以长度单位计算工作量的都要用到比例。

⑧ 读图时应注意图中采用的标准、规范、标准图册或图集，凡是涉及的都应按读图的要点仔细阅读，不能漏掉，同时应及早准备图中涉及的标准和图册。

⑨ 读平面图时要考虑管线缆在竖直高度上的敷设情况；对于多层建筑，要考虑相同位置上的元件、设备、管路的敷设，考虑标准层和非标准层的区别。

⑩ 读图时，对于回路较多、系统较复杂且工程较大的图纸，要注意回路编号，柜、箱、

盘编号及其他按顺序标注的符号应前后一致，若有差错要及时纠正，并在会审图样时提出。

2）门卫室照明工程的分部分项工程名称

识读电气施工图纸（见图 2-1、图 2-2），在计算工程量之前，根据预算定额把图纸中所涉及的工程名称划分与排列出来。

（1）配电箱的安装。

（2）1kV 以下交流供配电系统调试。

（3）砖、结构钢管暗配。

（4）照明线路管内穿线。

（5）接线盒的安装。

（6）各种灯具的安装。

（7）开关的安装。

（8）插座的安装。

（9）开关盒暗装。

**2. 门卫室照明工程工程量计算表编制**

工程量的计算方法要求完全按照预算定额的规定来执行，相关要求与方法如下。

1）照明工程工程量的计算规则与方法

照明工程工程量的计算主要包括母线及绝缘子、控制设备及低压电器。

（1）支持绝缘子分别安装在户内、户外、单孔、双孔、四孔固定，以"个"为单位计算（低压、高压绝缘子）。

（2）穿墙套管安装不分水平、垂直，均以"个"为单位计算。

（3）设备连接线安装，指两设备间的连接部分。无论引下线、跳线、设备连接线，均应分别按导线截面、三相为一组计算工程量。

（4）软母线安装预留长度按表 2-5 所示计算。

表 2-5　软母线安装预留长度　　　　　　　　（m/根）

| 项　　目 | 耐　张 | 跳　　线 | 引下线、设备连接线 |
|---|---|---|---|
| 预留长度 | 2.5 | 0.8 | 0.6 |

（5）带形母线安装及带形母线引下线安装包括铜排、铅排，分别按不同截面和片数以"m/单相"为计量单位计算。母线和固定母线的金具均按设计量加损耗率计算。

（6）钢带形母线安装，按同规格的铜母线定额执行，不得换算。

（7）照明配电箱安装，按箱的半周长以"台"为单位计算。

（8）铁构件制作安装按成品质量"kg"计算，厚度在 3mm 以内的执行轻型铁构件制作安装，3mm 以上的执行一般铁构件制作安装。

（9）网门、保护网制作安装，按网门或保护网设计图示框的外围尺寸，以"m²"为单位计算。

（10）盘、柜配线分不同规格，以"m"为单位计算。

（11）盘、柜、箱的外部进出线预留长度按其半周长计算。

（12）焊压接线端子只适用于多股绝缘导线，从 10mm$^2$ 开始。电缆终端头的制作安装定额中包括压接线端子，不得重复计算。

（13）盘、柜配线适用于现场加工的盘、柜的少量现场配线。

（14）配管、配线、照明器具的安装如下。

① 各种配管应区别用不同的敷设方式、敷设位置，管材材质、规格，以"延长米"为单位计算。不扣除管路中间的接线盒（箱）、灯头盒、开关盒所占的长度。

② 管内穿线的工程量应区别导线材质、导线截面，以"延长米"为单位计算。线路分支接头线的长度已综合考虑在定额中，不得另行计算。

③ 照明线路中的导线截面大于或等于 6mm$^2$ 以上时，应执行动力线路穿线的相应项目。

④ 车间带形母线安装工程量，应区别母线材质、母线截面、安装位置，以"延长米"为计量单位计算。

⑤ 动力配管混凝土地面刨沟工程量，应区别管子直径，以"延长米"为单位计算。该项目适用于由于设计变更、重新下管敷设的动力配管工程。

⑥ 接线箱安装工程量，应区别安装形式、接线箱周长，以"个"为单位计算。

⑦ 接线盒安装工程量，应区别安装形式及接线盒类型，以"个"为单位计算。

⑧ 灯具、开关、插座、按钮等的预留线，已分别综合在相应的定额内，不应另行计算。

⑨ 普通照明灯具安装的工程量，应区别灯具的种类、型号、规格，以"套"为单位计算。

⑩ 艺术装饰灯具安装的工程量，应根据装饰灯具示意图集所示，区别不同的装饰物及灯体直径、灯体垂吊长度等，以"套"为单位计算。灯体直径为装饰物的最大外缘直径，灯体垂吊长度为灯座底部到灯箱之间的总长度。

⑪ 荧光灯装饰灯具安装的工程量，应根据装饰灯具示意图集所示，区别不同的安装形式，以"套"为单位计算。

⑫ 工厂其他灯具安装的工程量，应区别不同的灯具类型、安装形式、安装高度，以"套"、"个"、"延长米"为单位计算。

⑬ 医院灯具安装，应区别灯具种类，以"套"为单位计算。

⑭ 路灯安装，应区别不同臂长、不同灯数，以"套"为单位计算。

⑮ 插座安装的工程量，应区别电源相数、额定电流、安装方式、插孔个数，以"套"为单位计算。

⑯ 开关安装的工程量，应区别开关的安装形式、开关种类、开关极数及单控与双控，以"套"为单位计算。

（15）电缆、防雷及接地装置的安装如下。

① 直埋电缆的挖、填土（石）方量，按表 2-6 计算。

表 2-6　直埋电缆的挖、填土（石）方量

| 项　　目 | 电缆根数 | |
|---|---|---|
| | 1～2 | 每增加一根 |
| 每米沟长挖方量/m$^3$ | 0.45 | 0.153 |

② 电缆沟盖板揭盖按"延长米"计算。又揭又盖按 2 次计算。

③ 电缆保护管预留长度按定额规定计算。

④ 电缆敷设按单根延长米计算。

⑤ 电缆长度计算为

（水平长度+垂直长度+预留长度+进入建筑物之前预留长度）*（1+2.5%）

⑥ 电缆终端头及中间头均以"个"为计量单位。电力电缆和控制电缆均按一根电缆有两个终端头考虑，中间头设计有规定的，按实际情况计算（或按平均250m一个中间头考虑）。

⑦ 桥架安装，以"10m"为单位计算。

⑧ 钢管直径100mm以下的，执行砖、混结构明（暗）配定额项目。

⑨ 接地极制作安装以"根"为单位计算，长度按设计长度计算，设计无规定时，每根按2.5m计算。

⑩ 接地母线敷设，按设计长度计算，单位为m。接地母线、避雷线敷设均按延长米计算，其长度按施工图设计水平和垂直规定长度加3.9%的附加长度计算。计算主材费应另加损耗率。

⑪ 接地跨接线以"处"为单位计算。

⑫ 避雷针的加工制作、安装，以"根"为单位计算。

⑬ 利用建筑物内主筋作接地引下线时，以"m"为单位计算，每根柱子内按焊接两根主筋考虑，如果超过两根，按比例调整。

⑭ 断接卡子制作安装，以"套"为单位计算。

⑮ 均压环敷设以"m"为单位计算，焊接按两根主筋考虑，超过两根，按比例调整。

⑯ 钢、铝窗接地以"处"为单位，按设计规定接地的金属窗数进行计算。

⑰ 柱子主筋与圈梁连接处以"处"为单位计算，每处按两根主筋与两根圈梁钢筋分别焊接连接考虑。如果超过两根，按比例调整。

2）门卫室照明工程工程量计算

（1）嵌入式配电箱安装：配电箱1台。

（2）1kV以下交流供电系统调试：1个系统。

（3）砖混结构钢管暗配：在计算线管工程量的时候，经常采用的方法是图纸标注比例计算方法。首先量取平面图上各段线路的水平长度，量取的规定是以两处符号中心为一段，逐段量取；然后根据层高及照明器具安装高度，按规定计算出垂直长度。该工程根据土建施工图查得：层高3m。

管线工程量（水平方向）计算如下。

　　　FPC15，WL1：0.1+0.8+1.8+4.3+1.6+5.3+4.3+1.4+1.7=21.3m

　　　BV2.5mm$^2$：21.3×2+（0.2+0.3）×2=43.6m

　　　FPC15，WL2：0.4+6.8+1.3=8.5m

　　　BV2.5mm$^2$：8.5×2+（0.2+0.3）×2=18m

　　　FPC15，WL3：1+2.7+3=6.7m

　　　BV2.5mm$^2$：6.7×2+（0.2+0.3）×2=14.4m

　　　FPC，WL4（插座回路）：0.2+3+2.8+0.6+7+0.6=14.2m

　　　BV2.5mm$^2$：14.2×3+（0.2+0.3）×3=44.1m

（4）接线盒的安装：7个。

（5）软线吊灯的安装：2个。

（6）防水防尘灯的安装：1 个。

（7）半圆球吸顶灯的安装：1 个。

（8）双管荧光灯的安装：2 个。

（9）单联开关的安装：6 个。

（10）单相二三孔安全插座安装：4 个。

（11）开关暗盒装：10 个。

管线工程量汇总如表 2-7 所示。

表 2-7　管线工程量汇总表

| 序　号 | 名　　称 | 计　算　式 | 单　位 | 工　程　量 |
|---|---|---|---|---|
| 1 | FPC15 | 21.3+8.5+6.7+14.2 | m | 50.7 |
| 2 | BV2.5mm$^2$ | 43.6+18+14.4+44.1 | m | 120.1 |

### 3．完成门卫室照明工程直接费用计算表编制

直接费用（直接工程费）是单位工程造价的主要组成部分，编制直接费用计算表首先要根据施工图纸计算出图纸中所涉及的工程量，然后依据计算好的工程量套用预算定额，计算出直接费用。

**【案例 2-1】**　识读与查询定额后计算直接费用

砖混结构钢管暗配，$\phi32$，工程量为 800m，查定额已知：计量单位 100m，基价单价 46.23 元，材料栏钢管（103）m，钢管重量 3.13kg/m，钢管 4 元/kg。

要求：计算直接工程费。

解答：800/100×46.23+800/100×103×3.13×4=10 686.32 元

**【案例 2-2】**　识读与查询定额后计算直接费用

单相五孔安全插座明装，工程量 600 套，查定额已知：计量单位 10 套，基价单价 37.89 元，材料栏成套插座（10.2）套，每套插座单价 8 元。

要求：计算定额直接费。

解答：600/10×37.89+600/10×10.2×8=7 169.4 元

门卫室照明工程直接费用计算表见表 2-8。

### 4．照明工程费用的组成

照明工程费用由直接费、间接费、利润、其他费用和税金组成。

**1）直接费：由直接工程费和措施费组成**

（1）直接工程费：指施工过程中耗费的构成工程实体的各项费用，包括人工费、材料费、机械使用费。

① 人工费：指直接从事建筑安装工程施工的生产工人开支的各项费用，包括如下内容。

◆ 基本工资：指发给生产工人的基本工资。

◆ 工资性补贴：指按规定标准发放的物价补贴、煤电补贴、肉价补贴、副食补贴、粮油补贴、自来水补贴、粮价补贴、电价补贴、燃料补贴、燃气补贴、市内交通补贴、住房补贴、集中供暖补贴、寒区补贴和流动施工津贴等。

表2-8　门卫室照明工程直接费用计算表

| 定额号 | 分部分项工程名称 | 单位 | 工程量 | 定额基价 | 总价 | 人工基价 | 人工费 | 材料基价 | 材料费 | 机械基价 | 机械费 |
|---|---|---|---|---|---|---|---|---|---|---|---|
| 4-28 | 悬挂嵌入式配电箱安装 | 台 | 1.000 | 58.43 | 58.43 | 34.32 | 34.32 | 24.11 | 24.11 | 0.00 | 0.00 |
| 主材 | 配电箱 | 台 | 1.000 | 102.82 | 102.82 | 0.00 | 0.00 | 102.82 | 102.82 | 0.00 | 0.00 |
| 11-12 | 送配电装置系统调试 | 系统 | 1.000 | 283.28 | 283.28 | 228.80 | 228.80 | 4.64 | 4.64 | 49.84 | 49.84 |
| 12-157 | 半硬质阻燃管暗敷设 DN15 | 100m | 0.507 | 186.42 | 94.78 | 152.84 | 77.49 | 33.58 | 17.03 | 0.00 | 0.00 |
| 主材 | 半硬质塑料管 DN15 | kg | 10.21 | 4.30 | 43.91 | 0.00 | 0.00 | 4.30 | 43.91 | 0.00 | 0.00 |
| 主材 | 套接管 DN15 | kg | 0.09 | 4.30 | 0.39 | 0.00 | 0.00 | 4.30 | 0.39 | 0.00 | 0.00 |
| 12-224 | 管内穿铜芯动力线路 2.5mm² | 100m单线 | 1.201 | 24.72 | 29.69 | 16.02 | 19.24 | 8.70 | 10.45 | 0.00 | 0.00 |
| 主材 | 铜芯绝缘导线 2.5mm² | m | 126.105 | 1.19 | 150.06 | 0.00 | 0.00 | 1.19 | 150.06 | 0.00 | 0.00 |
| 12-403 | 接线盒暗装 | 10个 | 0.5 | 18.50 | 9.25 | 10.30 | 5.15 | 8.20 | 4.1 | 0.00 | 0.00 |
| 主材 | 接线盒（塑） | 个 | 5.1 | 1.38 | 7.04 | 0.00 | 0.00 | 1.38 | 7.04 | 0.00 | 0.00 |
| 12-404 | 开关盒暗装 | 10个 | 1.000 | 14.77 | 14.77 | 10.98 | 10.98 | 3.79 | 3.79 | 0.00 | 0.00 |
| 主材 | 开关盒 | 个 | 6.12 | 1.38 | 8.45 | 0.00 | 0.00 | 1.38 | 8.45 | 0.00 | 0.00 |
| 主材 | 插座盒 | 个 | 4.08 | 1.38 | 5.63 | 0.00 | 0.00 | 1.38 | 5.63 | 0.00 | 0.00 |
| 13-260 | 单联板式暗开关 | 10套 | 0.600 | 21.36 | 12.82 | 19.45 | 11.67 | 1.91 | 1.15 | 0.00 | 0.00 |
| 主材 | 单联翘板式暗开关 | 个 | 6.12 | 4.86 | 29.74 | 0.00 | 0.00 | 4.86 | 29.74 | 0.00 | 0.00 |
| 13-293 | 单相暗插座 15A | 10套 | 0.400 | 29.74 | 11.90 | 25.17 | 10.07 | 4.57 | 1.83 | 0.00 | 0.00 |
| 主材 | 单相暗插座 15A | 套 | 4.08 | 30.00 | 122.40 | 0.00 | 0.00 | 30.00 | 122.40 | 0.00 | 0.00 |
| 12-404 | 开关盒暗装 | 10个 | 1 | 14.77 | 14.77 | 10.98 | 10.98 | 3.79 | 3.79 | 0.00 | 0.00 |
| 主材 | 开关盒 | 个 | 10.2 | 1.40 | 14.28 | 0.00 | 0.00 | 1.40 | 14.28 | 0.00 | 0.00 |
| 13-202 | 吊链式双管荧光灯安装 | 10套 | 0.200 | 225.24 | 45.05 | 88.09 | 17.62 | 137.15 | 27.43 | 0.00 | 0.00 |
| 主材 | 成套型荧光灯吊链灯 | 套 | 2.02 | 104.00 | 210.08 | 0.00 | 0.00 | 104.00 | 210.08 | 0.00 | 0.00 |
| 13-4 | 半圆球吸顶灯安装 | 10套 | 0.1 | 114.10 | 11.41 | 49.42 | 4.94 | 64.68 | 6.47 | 0.00 | 0.00 |
| 主材 | 半圆球吸顶灯 | 套 | 1.01 | 38.00 | 38.38 | 0.00 | 0.00 | 38.00 | 38.38 | 0.00 | 0.00 |
| 13-8 | 软线吊灯安装 | 10套 | 0.200 | 48.79 | 9.76 | 21.51 | 4.30 | 27.28 | 5.46 | 0.00 | 0.00 |
| 主材 | 软线吊灯 | 套 | 0.200 | 27.28 | 5.46 | 0.00 | 0.00 | 27.28 | 5.46 | 0.00 | 0.00 |
| 主材 | 无开关灯头 | 套 | 2.02 | 2.10 | 4.24 | 0.00 | 0.00 | 2.10 | 4.24 | 0.00 | 0.00 |
| 13-14 | 防水灯头安装 | 10套 | 0.100 | 35.02 | 3.50 | 19.22 | 1.92 | 15.80 | 1.58 | 0.00 | 0.00 |
| 主材 | 防水灯头 | 套 | 0.100 | 15.80 | 1.58 | 0.00 | 0.00 | 15.80 | 1.58 | 0.00 | 0.00 |
| 主材 | 40W白炽灯泡 | 套 | 1.010 | 3.10 | 3.13 | 0.00 | 0.00 | 3.10 | 3.13 | 0.00 | 0.00 |
| | 总计 | | | | 1 346.47 | | 439.65 | | 856.98 | | 49.84 |

◆ 辅助工资：指生产工人年有效施工天数以外非作业天数的工资，包括职工学习、培训期间的工资，调动工作、探亲、休假期间的工资，因气候影响的停工工资，女工哺乳期间的工资，病假在 6 个月以内的工资及产、婚、丧假期的工资。

◆ 职工福利费：指按规定标准计提的职工福利费用。

◆ 职工服装补贴、防暑降温费及在有害环境中施工的保健费用。

② 材料费：指施工过程中耗费的构成工程实体的原材料、辅助材料、构配件、零件、半成品的费用，包括以下内容。

◆ 材料原价（或供应价格）。

◆ 材料运杂费：指材料自来源地运至工地仓库或至堆放地点所发生的全部费用。

◆ 运输损耗费：指材料在运输装卸过程中不可避免的损耗。

◆ 采购及保管费：指为组织采购、供应和保管材料过程所需要的各项费用，包括采购费、仓储费、工地保管费、仓储损耗。

◆ 检验试验费：指对建筑材料、构件和建筑安装物进行一般检测、检查所发生的费用，包括自设实验室进行试验所耗用的材料和化学药品等费用。不包括新结构、新材料的试验费和发包人对具有出厂合格证明的材料再次进行检验，对构件做破坏性试验及其他特殊要求检验试验的费用。

③ 机械使用费：指施工机械作业所发生的机械使用费及机械安拆费和场外运费，包括以下内容：折旧费、大修理费、经常修理费、中小型机械安拆费及场外运费、人工费、燃料动力费、养路费及车船使用税。

（2）措施费：指为完成工程项目施工，发生与该工程施工前和施工过程中技术、生活、安全等方面的非工程实体项目所需的费用，包括定额措施费、安全生产措施费和一般措施费。

① 定额措施费，包括以下内容。

◆ 特、大型机械设备进出场及安拆费：指机械整体或分体自停放场地运至施工现场或由一个施工地点运至另一个施工地点所发生的机械进出场运输转移费用及机械在施工现场进行安装、拆卸所需的人工费、材料费、机械费、试运转费和安装所需的辅助设施费用。

◆ 脚手架费：指施工需要的各种脚手架搭拆、运输费用及脚手架的摊销（或租赁）费用。

◆ 垂直运输费：指施工需要的垂直运输机械的使用费用。

◆ 建筑物（构筑物）超高费：指檐高超过 20m（6 层）时需要增加的人工和机械降效等费用。

② 安全生产措施费：指按照国家有关规定和建筑施工安全规范、施工现场环境与卫生标准，购置施工安全防护用具、落实安全施工措施及改善安全生产条件所需的费用。

③ 一般措施费，包括以下内容。

◆ 夜间施工费：指按规范、规程正常作业所发生的夜班补助费、夜间施工降效、夜间施工照明设备摊销及照明用电等费用。

◆ 材料、成品、半成品（不包括混凝土预制构件和金属构件）二次搬运费：指因施工场地狭小等特殊情况而发生的二次搬运费用。

◆ 已完工程及设备保护费：指竣工验收前，对已完工程及设备进行保护所需的费用。

◆ 工程定位、复测、点交清理费：指工程的定位、复测、场地清理及交工时垃圾清除、门窗的刷新等费用。

◆ 生产工具用具使用费：指施工生产所需不属于固定资产的生产工具及检测用具等的购置、摊销和维修费，以及支付给工人自备工具的补贴费用。

◆ 室内空气污染测试费：指按规范对室内环境质量的有关含量指标进行检测所发生的费用支出。

◆ 雨季施工费：指在雨季施工所增加的费用，包括防雨措施、排水、工效降低等费用。

◆ 冬季施工费：指在冬季施工时，为确保工程质量所增加的费用，包括人工费、人工降效费、材料费、保温设施（包括炉具设施）费、人工室内外作业临时取暖燃料费、建筑物门窗洞口封闭等费用。不包括暖棚法施工而增加的费用及越冬工程基础的维护、保护费。

冬季施工期限为

北纬 48°以北，10 月 20 日到下年 4 月 20 日；

北纬 46°以北，10 月 30 日到下年 4 月 5 日；

北纬 46°以南，11 月 5 日到下年 3 月 31 日。

◆ 赶工施工费：指发包人要求安装合同工期提前竣工而增加的各种措施费用。

◆ 远地施工费：指施工地点与承包单位所在地的实际距离超过 25km（不包括 25km）承建工程而增加的费用，包括施工力量调遣（大型施工机械搬迁费按实际发生计算）费、管理费。

施工力量调遣费：调遣期间职工的工资，施工机具、设备及周转性材料的运杂费。

管理费：调遣职工的往返差旅费，在施工期间因公、因病、探亲、换季而往返于原驻地之间的差旅费，职工在施工现场食宿增加的水电费、采暖和主副食运输费等。

2）间接费：由企业管理费和规费组成

（1）企业管理费：指企业组织施工生产和经营管理所需费用，包括以下内容。

① 管理人员工资。

② 办公费。

③ 差旅交通费。

④ 固定资产使用费。

⑤ 工具用具使用费。

⑥ 劳动保险费。

⑦ 工会经费。

⑧ 职工教育经费。

⑨ 财产保险费。

⑩ 财务费。

⑪ 税金。

⑫ 其他费用。

（2）规费：指政府和有关部门规定必须缴纳的费用，包括以下内容。

① 危险作业意外伤害保险费：指按照《建筑法》规定，企业为从事危险作业的建筑安装施工人员支付的意外伤害保险。

② 工程定额测定费：指按规定支付给工程造价管理部门的定额测定费。

③ 社会保险费，包括以下内容。

◆ 养老保险费。

◆ 失业保险费。

◆ 医疗保险费。

④ 工伤保险费。

⑤ 住房公积金。

⑥ 工程排污费。

3）利润

利润指施工企业完成所承包工程获得的赢利。

4）其他费用，包括以下内容

（1）人工费价差：指人工费信息价格（包括地、林区津贴、工资类别差等）与本定额规定标准的差价。

（2）材料价差：指材料实际价格（或信息价格、价差系数）与省定额中材料价格的差价。

（3）机械费价差：指机械费实际价格（或信息价格、价差系数）与省定额中机械费价格的差价。

（4）材料购置费：指发包人自行采购材料的费用。

（5）预留金：指发包人为可能发生的工程量变更而预留的金额。

（6）总承包服务（管理）费：指配合协调发包人进行工程分包和材料采购所需的费用，包括分包的工程与主体发生交叉施工，或虽不发生交叉施工，但要求主体承包人履行总包责任（现场协调、资料整理、竣工验收）及材料采购提供用量计划等。

（7）零星工作费：指完成发包人提出的、工程量暂估的零星工程项目所需的费用。

5）税金

税金指按国家税法规定，应计入建筑安装工程造价内的营业税、城市维护税及教育费附加。费率按工程所在地计取，市内3.41%，县镇3.35%，县镇以外3.22%。

税金的计算公式为

税金=(定额项目费+一般措施费+企业管理费+利润+其他+安全生产措施费+规费)×税率

单位工程费用表见表2-9。

表2-9 单位工程费用表

| 序 号 | 费用名称 | 计 算 式 | 备 注 |
|---|---|---|---|
| （一） | 定额项目费 | 按预算定额计算的项目基价之和 | |
| （A） | 其中：人工费 | Σ工日消耗量×人工单价（35.05元/工日） | （35.05元/工日）为计费基 |
| （二） | 一般措施费 | (A)×费率 | |
| （三） | 企业管理费 | (A)×费率 | |
| （四） | 利润 | (A)×利润率 | |

续表

| 序　号 | 费用名称 | 计　算　式 | 备　注 |
|---|---|---|---|
| （五） | 其他 | (1)+(2)+(3)+(4)+(5)+(6)+(7) | |
| （1） | 人工费价差 | 人工费信息价格与本定额人工费标准（35.05元/工日）的±价差 | |
| （2） | 材料价差 | 人工费信息价格与本定额人工费标准（35.05元/工日）的±价差 | |
| （3） | 机械费价差 | 人工费信息价格与本定额人工费标准（35.05元/工日）的±价差 | 采用固定价格时可以计算工程风险费（定额项目费×费率） |
| （4） | 材料购置费 | 人工费信息价格与本定额人工费标准（35.05元/工日）的±价差 | |
| （5） | 预留金 | [（一）+（二）+（三）+（四）]×费率 | 工程结算时按实际调整 |
| （6） | 总承包服务费 | 分包专业工程的（定额项目费+一般措施费+企业管理费+利润）×费率或材料购置费×费率 | |
| （7） | 零星工作费 | 根据实际情况确定 | |
| （六） | 安全生产措施费 | (8)+(9)+(10)+(11) | |
| （8） | 环境保护费文明施工费 | [（一）+（二）+（三）+（四）+（五）]×费率 | |
| （9） | 安全施工费 | [（一）+（二）+（三）+（四）+（五）]×费率 | 工程结算时，根据建设行政主管部门安全监督管理机构组织安全检查 |
| （10） | 临时设施费 | [（一）+（二）+（三）+（四）+（五）]×费率 | |
| （11） | 防护用品等费用 | [（一）+（二）+（三）+（四）+（五）]×费率 | |
| （七） | 规费 | (12)+(13)+(14)+(15)+(16)+(17) | |
| （12） | 危险作业意外伤害保险费 | [（一）+（二）+（三）+（四）+（五）]×0.11% | |
| （13） | 工程定额测定费 | [（一）+（二）+（三）+（四）+（五）]×0.00% | |
| （14） | 社会保险费 | ①+②+③ | |
| ① | 养老保险费 | [（一）+（二）+（三）+（四）+（五）]×2.99% | |
| ② | 失业保险费 | [（一）+（二）+（三）+（四）+（五）]×0.19% | |
| ③ | 医疗保险费 | [（一）+（二）+（三）+（四）+（五）]×0.40% | |
| （15） | 工伤保险费 | [（一）+（二）+（三）+（四）+（五）]×0.04% | |
| （16） | 住房公积金 | [（一）+（二）+（三）+（四）+（五）]×0.43% | |
| （17） | 工程排污费 | [（一）+（二）+（三）+（四）+（五）]×0.06% | |
| （八） | 税金 | [（一）+（二）+（三）+（四）+（五）+（六）+（七）]×3.41% | 或3.35%、3.22%（哈尔滨市区内为3.44%） |
| （九） | 单位工程费用 | （一）+（二）+（三）+（四）+（五）+（六）+（七）+（八） | |

**5. 单位门卫室照明工程费用汇总表编制**

根据黑龙江省建筑安装工程费用定额的规定，计算单位工程费用汇总表。门卫室照明工程费用计算表见表2-10。

表2-10　单位工程费用计算表

| 序　号 | 费用名称 | 计　算　式 | 备　注 |
|---|---|---|---|
| （一） | 定额项目费 | SZ | 1 346.47 |
| （A） | 其中：人工费 | SR | 439.65 |
| （二） | 一般措施费 | (A)*0.5% | 2.20 |

续表

| 序　号 | 费用名称 | 计　算　式 | 备　注 |
|---|---|---|---|
| （三） | 企业管理费 | (A)*22% | 96.72 |
| （四） | 利润 | (A)*28% | 123.10 |
| （五） | 其他 | 1+2+3+4+5+6+7 | 233.85 |
| 1 | 人工费价差 | (35.05−22.88)*SR/22.88 | 233.85 |
| 2 | 材料价差 |  |  |
| 3 | 机械费价差 | SC |  |
| 4 | 材料购置费 |  |  |
| 5 | 预留金 | (N01+N03+N04+N05)*0% |  |
| 6 | 总承包服务费 |  |  |
| 7 | 零星工作费 |  |  |
| （六） | 安全生产措施费 | 8+9+10+11 | 31.00 |
| 8 | 环境保护费、文明施工费 | [（一）+（二）+（三）+（四）+（五）]*0.25% | 4.51 |
| 9 | 安全施工费 | [（一）+（二）+（三）+（四）+（五）]*0.19% | 3.42 |
| 10 | 临时设施费 | [（一）+（二）+（三）+（四）+（五）]*1.19% | 21.45 |
| 11 | 防护用品等费用 | [（一）+（二）+（三）+（四）+（五）]*0.09% | 1.62 |
| （七） | 规费 | 12+13+14+15+16+17 | 76.05 |
| 12 | 危险作业意外伤害保险费 | [（一）+（二）+（三）+（四）+（五）]*0.11% | 1.98 |
| 13 | 工程定额测定费 | [（一）+（二）+（三）+（四）+（五）]*0.00% | 0.00 |
| 14 | 社会保险费 | (1)+(2) +(3) | 64.52 |
| （1） | 养老保险费 | [（一）+（二）+（三）+（四）+（五）]*2.99% | 53.89 |
| （2） | 失业保险费 | [（一）+（二）+（三）+（四）+（五）]*0.19% | 3.42 |
| （3） | 医疗保险费 | [（一）+（二）+（三）+（四）+（五）]*0.40% | 7.21 |
| 15 | 工伤保险费 | [（一）+（二）+（三）+（四）+（五）]*0.04% | 0.72 |
| 16 | 住房公积金 | [（一）+（二）+（三）+（四）+（五）]*0.43% | 7.75 |
| 17 | 工程排污费 | [（一）+（二）+（三）+（四）+（五）]*0.06% | 1.08 |
| （八） | 税金 | [（一）+（二）+（三）+（四）+（五）+（六）+（七）]*3.44% | 65.68 |
| （九） | 单位工程费用 | （一）+（二）+（三）+（四）+（五）+（六）+（七）+（八） | 1 975.07 |

# 任务 2.2　多层住宅照明工程施工图预算编制

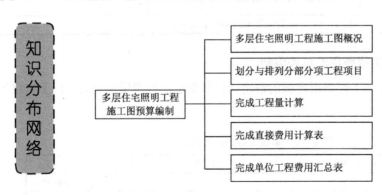

## 2.2.1　多层住宅照明工程认知

### 1. 设计依据

1）建筑概况

本工程为××小区住宅楼。地上 5 层，均为住宅；层高 3.0m，建筑物主体高度为 18.9m；总建筑面积为 4 419.4m$^2$；结构形式为砖混结构，现浇混凝土楼板，基础为混凝土条形基础。

2）相关专业提供的工程设计资料

3）建设单位提供的设计任务书及设计要求

### 2. 设计规范与标准

（1）《民用建筑设计规范》JGJ/T16—92

（2）《住宅设计规范》GB50096—1999（2003 年版）

（3）《建筑照明设计标准》JG50034—2004

（4）《低压配电设计规范》JG50054—95

（5）《建筑物防雷设计规范》JG50057—94（2000 年版）

（6）《建筑物电子信息系统防雷技术规范》JG50343—2004

（7）《建筑设计防火规范》JBJ16—87（2001 年版）

（8）其他有关国家及地方的现行规程、规范及标准

### 3. 设计范围

本工程的电气系统设计包括以下两方面：

（1）220/380V 配电系统。

（2）建筑物防雷、接地系统安全措施。

本工程电源分界点为室外电缆分线箱处。

### 4. 220/380V 配电系统

（1）负荷分类：本工程为三级负荷。

（2）供电电源：本工程从小区室外变电站引来 220/380V 电源，供给本楼的用电负荷。接户电缆从建筑物北侧引至电缆分线箱处。接户电缆及电缆分线箱由当地供电部门设计确定。

（3）计费：根据建设单位要求，本工程住宅电费采用电表集中安装、分户计量方式。

（4）照明、插座均由不同的支路供电；除空调插座外，所有插座回路均设漏电断路器保护。

### 5. 设备安装

（1）电源进线箱及集中计量箱均于一层暗设。电源进线箱底距地 1.5m 安装，集中电表箱顶距地 2.1m。

（2）除注明外，开关、插座分别距地 1.3m、0.3m 安装。卫生间、厨房内插座选用防潮、防溅型面板。

### 6．导线选择及敷设

（1）干线选用 BV-500V 聚氯乙烯绝缘铜芯导线穿 SC 钢管埋地暗敷设。

（2）支线选用 BV-500V 聚氯乙烯绝缘铜芯导线穿阻燃聚乙烯塑料管沿墙及楼板暗敷设。

（3）本图中未标注导线截面为 2.5mm$^2$，根数为两根；未标注管径的 2～3 根穿 FPC15 管，4～5 根穿 FPC20 管。

### 7．建筑物防雷、接地系统及安全措施

（1）本工程按三类防雷建筑物设计。建筑物的防雷装置应满足防直击雷、雷电波的侵入，并设置等电位联结。

（2）在屋顶采用 $\phi$10 热镀锌圆钢作避雷带，屋顶避雷带连接网格不大于 24m×16m。

（3）引下线：沿建筑物外墙暗设 $\phi$10 钢筋作为引下线，引下线间距不大于 25m，引下线上端与避雷带焊接，下端与接地极焊接。每个引下线在室外地面上 0.5m 处设断接卡子。

（4）接地极：为建筑物基础底梁上上下两层钢筋中的两根主筋焊接形成的基础接地网。

（5）本工程防雷接地、电气设备的保护接地等的接地共用统一的接地极，要求接地电阻不大于 1Ω。实测不满足要求时，增设人工接地极。

（6）本工程采用总等电位联结，应将建筑物内保护干线、设备进线的总管等进行联结。总等电位联结线采用 40×4 扁钢，总等电位联结均采用等电位卡子，禁止在金属管道上焊接。

本工程的系统图见图 2-3 和图 2-4，一层配电干线平面图见图 2-5，一层接地平面图见图 2-6，单元标准层照明平面图见图 2-7，防雷平面图见图 2-8。

## 2.2.2 多层照明工程施工图预算编制的方法与依据

### 1．施工图预算的编制步骤和方法

1）熟悉施工图纸、全面了解工程情况

施工企业接到建设单位送来的施工图后，首先应对图纸进行清点和整理，然后根据施工图的识读方法，对单位工程施工图进行全面、系统的阅读，特别要注意阅读设计总说明与每张图上的说明。在阅读过程中，如果有看不懂或有疑问的地方，应随时记录下来，通过查找有关资料或向有关技术人员咨询解决。

2）熟悉施工组织设计或施工方案的有关内容

一项单位工程有了施工图纸以后，就有了施工的依据，同时也就有了编制预算的依据。但是这个单位工程采用什么施工方法和选择哪些机械施工，以及设备、材料堆放在何处，其运输距离是否超过了预算定额的规定等，这些都是由施工组织设计或施工方案确定的，并且这些确定的结果对于某些工程项目的预算价格有直接的影响。所以，在编制施工图预算前，对该项工程的施工组织设计或施工方案必须进行了解，并掌握编制预算要求的有关内容。

3）计算工程量

工程量是指以物理计量单位或自然计量单位表示的各个具体工程和结构间的数量。工程量是根据施工图纸规定的各个分项或子项工程的尺寸、数量及设备材料表等具体计算出来的。计算工程量是编制施工图预算过程中的重要步骤。工程量计算得正确与否，直接影响施

工图预算的编制质量。计算工程量时必须注意以下两点。

（1）计算口径应与预算定额相一致，这样才能准确地套用预算定额的定额单价。例如，预算定额中的某些分项工程已包括了安装费用，则计算工程量时就不应另列计算；反之，如果预算定额中另外一项分项工程没有包括安装费用，则在计算这部分工程量时就应该另列项计算。因此，在计算工程量除必须熟悉图纸外，还必须熟悉预算定额中每个分项工程所包括的工作内容和范围。

（2）计算单位应与预算定额相一致，这样才能准确地套用预算定额中的单价。例如，预算定额中有些项目用"10 个"、"10 套"，有些项目用"10 米"、"100 米"等，这些都应该注意分清，以免由于弄错计量单位而影响工程量计算的准确性。

### 4）工程量汇总

线管工程量是在平面图上逐段计算和根据供电系统图计算出来的，这样在不同管段、不同的位置上会有种类、规格相同的线管。同样，在各张平面图上统计出的各种工程量也有种类、规格相同的。因此，要将单位工程中型号相同、规格相同、敷设条件相同、安装方式相同的工程量汇总成一笔数字，这就是套用定额计算直接费时所用的数据。

### 5）套定额单价、计算定额直接费

根据选用的预算定额套用相应项目的预算单价，计算出定额直接费。通常采用填表的方法进行计算。

（1）将顺序号、定额编号、分项工程名称或主材名称、单位换算成定额单位以后的数量抄写在表中相应栏内；再按定额编号查出定额基价及其中的人工费、材料费、机械费的单价，也填入定额直接费表中相应栏目内。用工程量乘以各项定额单价，即可求出该分项工程的预算金额。

（2）凡是定额单价中未包括主材费的，在该分项工程项目下面应补上主材费的费用。定额直接费表中的安装费加上材料费，才是该安装项目的全部费用。

### 6）计取工程各项费用、计算工程造价

在计算出单位工程定额直接费后，应按各省规定的"安装工程取费标准和计算程序表计"取各项费用，并汇总得出单位工程预算造价。

### 7）编写施工图预算的编制说明

编制说明是施工图预算的一个重要组成部分，它用来说明编制依据和施工图预算必须进行说明的一些问题。

预算书编制说明的主要内容如下。

（1）编制依据：说明所用施工图纸名称、设计单位、图纸数量、是否经过图纸会审；说明采用何种预算定额；说明采用何种地方预（结）算单价表；说明采用何地区工程材料预算价格；说明执行何种工程取费标准。

（2）其他费用计取的依据：说明施工图预算以外发生费用的计取方法；说明材料预算价格是否调差及调差所采用的主材价格。

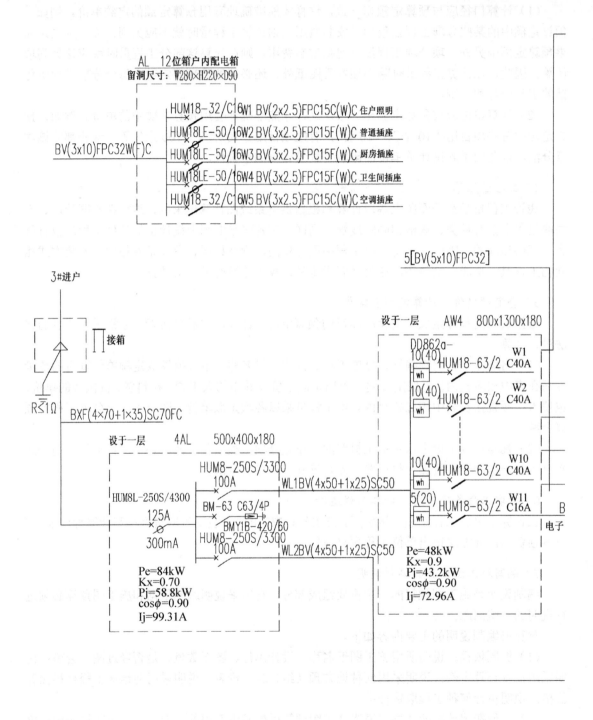

图2-3

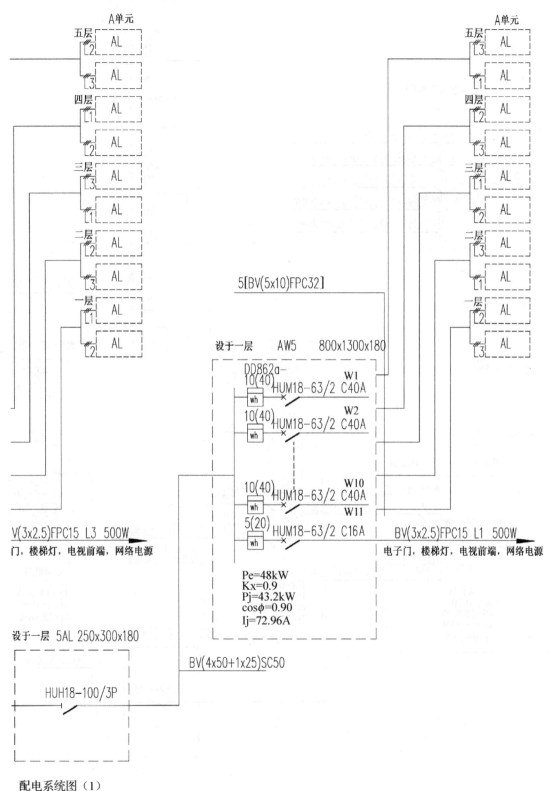

配电系统图（1）

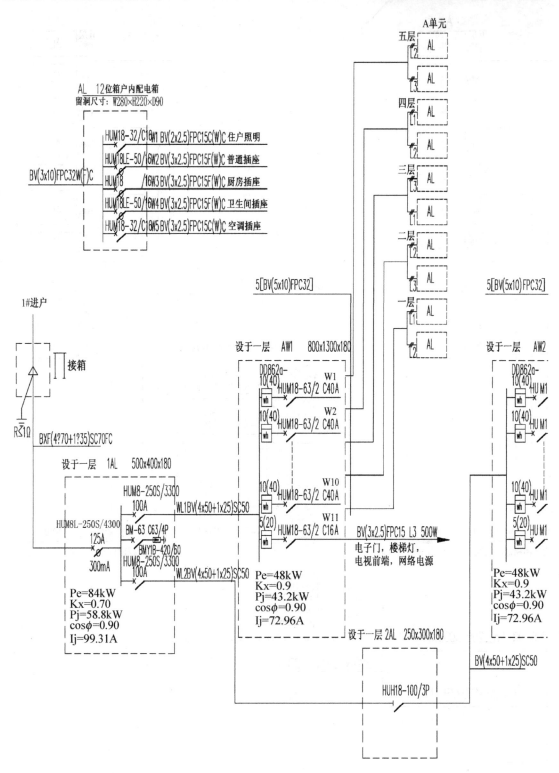

图2-4 配

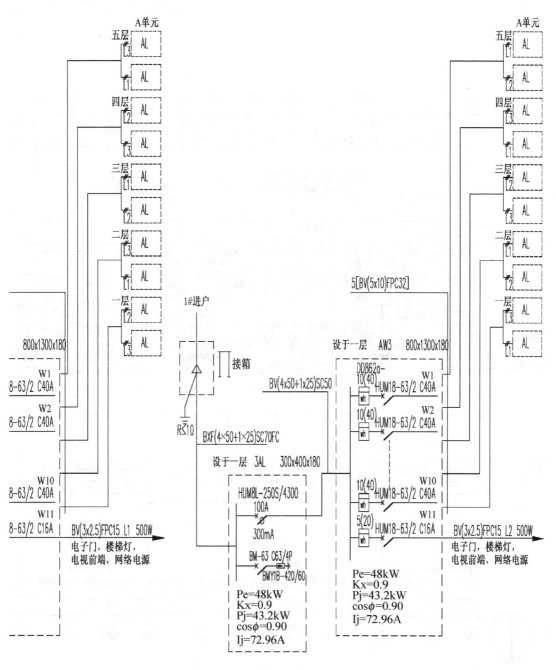

电系统图（2）

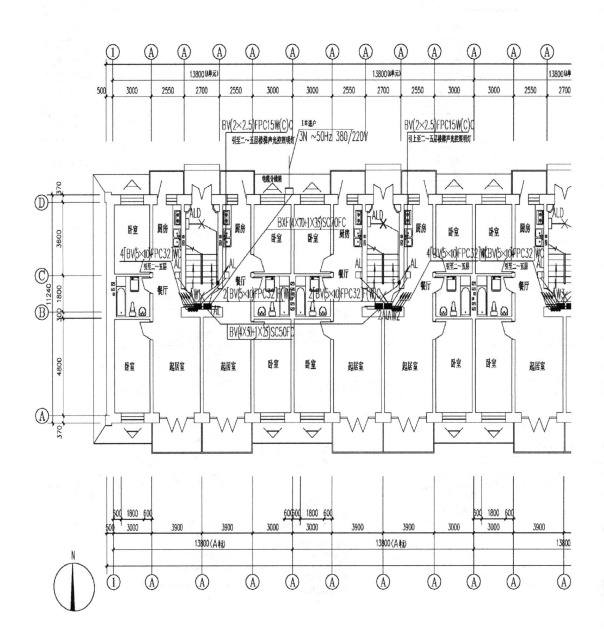

图2-5 一层配

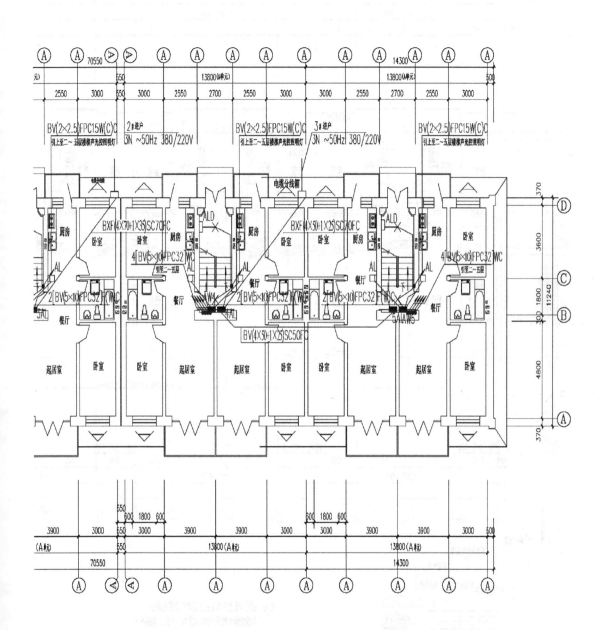

电干线平面图

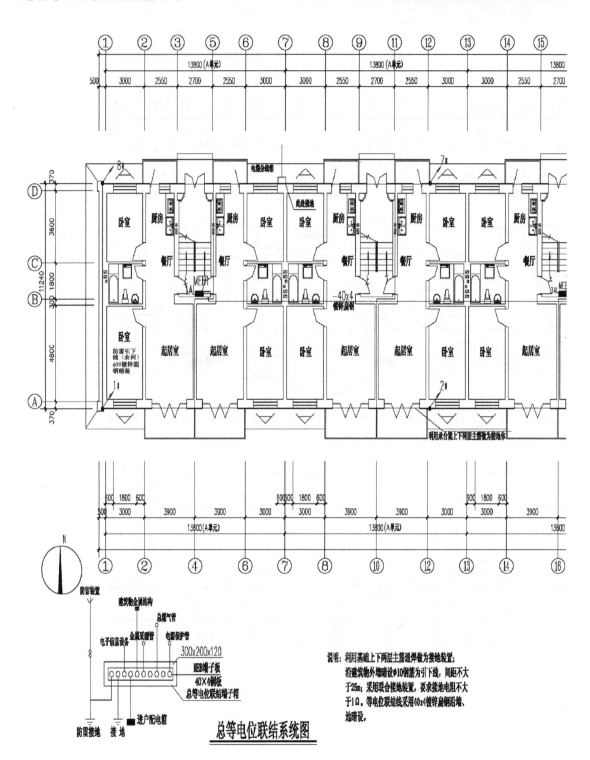

说明：利用基础上下两层主筋逐焊做为接地装置；
沿建筑物外墙暗设φ10钢筋为引下线，间距不大
于25m；采用联合接地装置，要求接地电阻不大
于1Ω。等电位联结线采用40x4镀锌扁钢沿墙、
地暗设。

总等电位联结系统图

图2-6 一层

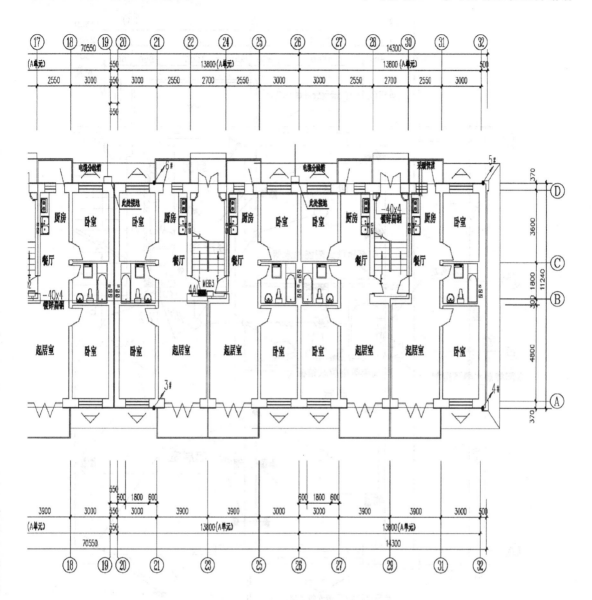

接地平面图

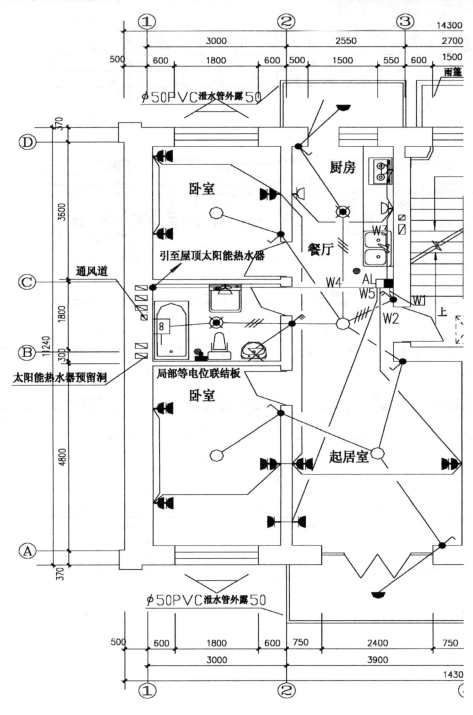

未注照明管线为BV（2×2.5）FPC15C（W）C

未注照明管线为BV（3×2.5）FPC15F（W）C

图2-7　单

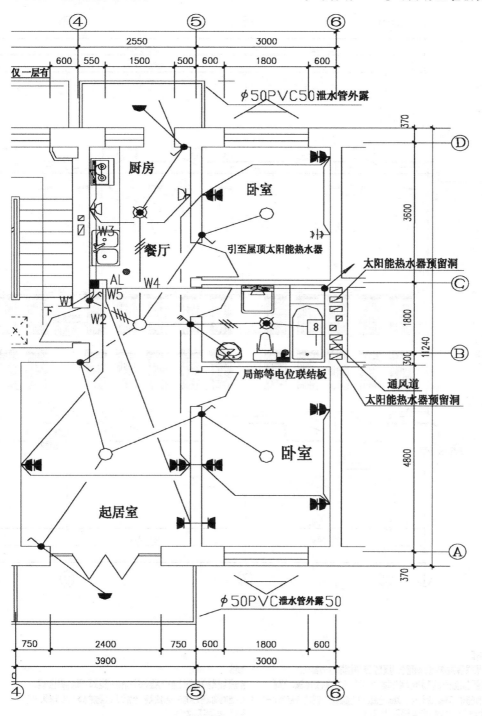

元标准层照明平面图

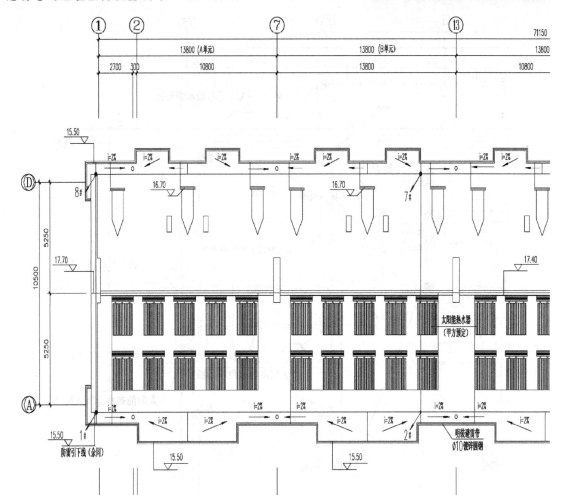

说明:

1. 接闪器:
   在屋顶采用φ10热镀锌圆钢作避雷带,屋顶避雷带连接线网格不大于24m×16m。
   若屋顶金属板符合下列要求时可以做防雷接闪器。要求:金属板厚度大于0.5mm,金属板之间搭接时,其搭接长度不应小于100mm,金属板下面无易燃物品。详见国标图集03D501—3《利用建筑物金属体做防雷及接地装置安装》第57页。

2. 引下线:
   沿建筑物外墙暗设φ10钢筋作为引下线,引下线间距不大于25m。引下线上端与避雷带焊接,下端接地极焊接。每个引下线在室外地面上0.5m处设断接卡子。

3. 接地极:
   接地极为建筑物基础底梁上的上下两层主筋中的两根通长焊接形成的基础接地网。

4. 凡突出屋面的所有金属构件、金属通风管、金属设备(太阳能热水器)、金属屋面、金属屋架等 均与避雷带可靠焊接。

5. 室外接地凡焊接处均应刷沥青防腐。

图2-8

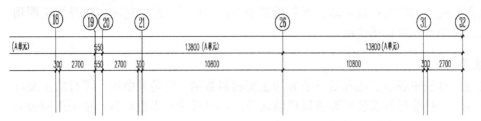

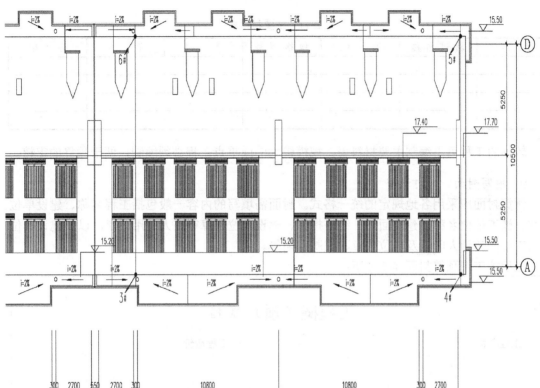

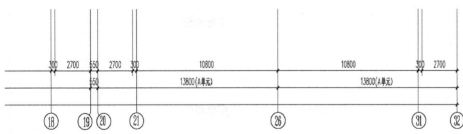

防雷平面图

（3）其他需要说明的情况：说明本工程的施工地点，工程开、竣工时间，以及施工图预算中未计分项工程项目和材料的说明。

8）编制主要材料表

定额直接费计算表中各项工程项目下所补的主要材料数量，就是表中每一项目的主要材料需要量。把各种材料按材料表各栏要求逐项填入表内，材料数额小数点后一位采用四舍五入的方法以整数形式填写。主要材料表如表 2-11 所示。

表 2-11　主要材料表

| 序　号 | 材料名称 | 单　位 | 规格型号 | 数　量 | 单　价 | 金　额 |
|---|---|---|---|---|---|---|
| | | | | | | |
| | | | | | | |
| | | | | | | |
| | | | | | | |

较小的工程可不编制主要材料表，规模较大的或重点工程必须编制，便于预算的审核。

9）填写封面、装订送审

预算封面应采用各地规定的统一格式。封面需填写的内容一般包括工程名称、建设单位名称、施工单位名称、建筑面积、经济指标、建设单位预算审核人专用图章，以及建设单位和施工单位负责人印章及单位公章、编制日期等。

工程施工图预算封面样式如下：

## 工程概（预）算书

工程名称　　　　　　　　　　　　工程造价

施工单位

负责人　　　　　　　　建设单位　　　　　审核单位

审核人　　　　　　　　负责人　　　　　　负责人

编制人　　　　　　　　审核人　　　　　　审核人

日期：

最后，将预算封面、编制说明、费用计算程序表、工程预算表等按顺序编排并装订成册。装订好的工程预算，经过认真的自审，确认准确无误后，即可送交主管部门和有关人员审核并签字加盖公章，签字盖章后生效。

**2. 施工图预算的编制依据**

**1）会审后的施工图纸和设计说明**

编制预算必须依据经过建设单位、施工单位和设计部门三方共同会审后的施工图纸。图纸会审后，会审纪录要及时送交预算部门和有关人员。编制施工图预算不但要有全套的施工图纸，而且要具备所需的一切标准图集、验收规范及有关的技术资料。

**2）电气安装工程预算定额**

电气安装工程预算定额包括国家颁发的《全国统一安装工程预算定额》中的《电气设备安装工程》、《消防及安全防范设备安装工程》、《自动化控制仪表安装工程》，各地方主管部门颁发的现行预算定额及地区单位估价表。

**3）材料预算价格**

安装材料预算价格是计算《全国统一安装工程预算定额》及地方预算定额中未计价材料价值的主要依据。在计算材料价格时，应使用各省、市建设委员会编制的地区建设工程材料预算价格表。

**4）建筑安装工程费用定额**

目前各省、市、自治区都颁布有各地区的建筑安装工程费用定额，地区不同，取费不同，取费项目、取费标准也有所不同。编制施工图预算时，应按工程所在地的规定执行。

**5）工程承包合同或协议书**

工程承包合同中的有关条款，规定了编制预算时的有关项目、内容的处理办法和费用计取的各项要求，在编制施工图预算时必须充分考虑。

**6）施工组织设计或施工方案**

施工组织设计或施工方案所确定的施工方法和组织方法是计算工程量、划分分项工程项目、确定其他直接费时不可缺少的依据。为确保施工图预算编制的准确，必须在编制预算前熟悉施工组织设计或施工方案，了解施工现场情况。

**7）有关工程材料设备的出厂价格**

对于材料预算价格表中查不到的价格，可以以出厂价格为原价，按预算价格编制方法编制出预算价格。

**8）有关资料**

相关的其他资料如电气安装工程施工图册、标准图集，本书所述的技术参数及有关材料手册等。

为了条理清楚地完成多层照明工程施工图预算，我们把这个项目分成 4 项任务来完成。

## 2.2.3　划分与排列分部分项工程项目

该住宅照明系统从 3 处进户，由 3 个总配电箱和 5 个集中计量箱组成，1#、3#进户线采用 4 根 70mm²、1 根 35mm² 橡皮绝缘线，穿直径为 70mm 焊接钢管暗敷设，2#进户线采用 4 根 50mm²、1 根 25mm² 橡皮绝缘线，穿直径为 70mm 焊接钢管暗敷。1#进户总配电箱引出 2 条支路，分别引至两个集中计量箱。集中计量箱分别引至户内照明箱，户内配电箱负责每户的配电。每一住户的照明和插座回路分开，照明线路采用 2.5mm² 铜芯塑料绝缘导线沿墙暗敷设。

> **提示：** 在计算工程量之前，应根据识读施工图纸，同时按照预算定额项目，划分与排列图纸所涉及的分部分项工程名称。

（1）配电箱的安装。

（2）焊（压）接线端子。

（3）避雷带的安装。

（4）接地端子测试箱的安装。

（5）利用建筑物引下线的安装。

（6）等电位箱的安装。

（7）户内接地母线的敷设。

（8）1kV 以下交流供配电系统的调试。

（9）独立接地装置的调试。

（10）砖混结构钢管暗配。

（11）照明线路管内穿线。

（12）接线盒的安装。

（13）各种灯具的安装。

（14）开关的安装。

（15）插座的安装。

### 2.2.4 多层照明工程工程量计算表的编制

◆ 接地极的制作、安装以"根"为计量单位，其长度按设计长度计算，设计无规定时，每根长度按 2.5m 计算。

◆ 接地母线的敷设按设计长度、以"m"为计量单位计算工程量。接地母线、避雷线的敷设，均按"延长米"计算，其长度按施工图设计水平和垂直长度另加 3.9%工程量的附加长度（包括转弯、上下波动、避绕障碍物、搭接头所占长度）计算。计算主材费时应另增加规定的损耗率。

> **提示：** 根据所列出的分部分项工程名称，分别计算多层住宅照明工程的工程量。

#### 1. 配电箱的安装

（1）电缆分线箱的安装：2 台。

（2）电源进线箱的安装：5 台。

集中计量箱的安装：5 台。

电度表的安装：50 台。

住户开关箱的安装：50 台。

#### 2. 焊（压）接线端子的安装

压铜接线端子的安装：

$70mm^2$，16 个；

$50mm^2$，48 个；

$35mm^2$，4 个；

$25mm^2$，14 个；

$10mm^2$，250 个。

### 3．避雷带的安装

$$495.6×1.039=514.97m$$

### 4．接地端子测试箱的安装

8 个

### 5．沿建筑物引下线的安装

$$(18.9-0.5)×8=147.2m$$

### 6．等电位联结端子箱的安装

3 个

### 7．户内接地母线的敷设

$$260.95×1.039=271.13m$$

### 8．1kV 以下交流供电系统的调试

1 个系统

### 9．独立接地装置的调试

1 组

### 10．砖混结构钢管暗配

在计算线管工程量的时候，经常采用的方法是图纸标注比例计算方法。首先量取平面图上各段线路的水平长度，量取的规定是以两处符号中心为一段，逐段量取，然后根据层高及照明器具安装高度，按规定计算出垂直长度。

1）干线（单位为 m，余同）

（1）电缆分线箱-1AL：BXF(4×70+1×35)SC70

SC70：水平长度 8.5

垂直长度 1.5+1.5+0.2=3.2

1AL-AW1：BV(4×50+1×25)SC50

SC50：水平长度 0.87

垂直长度 1.5+1.5+0.2=3.2

AW1-AL（1）：BV(5×10)FPC32

FPC32：水平长度 2.3

垂直长度 1.43+1.8+0.1=3.33

AW1-AL（2）

FPC32：水平长度 2.6

垂直长度 3.33

AW1 至 2 层 AL：BV(5×10)FPC32

FPC：4.9+2.9×2=10.7

AW1 至 3 层 AL：BV(5×10)FPC32

FPC：3+2.9×2+4.9=13.7

AW1 至 4 层 AL：BV(5×10)FPC32

FPC：6+2.9×2+4.9=16.7

AW1 至 5 层 AL：BV(5×10)FPC32

FPC：9+2.9×2+4.9=19.7

1AL 至 2AL：BV(4×50+1×25)SC50

SC50：水平方向 15.3

垂直方向 3.2

2AL 至 AW2：水平方向 0.8

垂直方向 1.43+1.6=3.03

同理，计算 AW2 至各层 AL：

BV(5×10)FPC32

AW2 至 1 层 AL：3.1+3.33×2=9.76

AW2 至 2 层 AL：3.1+2.9×2=8.9

AW2 至 3 层 AL：3.1+3+2.9×2=11.9

AW2 至 4 层 AL：3.1+6+2.9×2=14.9

AW2 至 5 层 AL：3.1+9+2.9×2=17.9

（2）同理，计算 2#进户电缆分线箱至 3AL：BXF(4×50+1×25)SC70

SC70：8.5+3.2=11.7

3AL 至 AW3：BV(4×50+1×25)SC50

SC50：0.87+3.2=4.07

AW3 至各层 AL：BV(5×10)FPC32

AW3 至 1 层 AL：11.6

AW3 至 2 层 AL：10.7

AW3 至 3 层 AL：13.7

AW3 至 4 层 AL：16.7

AW3 至 5 层 AL：19.7

（3）同理，计算 3#进户电缆分线箱至 4AL：BXF(4×70+1×35)SC70

SC70：11.7

4AL 至 AW4：BV(4×50+1×25)SC50

SC50：0.87+3.2=4.07

AW4 至各层 AL：

AW4 至 1 层 AL，11.6

AW4 至 2 层 AL，10.7

AW4 至 3 层 AL，13.7

AW4 至 4 层 AL，16.7

AW4 至 5 层 AL，19.7

4AL 至 5AL：BV(4×50+1×25)SC50

SC50：15.3+3.2=18.5

5AL 至 AW5：BV(4×50+1×25)SC50

SC50：0.8+3.03=3.83

AW5 至各层 AL：

AW5 至 1 层 AL，3.1+3.33×2=9.76

AW5 至 2 层 AL，3.1+2.9×2=8.9

AW5 至 3 层 AL，3.1+3+2.9×2=11.9

AW5 至 4 层 AL，3.1+6+2.9×2=14.9

AW5 至 5 层 AL，3.1+9+2.9×2=17.9

管线工程量汇总如表 2-12 所示。

表 2-12　管线工程量汇总表

| 序号 | 名　称 | 计　算　式 | 单位 | 工程量 |
|---|---|---|---|---|
| 1#进户 | BXF(4×70+1×35)SC70 | 8.5+3.2 | m | 11.7 |
| | BXF70mm$^2$ | 11.7×4+(0.5+0.4)×4 | m | 50.4 |
| | 35mm$^2$ | 11.7+0.9 | m | 12.6 |
| | BV(4×50+1×25)SC50 | 0.87+3.2+15.3+3.2+0.8+3.03 | m | 26.4 |
| | 50mm$^2$ | 26.4×4+(0.5+0.4)×8+(0.8+1.3)×8+(0.25+0.3)×8 | m | 134 |
| | 25mm$^2$ | 26.4+(0.5+0.4)×2+(0.8+1.3)×2+(0.25+0.3)×2 | m | 33.5 |
| | BV(5×10)FPC32 | 2.3+3.33+2.6+3.33+10.7+13.7+16.7+19.7+9.66+8.8+11.9+14.9+17.9 | m | 135.5 |
| | 10mm$^2$ | 135.5×5+(0.8+1.3)×25+(0.28+0.22)×50 | m | 755 |
| 2#进户 | BXF(4×50+1×25)SC70 | 11.7 | m | 11.7 |
| | 50mm$^2$ | 11.7×4+(0.3+0.4)×4 | m | 49.6 |
| | 25mm$^2$ | 11.7×1+(0.3+0.4)×1 | m | 12.4 |
| | BV(4×50+1×25)SC50 | 4.07 | m | 4.1 |
| | 50mm$^2$ | 4.1×4+(0.3+0.4)×4+(0.8+1.3)×4 | m | 27.6 |
| | 25mm$^2$ | 4.1×1+(0.3+0.4)×1+(0.8+1.3)×1 | m | 6.9 |
| | BV(5×10)FPC32 | 11.6+10.7+13.7+16.7+19.7 | m | 72.4 |
| | 10mm$^2$ | 72.4×5+(0.8+1.3)×5×5+(0.28+0.22)×50 | m | 439.5 |
| 3#进户 | BXF(4×70+1×35)SC70 | 11.7 | m | 11.7 |
| | 70mm$^2$ | 11.7×4+(0.5+0.4)×4 | m | 50.4 |
| | 35mm$^2$ | 11.7×1+(0.5+0.4)×1 | m | 12.6 |
| | BV(4×50+1×25)SC50 | 4.1+18.5+3.83 | m | 26.4 |

续表

| 序号 | 名称 | 计算式 | 单位 | 工程量 |
|---|---|---|---|---|
| 3#进户 | 50mm² | 26.4×4+(0.5+0.4)×8+(0.8+1.3)×8+(0.25+0.3)×8 | m | 134 |
| | 25mm² | 26.4×1+(0.5+0.4)×2+(0.8+1.3)×2+(0.25+0.3)×2 | m | 33.5 |
| | BV(5×10)FPC32 | 11.6+10.7+13.7+16.7+19.7+9.66+8.8+11.9+14.9+17.9 | m | 135.6 |
| | 10mm² | 135.6×5+(0.8+1.3)×25+(0.28+0.22)×50 | m | 755.5 |

汇总如下。

SC70：11.7+11.7+11.7=35.1

SC50：26.4+4.1+26.4=56.9

FPC32：135.5+72.4+135.6=343.5

BXF70mm²：50.4+50.4=100.8

BXF50mm²：49.6

BXF35mm²：12.6+12.6=25.2

BXF25mm²：12.4

BV50mm²：134+27.6+134=295.6

BV25mm²：33.5+6.9+33.5=73.9

BV10mm²：755+439.5+755.5=1 950

2）支线

照明回路，由于每个房间格局都是一样的，因此只需要计算一个房间即可。

BV(2×2.5)FPC15

FPC15

（1）水平方向：

0.5（AL 至双联开关）+2.7（白炽灯头至卧室单联开关）+1.6（卧室单联开关至卧室白炽灯头）+1.2（走廊白炽灯头至卫生间三联开关）+1.1（卫生间三联开关至卫生间座灯头）+1.2（卫生间防水吸顶灯至排风扇）+1.8（卧室单联开关至卧室白炽灯）+2.5（起居室单联开关至起居室白炽灯）+2.4（起居室白炽灯至卧室单联开关）+2.9（起居室单联开关至起居室白炽灯）+1.9（起居室单联开关至阳台吸顶灯）+1.7（起居室单联开关至走廊白炽灯头）+2（厨房防水吸顶灯至开关）+1.5（厨房开关至阳台吸顶灯）=25

BV(3×2.5)FPC15

1.7（卫生间三联开关至卫生间防水防尘灯）

插座回路：

BV(3×2.5)FPC15

2+2.8+2.4+3+0.6+0.6+6.3+4+5.3+6.4+2.8+5=41.2

BV(4×2.5)FPC20

1.3（走廊双联开关至白炽灯头）

线管工程量计算（水平）如表 2-13 所示。

表2-13 线管工程量计算表（水平）

| 序号 | 名　　称 | 计 算 式 | 单位 | 工程量 |
|---|---|---|---|---|
| 1 | FPC15（穿2根） | 0.5+2.7+1.6+1.2+1.1+1.2+1.8+2.5+2.4+2.9+1.9+1.7+2+1.5 | m | 25 |
| 2 | FPC15（穿3根） | 1.7 | m | 1.7 |
| 3 | FPC20（穿4根） | 1.3 | m | 1.3 |
| 4 | 插座回路FPC15（穿3根） | 2+2.8+2.4+3+0.6+0.6+6.3+4+5.3+6.4+2.8+5 | m | 41.2 |

（2）线管垂直方向工程量：

FPC15（穿2根）

（层高-单联开关底边距地高度）×单联开关个数

(3-1.3)×5=8.5

FPC15（穿3根）

（层高-双联开关底边距地高度）×双联开关个数+插座安装高度×插座个数

(3-1.3)×1+0.3×8+(3-2.3)×2+(3-2.0)×4=9.5

FPC20（穿4根）

（层高-三联开关底边距地高度）×三联开关个数

(3-1.3)×1=1.7

AL1（穿2根）

FPC15：（层高-配电箱底边距地高度-配电箱高+0.1）×4

(3-1.8-0.22+0.1)×5=5.4

线管工程量计算（水平+垂直）如表2-14所示。

表2-14 线管工程量计算表（水平+垂直）

| 序号 | 名　　称 | 计算式 | 单位 | 工程量 |
|---|---|---|---|---|
| 1 | FPC15（穿2根） | 25+8.5+5.4 | m | 38.9 |
| 2 | FPC15（穿3根） | 1.7+9.5 | m | 11.2 |
| 3 | FPC20（穿4根） | 1.3+1.7 | m | 3 |

## 11. 照明线路管内穿线

计算管内穿线工程量时，应将线管长度乘以管内导线根数，管径相同、导线根数不同应分别计算；不同管径应分别计算；管径相同，管内导线截面不同，应按导线截面分别计算出导线工程量。除配电箱、分户开关箱外，其他各处均不预留。

$2.5mm^2$：水平长度+垂直长度+配电箱预留长度

38.9×2+11.2×3+3×4+(0.28+0.22)×2×5=77.8+33.6+12+5=128.4m

128.4×50=6 420m

## 12. 接线盒的安装

暗装接线盒的安装：200+100+50=350 个

暗装开关盒的安装：250+50+50=350 个

## 13. 灯具的安装

白炽灯的安装：4×2×5×5=200 个

防水吸顶灯的安装：2×2×5×5=100 个

半圆吸顶灯的安装：1×2×5×5=50 个

墙上座灯头的安装：1×2×5×5=50 个

### 14．开关的安装

单联开关的安装：5×2×5×5=250 个

双联开关的安装：1×2×5×5=50 个

三联开关的安装：1×2×5×5=50 个

### 15．插座的安装

单相二三孔安全插座的安装：8×2×5×5=400 个

空调三孔插座的安装：2×2×5×5=100 个

单相三孔安全型插座的安装：4×2×5×5=200 个

排风扇的安装：1×2×5×5=50 个

## 2.2.5　多层照明工程直接费用计算表的编制

### 1．分项工程人工费

分项工程人工费=换算成定额单位后的工程数量×相应子目人工费单价

### 2．单位工程人工费

单位工程人工费=分项工程人工费之和

### 3．分项工程材料费

分项工程材料费=换算成定额单位后的工程数量×相应子目的材料费单价

### 4．未计价主要材料费

未计价主要材料费=加损耗后的工程数量×地区材料预算单价

### 5．分项工程机械费

分项工程机械费=换算成定额单位后的工程数量×相应子目机械费单价

### 6．直接费及计算方法

直接费可根据工程量和定额基价计算，也可按上述的人工费、材料费、施工机械使用费之和计算，即

分项工程直接费=换算成定额单位后的工程量×相应子目基价单价

或

分项工程直接费=分项工程人工费+分项工程材料费+分项工程施工机械使用费

单位工程直接费=Σ（分项工程直接费+分项工程未计价主要材料费）

---

提示：根据计算的工程量套用《黑龙江省建设工程预算定额》，计算多层住宅照明工程直接费用，直接费计算表见表 2-15。

表 2-15　多层住宅照明工程直接费计算表

| 定额号 | 分部分项工程名称 | 单位 | 工程量 | 定额基价 | 总价 | 人工基价 | 人工费 | 材料基价 | 材料费 | 机械基价 | 机械费 |
|---|---|---|---|---|---|---|---|---|---|---|---|
| 4-28 | 悬挂嵌入式配电箱安装 | 台 | 50.000 | 58.43 | 2 921.50 | 34.32 | 1 716.00 | 24.11 | 1 205.50 | 0.00 | 0.00 |
| 主材 | 配电箱 | 台 | 50.000 | 58.00 | 2 900.00 | 0.00 | 0.00 | 58.00 | 2 900.00 | 0.00 | 0.00 |
| 4-29 | 悬挂嵌入式配电箱安装 | 台 | 5.000 | 69.61 | 348.05 | 41.18 | 205.90 | 28.43 | 142.15 | 0.00 | 0.00 |
| 主材 | 配电箱 | 台 | 5.000 | 365.00 | 1 825.00 | 0.00 | 0.00 | 365.00 | 1 825.00 | 0.00 | 0.00 |
| 4-98 | 70mm² 焊铜接线端子 | 10个 | 6.400 | 126.02 | 806.53 | 11.44 | 73.22 | 114.58 | 733.31 | 0.00 | 0.00 |
| 4-97 | 35mm² 焊铜接线端子 | 10个 | 1.800 | 68.61 | 123.50 | 9.15 | 16.47 | 59.46 | 107.03 | 0.00 | 0.00 |
| 4-96 | 16mm² 焊铜接线端子 | 10个 | 25.000 | 51.40 | 1 285.00 | 6.86 | 171.50 | 44.54 | 1 113.50 | 0.00 | 0.00 |
| 4-72 | 计量表安装 | 个 | 50.000 | 71.36 | 3 568.00 | 10.52 | 526.00 | 60.84 | 3 042.00 | 0.00 | 0.00 |
| 主材 | 电度表 | 块 | 50.000 | 96.80 | 4 840.00 | 0.00 | 0.00 | 96.80 | 4 840.00 | 0.00 | 0.00 |
| 9-62 | 避雷网沿折板支架敷设 | 10m | 51.500 | 118.52 | 6 103.78 | 62.23 | 3 204.85 | 25.75 | 1 326.13 | 30.54 | 1 572.81 |
| 主材 | 圆钢 φ10 | kg | 346.660 | 5.10 | 1 767.97 | 0.00 | 0.00 | 5.10 | 1 767.97 | 0.00 | 0.00 |
| 9-60 | 接地端子测试箱安装 | 台 | 0.8 | 20.18 | 16.14 | 19.45 | 15.56 | 0.73 | 0.58 | 0.00 | 0.00 |
| 主材 | 接地端子测试箱 | 台 | 8 | 35.99 | 287.92 | | | 35.99 | 287.92 | | |
| 9-58 | 避雷沿建筑引下线敷数 | 10m | 14.700 | 65.86 | 968.14 | 25.85 | 379.99 | 10.64 | 156.41 | 29.37 | 431.74 |
| 主材 | 圆钢 φ10 | kg | 95.200 | 5.10 | 485.52 | 0.00 | 0.00 | 5.10 | 485.52 | 0.00 | 0.00 |
| 9-74 | 等电位联结端子箱 | 个 | 0.300 | 23.98 | 7.19 | 21.74 | 6.52 | 2.24 | 0.67 | 0.00 | 0.00 |
| 主材 | 端子箱 | 个 | 3.000 | 160.00 | 480.00 | 0.00 | 0.00 | 160.00 | 480.00 | 0.00 | 0.00 |
| 9-9 | 户内接地母线敷设 | 10m | 27.200 | 55.26 | 1 503.07 | 31.35 | 852.72 | 10.99 | 298.93 | 12.92 | 351.42 |
| 主材 | 扁钢 40*4 | kg | 373.900 | 3.95 | 1 476.90 | 0.00 | 0.00 | 3.95 | 1 476.90 | 0.00 | 0.00 |
| 11-12 | 送配电装置系统调试 | 系统 | 1.000 | 283.28 | 283.28 | 228.80 | 228.80 | 4.64 | 4.64 | 49.84 | 49.84 |
| 11-48 | 独立电装置接地装置调试 | 系统 | 1.000 | 123.62 | 123.62 | 91.52 | 91.52 | 1.86 | 1.86 | 30.24 | 30.24 |
| 12-403 | 接线盒暗装 | 个 | 35.000 | 18.50 | 647.50 | 10.30 | 360.50 | 8.20 | 287.00 | 0.00 | 0.00 |
| 主材 | 接线盒 | 10个 | 357.000 | 1.48 | 528.36 | 0.00 | 0.00 | 1.48 | 528.36 | 0.00 | 0.00 |
| 12-404 | 开关盒暗装 | 个 | 35.000 | 14.77 | 516.95 | 10.98 | 384.30 | 3.79 | 132.65 | 0.00 | 0.00 |
| 主材 | 开关盒 | 10个 | 357.000 | 1.48 | 528.36 | 0.00 | 0.00 | 1.48 | 528.36 | 0.00 | 0.00 |
| 13-8 | 软线吊灯安装 | 套 | 20.000 | 48.79 | 975.80 | 21.51 | 430.20 | 27.28 | 545.60 | 0.00 | 0.00 |
| 主材 | 软线吊灯 | 10套 | 202.000 | 26.30 | 5 312.60 | 0.00 | 0.00 | 26.30 | 5 312.60 | 0.00 | 0.00 |
| 13-4 | 半圆球吸顶灯安装 | 套 | 5.000 | 114.10 | 570.50 | 49.42 | 247.10 | 64.68 | 323.40 | 0.00 | 0.00 |
| 主材 | 半圆球吸顶灯（半圆球） | 套 | 50.500 | 38.00 | 1 919.00 | 0.00 | 0.00 | 38.00 | 1 919.00 | 0.00 | 0.00 |
| 13-10 | 防水吊灯 | 套 | 10.000 | 39.68 | 396.80 | 21.51 | 215.10 | 18.17 | 181.70 | 0.00 | 0.00 |
| 主材 | 防水吊灯 | 套 | 101.000 | 26.75 | 2 701.75 | 0.00 | 0.00 | 26.75 | 2 701.75 | 0.00 | 0.00 |
| 主材 | 灯泡 | 个 | 103.000 | 1.06 | 109.18 | 0.00 | 0.00 | 1.06 | 109.18 | 0.00 | 0.00 |
| 13-16 | 座灯头安装 | 套 | 5.000 | 35.78 | 178.90 | 21.51 | 107.55 | 14.27 | 71.35 | 0.00 | 0.00 |
| 主材 | 座灯头 | 套 | 50.500 | 2.80 | 141.40 | 0.00 | 0.00 | 2.80 | 141.40 | 0.00 | 0.00 |
| 13-260 | 单联板式暗开关 | 10套 | 25.000 | 21.36 | 534.00 | 19.45 | 486.25 | 1.91 | 47.75 | 0.00 | 0.00 |
| 主材 | 板把开关 | 个 | 255.000 | 4.55 | 1 160.25 | 0.00 | 0.00 | 4.55 | 1 160.25 | 0.00 | 0.00 |

续表

| 定额号 | 分部分项工程名称 | 单位 | 工程量 | 定额基价 | 总价 | 人工基价 | 人工费 | 材料基价 | 材料费 | 机械基价 | 机械费 |
|---|---|---|---|---|---|---|---|---|---|---|---|
| 13-261 | 双联扳式暗开关 | 10套 | 5.000 | 22.78 | 113.90 | 20.36 | 101.80 | 2.42 | 12.10 | 0.00 | 0.00 |
| 主材 | 板把开关 | 个 | 51.000 | 6.42 | 327.42 | 0.00 | 0.00 | 6.42 | 327.42 | 0.00 | 0.00 |
| 13-262 | 三联扳式暗开关 | 个 | 5.000 | 24.21 | 121.05 | 21.28 | 106.40 | 2.93 | 14.65 | 0.00 | 0.00 |
| 主材 | 板把开关 | 个 | 51.000 | 9.04 | 461.04 | 0.00 | 0.00 | 9.04 | 461.04 | 0.00 | 0.00 |
| 13-278 | 单相明插座 15A | 10套 | 40.000 | 37.89 | 1 515.60 | 25.17 | 1 006.80 | 12.72 | 508.80 | 0.00 | 0.00 |
| 主材 | 单相明插座（15A） | 套 | 408.000 | 29.60 | 12 076.80 | 0.00 | 0.00 | 29.60 | 12 076.80 | 0.00 | 0.00 |
| 13-276 | 单相明插座（15A） | 10套 | 10.000 | 32.52 | 325.20 | 20.82 | 208.20 | 11.70 | 117.00 | 0.00 | 0.00 |
| 主材 | 单相明插座（15A） | 10套 | 102.000 | 30.60 | 3 121.20 | 0.00 | 0.00 | 30.60 | 3 121.20 | 0.00 | 0.00 |
| 13-276 | 单相明插座 15A | 10套 | 20.000 | 32.52 | 650.40 | 20.82 | 416.40 | 11.70 | 234.00 | 0.00 | 0.00 |
| 主材 | 单相明插座（15A） | 套 | 204.000 | 22.90 | 4 671.60 | 0.00 | 0.00 | 22.90 | 4 671.60 | 0.00 | 0.00 |
| 13-327 | 排风扇安装 | 台 | 5.000 | 15.38 | 76.90 | 13.96 | 69.80 | 1.42 | 7.10 | 0.00 | 0.00 |
| 主材 | 排风扇 | 台 | 5.000 | 40.00 | 200.00 | 0.00 | 0.00 | 40.00 | 200.00 | 0.00 | 0.00 |
| 12-40 | 钢管敷设 DN70 | 100m | 0.350 | 813.39 | 284.69 | 527.84 | 184.74 | 182.23 | 63.78 | 103.32 | 36.16 |
| 主材 | 钢管（DN70） | kg | 239.372 | 4.52 | 1 081.96 | 0.00 | 0.00 | 4.52 | 1 081.96 | 0.00 | 0.00 |
| 12-39 | 钢管敷设 DN50 | 100m | 0.570 | 564.79 | 321.93 | 363.79 | 207.36 | 123.07 | 70.15 | 77.93 | 44.42 |
| 主材 | 钢管（DN50） | kg | 286.505 | 4.17 | 1 194.73 | 0.00 | 0.00 | 4.17 | 1 194.73 | 0.00 | 0.00 |
| 12-160 | 半硬质阻燃管暗敷设 DN32 | 100m | 3.440 | 346.97 | 1 193.58 | 261.98 | 901.21 | 84.99 | 292.37 | 0.00 | 0.00 |
| 主材 | 半硬质塑料管（DN32） | kg | 171.381 | 12.75 | 2 185.11 | 0.00 | 0.00 | 12.75 | 2 185.11 | 0.00 | 0.00 |
| 主材 | 套接管（DN32） | kg | 2.005 | 12.75 | 25.56 | 0.00 | 0.00 | 12.75 | 25.56 | 0.00 | 0.00 |
| 12-231 | 管内穿铜芯绝缘导线路 70mm² | 100m单线 | 1.010 | 81.74 | 82.56 | 64.98 | 65.63 | 16.76 | 16.93 | 0.00 | 0.00 |
| 主材 | BXF铜芯绝缘导线（70mm²） | m | 106.050 | 25.24 | 2 676.70 | 0.00 | 0.00 | 25.24 | 2 676.70 | 0.00 | 0.00 |
| 12-231 | 管内穿铜芯绝缘导线路（50mm²） | 100m单线 | 0.496 | 81.74 | 40.54 | 64.98 | 32.23 | 16.76 | 8.31 | 0.00 | 0.00 |
| 主材 | BXF铜芯绝缘导线（50mm²） | m | 52.080 | 18.44 | 960.36 | 0.00 | 0.00 | 18.44 | 960.36 | 0.00 | 0.00 |
| 12-230 | 管内穿铜芯动力线路 35mm² | 100m单线 | 0.252 | 47.47 | 11.96 | 33.18 | 8.36 | 14.29 | 3.60 | 0.00 | 0.00 |
| 主材 | BXF铜芯绝缘导线（35mm²） | m | 26.460 | 12.57 | 332.60 | 0.00 | 0.00 | 12.57 | 332.60 | 0.00 | 0.00 |
| 12-229 | 管内穿铜芯绝缘导线路 25mm² | 100m单线 | 0.124 | 45.14 | 5.60 | 31.35 | 3.89 | 13.79 | 1.71 | 0.00 | 0.00 |
| 主材 | BXF铜芯绝缘导线（25mm²） | m | 13.020 | 9.30 | 121.09 | 0.00 | 0.00 | 9.30 | 121.09 | 0.00 | 0.00 |
| 12-231 | 管内穿铜芯绝缘导线路 70mm² | 100m单线 | 2.960 | 81.74 | 241.95 | 64.98 | 192.34 | 16.76 | 49.61 | 0.00 | 0.00 |
| 主材 | 铜芯绝缘导线（50mm²） | m | 310.800 | 20.76 | 6 452.21 | 0.00 | 0.00 | 20.76 | 6 452.21 | 0.00 | 0.00 |
| 12-229 | 管内穿铜芯动力线路 25mm² | 100m单线 | 0.740 | 45.14 | 33.40 | 31.35 | 23.20 | 13.79 | 10.20 | 0.00 | 0.00 |
| 主材 | 铜芯绝缘导线（25mm²） | m | 77.700 | 17.50 | 1 359.75 | 0.00 | 0.00 | 17.50 | 1 359.75 | 0.00 | 0.00 |
| 12-227 | 管内穿铜芯动力线路 10mm² | 100m单线 | 19.500 | 33.81 | 659.29 | 21.74 | 423.93 | 12.07 | 235.36 | 0.00 | 0.00 |
| 主材 | 铜芯绝缘导线（10mm²） | m | 2 047.500 | 8.57 | 17 547.07 | 0.00 | 0.00 | 8.57 | 17 547.07 | 0.00 | 0.00 |
| 12-224 | 管内穿铜芯绝缘导线路 2.5mm² | 100m单线 | 64.200 | 24.72 | 1 587.02 | 16.02 | 1 028.48 | 8.70 | 558.54 | 0.00 | 0.00 |
| 主材 | 铜芯绝缘导线（2.5mm²） | m | 6 741.000 | 2.20 | 14 830.20 | 0.00 | 0.00 | 2.20 | 14 830.20 | 0.00 | 0.00 |

## 2.2.6　多层照明工程单位工程费用汇总表的编制

根据《黑龙江省建筑安装工程费用定额》，计算多层住宅照明工程费用，工程费用计算表见表 2-16。

编制说明：

（1）本施工图预算采用 2002 年黑龙江省建设工程预算定额（电气）；

（2）本施工图预算采用 2006 年哈尔滨市建设工程材料预算价格表；

（3）本施工图预算执行 2007 年黑龙江省建筑工程费用定额；

（4）施工图预算之外发生的费用以现场签字的形式计入结算；

（5）工程地点：市内；

（6）工程类别：三类。

表 2-16　工程费用计算表

| 序　号 | 费 用 名 称 | 计 算 式 | 费用余额 |
|---|---|---|---|
| （一） | 定额项目费 | SZ | 125 233.41 |
| （A） | 其中：人工费 | SR | 14 700.82 |
| （二） | 一般措施费 | (A)*1.15% | 169.06 |
| （三） | 企业管理费 | (A)*22% | 3 234.18 |
| （四） | 利润 | (A)*28% | 4 116.23 |
| （五） | 其他 | 1+2+3+4+5+6+7 | 7 819.45 |
| 1 | 人工费价差 | (35.05-22.88)*SR/22.88 | 7 819.45 |
| 2 | 材料价差 | | |
| 3 | 机械费价差 | SC | |
| 4 | 材料购置费 | | |
| 5 | 预留金 | (N01+N03+N04+N05)*0% | |
| 6 | 总承包服务费 | | |
| 7 | 零星工作费用 | | |
| （六） | 安全生产措施费 | 8+9+10+11 | 2 417.85 |
| 8 | 环境保护文明施工 | [(一)+(二)+(三)+(四)+(五)]*0.25% | 351.43 |
| 9 | 安全施工 | [(一)+(二)+(三)+(四)+(五)]*0.19% | 267.09 |
| 10 | 临时设施费 | [(一)+(二)+(三)+(四)+(五)]*1.19% | 1 672.81 |
| 11 | 防护用品费用 | [(一)+(二)+(三)+(四)+(五)]*0.09% | 126.52 |
| （七） | 规费 | 12+13+14+15+16+17 | 5 932.15 |
| 12 | 危险作业意外伤害保险费 | [(一)+(二)+(三)+(四)+(五)]*0.11% | 154.63 |
| 13 | 工程定额测定费 | [(一)+(二)+(三)+(四)+(五)]*0% | |
| 14 | 社会保险费 | (1)+(2)+(3) | 5 777.52 |
| （1） | 养老保险费 | [(一)+(二)+(三)+(四)+(五)]*2.99% | 4 203.11 |

续表

| 序　号 | 费用名称 | 计　算　式 | 费用余额 |
|---|---|---|---|
| （2） | 失业保险费 | [(一)+(二)+(三)+(四)+(五)]*0.19% | 267.09 |
| （3） | 医疗保险费 | [(一)+(二)+(三)+(四)+(五)]*0.40% | 562.29 |
| 15 | 工伤保险费 | [(一)+(二)+(三)+(四)+(五)]*0.04% | 56.23 |
| 16 | 住房公积金 | [(一)+(二)+(三)+(四)+(五)]*0.43% | 604.46 |
| 17 | 工程排污费 | [(一)+(二)+(三)+(四)+(五)]*0.06% | 84.34 |
| （八） | 税金 | [(一)+(二)+(三)+(四)+(五)+(六)+(七)]*3.44% | 5 122.93 |
| （九） | 单位工程费用 | (一)+(二)+(三)+(四)+(五)+(六)+(七)+(八) | 154 045.26 |

# 实训2　高层住宅照明工程施工图预算编制

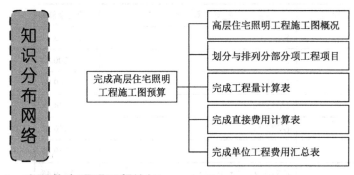

## 1. 高层住宅照明工程认知

（1）本建筑层高 2.9m，建筑物为地上 15 层，地下 1 层为仓库。

（2）电源引至箱式变压器，配电系统采用放射式与树干式相结合的方式。

（3）住宅电源柜落地安装，进出线方式为下进下出。

（4）除注明外，开关插座分别距地 1.4m，0.3m，暗装。卫生间内开关、插座选用防潮、防溅型面板。插座安装高度为距地 1.8m。

（5）建筑物防雷、接地系统及安全措施如下。

① 建筑物防雷包括：

◆ 本工程防雷等级为二类。建筑物的防雷装置应满足防直击雷、防雷电感应及雷电波的侵入，并设置总等电位联结。

◆ 接闪器。在屋顶采用 $\phi$12 热镀锌圆钢做避雷带，屋顶避雷带连接线网格不大于 10m*10m 或 12m*8m。

◆ 引下线。利用建筑物钢筋混凝土柱子或墙内两根 $\phi$16 以上主筋焊接作为引下线，引下线间距不大于 18m，所有外墙引下线在室外地面下 1m 处引出一根 40*4 的镀锌扁钢，扁钢伸出室外，距外墙皮的距离不小于 1m。

◆ 接地极。接地装置沿建筑物基础外表面设置环形接地体，所有进出建筑物的金属管、电缆外皮以等电位联结接入接地体。

◆ 引下线上端与避雷带焊接，下端与接地极焊接，建筑物四角的外墙引下线在室外地面上设断接卡子。

◆ 凡突出屋面的所有金属构件、金属通风管、金属屋面、金属屋架等均与避雷带可靠焊接。

◆ 等电位联结点焊接部分做防腐处理。

② 接地及安全措施包括：

◆ 电源进线处做重复接地，防雷接地及电气设备的保护接地，接地电阻不大于 1Ω。

◆ 电气竖井内各垂直敷设一条 40*4 热镀锌扁钢。

◆ 本工程采用总等电位联结，总等电位板由紫铜板制成，应将建筑物内保护干线、设备进线总管等进行联结，总等电位联结线采用 40*4 镀锌扁钢，总等电位联结均采用等电位卡子，禁止在金属管道上焊接。卫生间采用局部等电位联结，局部等电位箱暗装，底边距地 0.4m，将卫生间内所有金属管道、金属构件联结。

全部高层住宅照明工程图纸如图 2-9～图 2-18 所示。

**2．实训目的**

（1）掌握照明工程施工图预算的编制步骤；

（2）掌握照明工程工程量的计算方法；

（3）掌握预算定额与费用定额的计算方法；

（4）掌握单位工程费用的计算方法。

**3．实训步骤及成果要求**

（1）准备图纸、相关资料（预算定额、费用定额、有关文件规定等相关资料）；

（2）识读高层照明工程施工图；

（3）根据识读的高层照明工程施工图划分与排列分部分项工程名称；

（4）根据分部分项工程名称计算高层住宅照明工程工程量，编制工程量计算表，工程量计算表格式见表 2-17。

表 2-17　工程量计算表

| 序　号 | 工程名称 | 计　算　公　式 | 单　位 | 工　程　量 |
|---|---|---|---|---|
| | | | | |
| | | | | |
| | | | | |
| | | | | |
| | | | | |
| | | | | |
| | | | | |
| | | | | |
| | | | | |

建筑电气工程预算技能训练

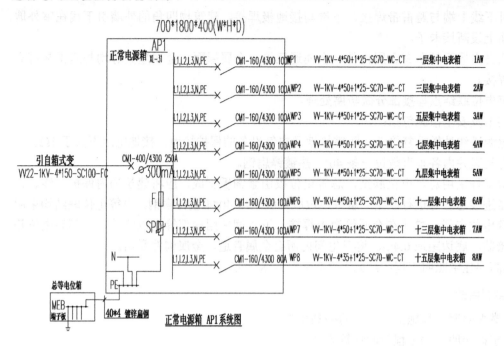

正常电源箱 AP1 系统图

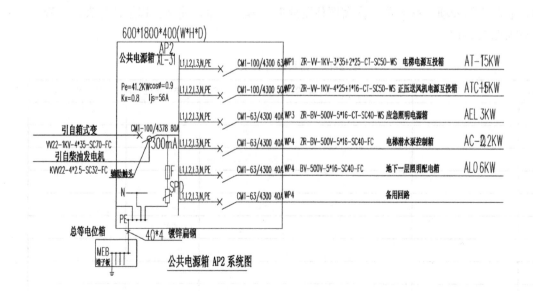

公共电源箱 AP2 系统图

图2-9

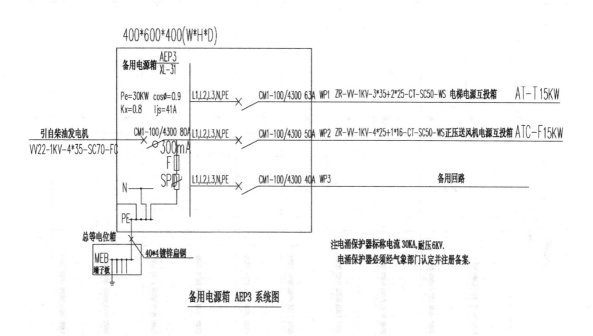

400*600*400(W*H*D)

备用电源箱 AEP3
　　　　XL-31

Pe=30KW cosφ=0.9
Kx=0.8　Ijs=41A

引自柴油发电机
VV22-1KV-4*35-SC70-FC

CM1-100/4300 80A　L1,L2,L3,N,PE
300mA
F口
SP口

L1,L2,L3,N,PE　CM1-100/4300 6.3A　WP1　ZR-VV-1KV-3*35+2*25-CT-SC50-WS 电梯电源互投箱　AT-T15KW

CM1-100/4300 50A　WP2　ZR-VV-1KV-4*25+1*16-CT-SC50-WS正压送风机电源互投箱 ATC-F15KW

L1,L2,L3,N,PE　CM1-100/4300 40A　WP3　　　　　备用回路

N
PE

总等电位箱
MEB
端子板
40*4镀锌扁钢

注电涌保护器标称电流30KA,耐压6KV.
电涌保护器必须经气象部门认定并注册备案.

**备用电源箱 AEP3 系统图**

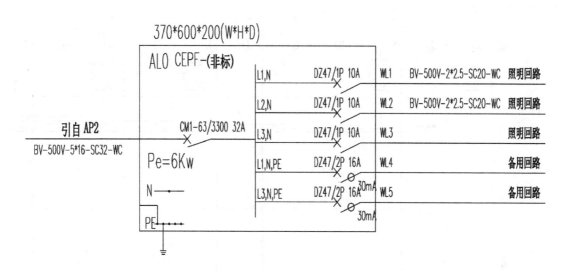

370*600*200(W*H*D)

ALO CEPF-(非标)

引自AP2
BV-500V-5*16-SC32-WC

CM1-63/3300 32A

Pe=6Kw

N

PE

L1,N　DZ47/1P 10A　WL1　BV-500V-2*2.5-SC20-WC 照明回路
L2,N　DZ47/1P 10A　WL2　BV-500V-2*2.5-SC20-WC 照明回路
L3,N　DZ47/1P 10A　WL3　　　　照明回路
L1,N,PE　DZ47/2P 16A　WL4　　　备用回路
L3,N,PE　DZ47/2P 16A 30mA　WL5　备用回路
　　　　　　　30mA

**地下一层照明配电箱 ALO 系统图**

高层住宅系统图

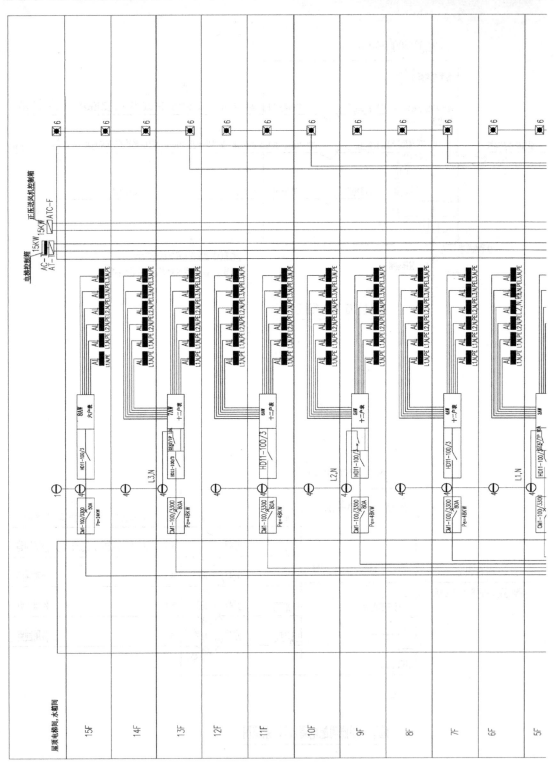

图2-10 高层住

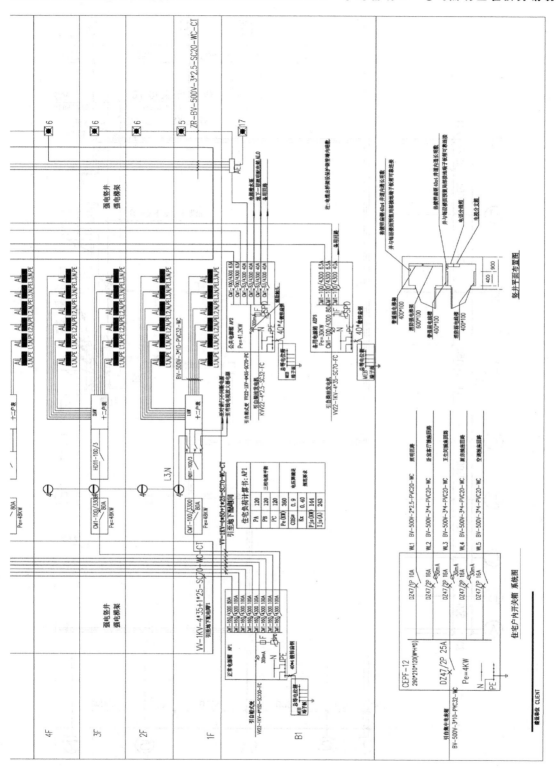

宅系统平面图

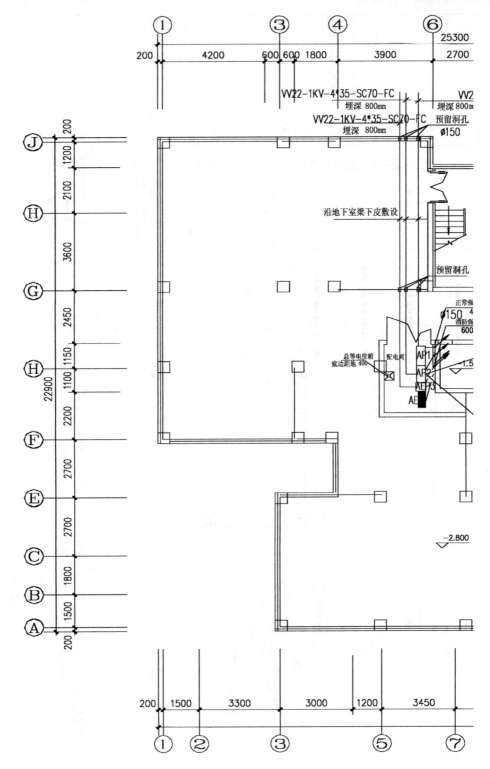

图2-11 地下室电

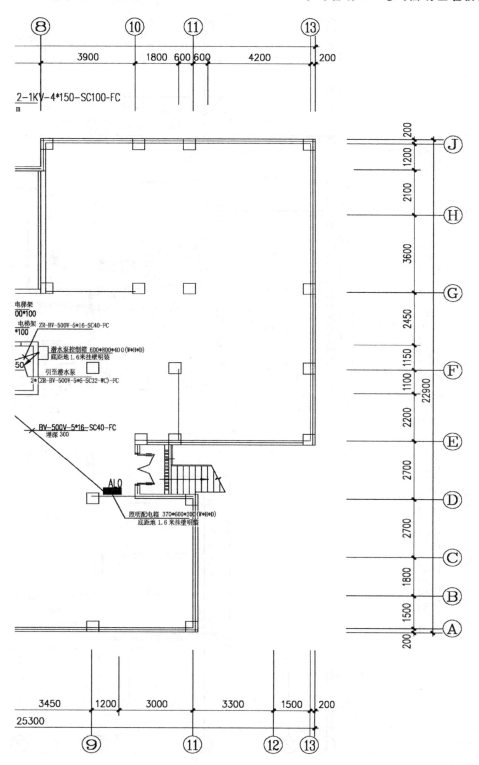

气干线平面图

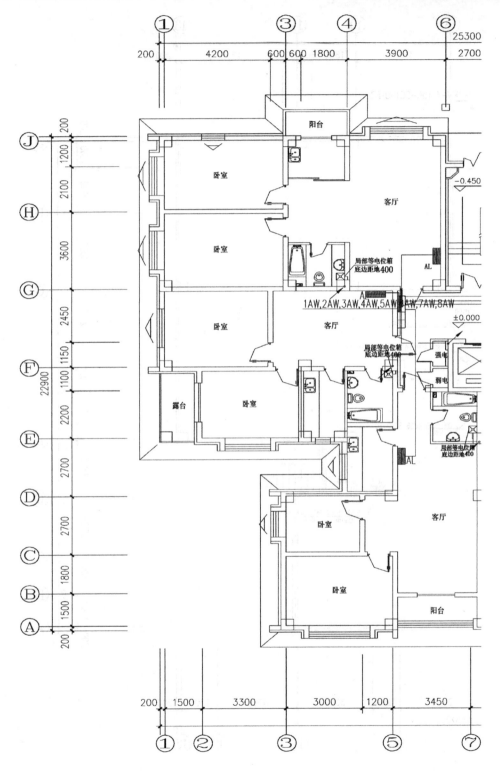

图2-12 一层

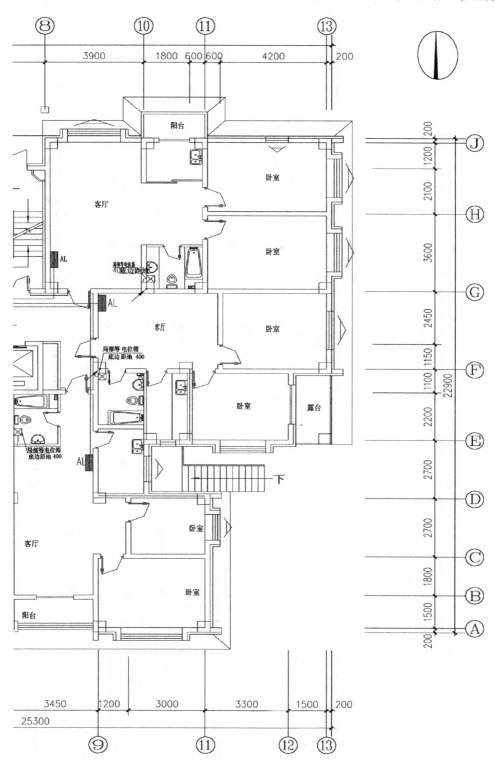

电气干线平面图

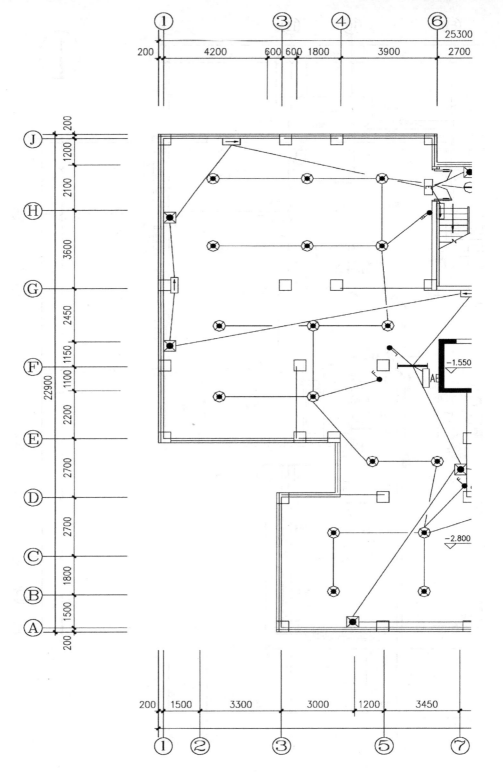

图2-13 地下室

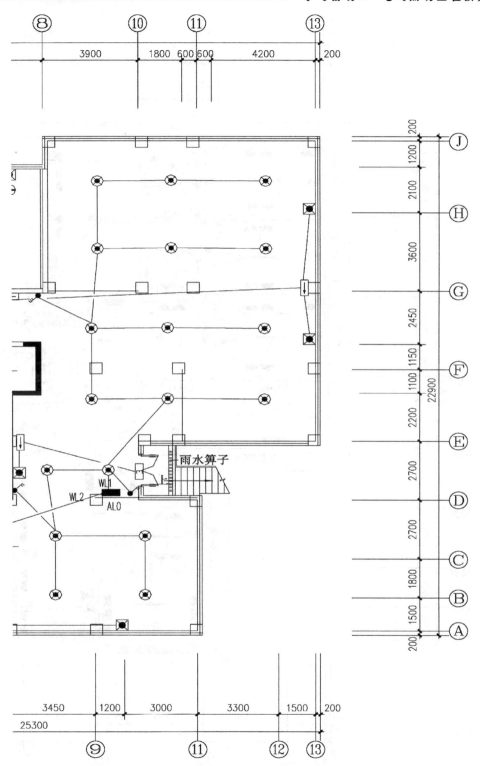

照明平面布置图

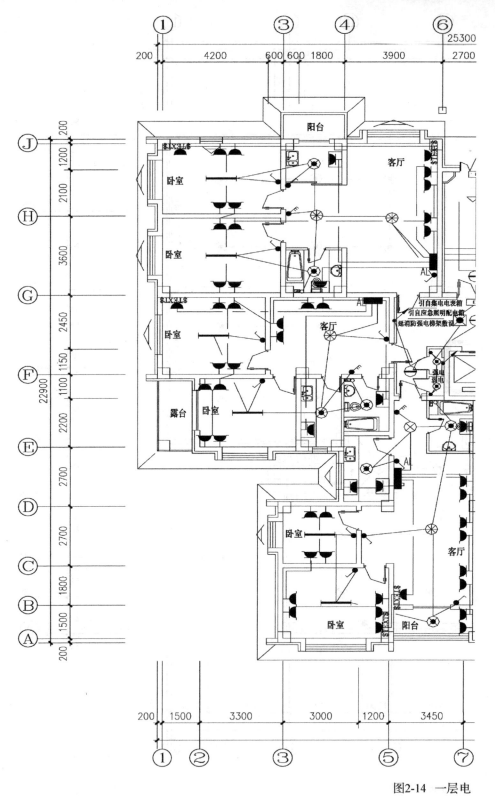

图2-14 一层电

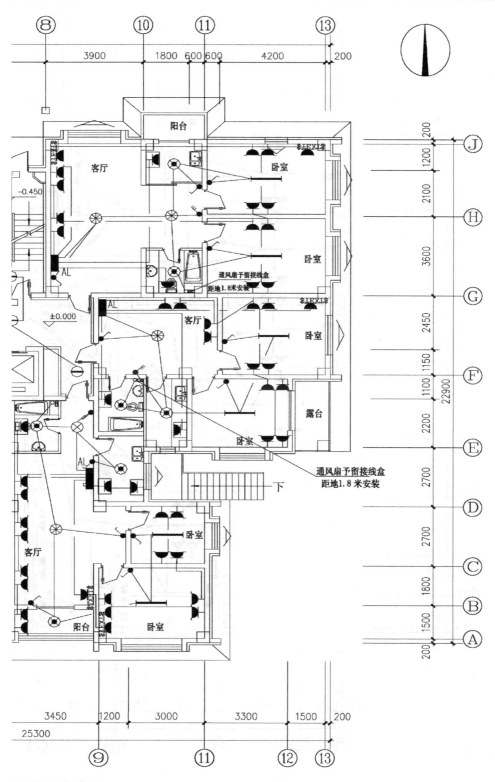

气照明平面图

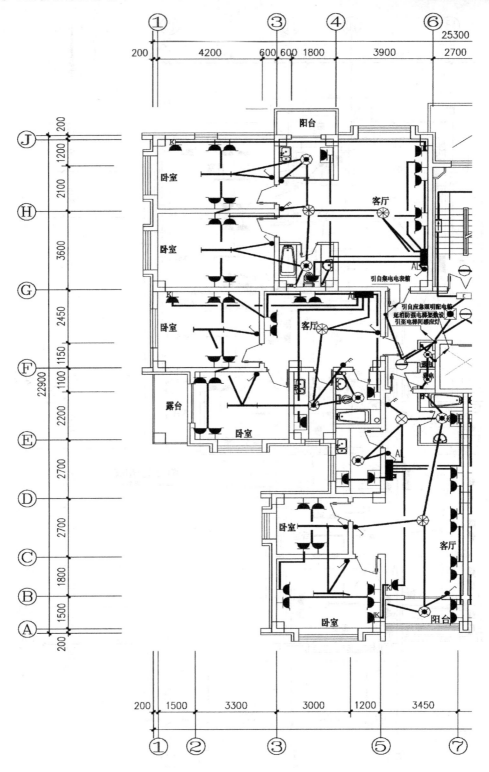

图2-15 2~15

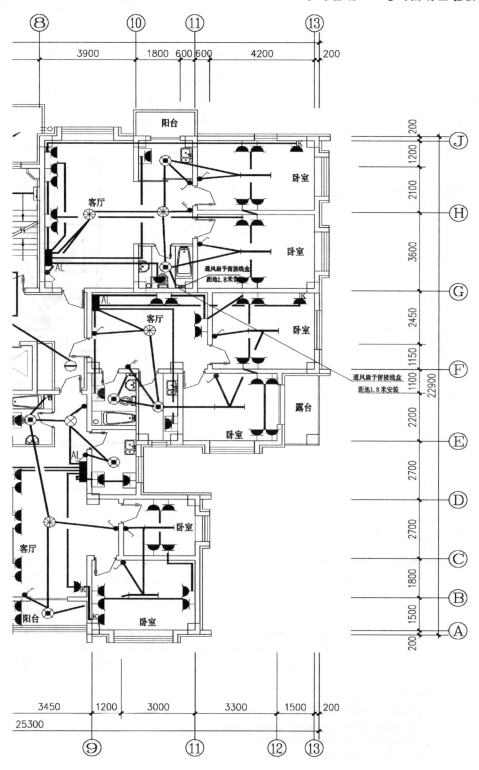

层照明平面布置图

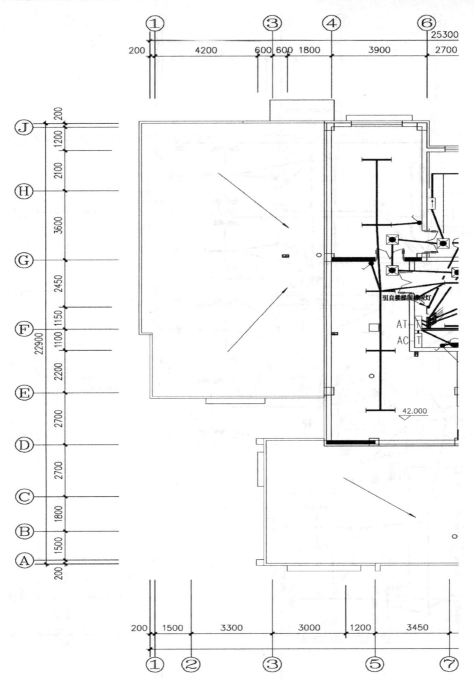

1.电梯井道照明设置要求如下:

  (1)在离井道的最高和最低点各装设一盏照明灯,中间为每一

     层间2.8m装设一盏照明灯.并在机房及底坑各设置一双控开关.

  (2)距轿顶 5m和底坑 5m各设一单相二.三极组合插座.

2.电梯轿箱照明及轿箱通风由电梯生产厂家完成

图2-16 机房层电

70

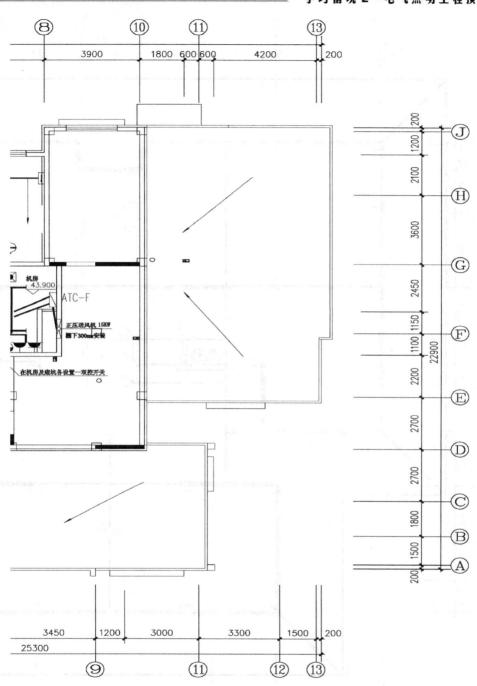

气照明平面图

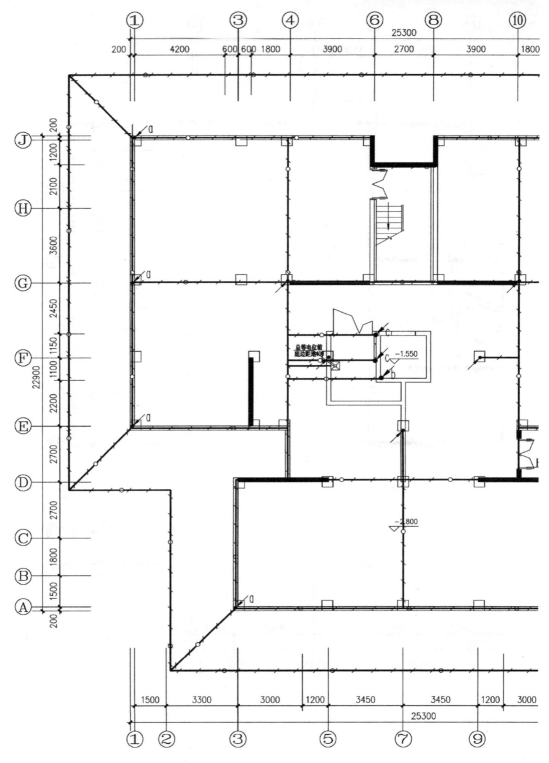

图2-17 接地

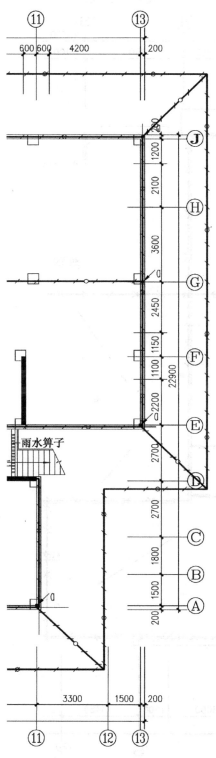

平面布置图

说明
1. 接地极作法:

将地梁上下两层主筋沿建筑物外圈焊接成环形,并将主轴线上的地梁及结构底板上下

两层主筋相互焊接成网作接地体.采用40*4镀锌扁钢沿建筑物四周敷设成闭合形状的水平

人工接地体,可埋设在建筑物散水及基础以外的基础槽边

2. 各种接地引下线的下端均应与基础接地网可靠焊接,图中各种接地引下线的作法规定如下:

(1) a 防雷引下线:利用建筑物钢筋混凝土柱子或剪力墙内两根≥16以上主筋通长焊接作为引下线

引下线间距不大于18m.所有外墙引下线在室外地面下1m处引出一根40X4热镀锌扁钢,

扁钢伸出室外,距外墙皮的距离不小于1m.

(2) b 电梯机房用接地引下线:利用结构体内两根主筋(大于≥16通长相互接引上至电梯机房

在机房地面上0.2m引出后用40*4镀锌扁钢在机房内距地0.2m处作一圈基础装置.

(3) c 竖井用接地引下线:采用40*4扁钢,下端溶接焊与基础接地极焊接,进竖井后垂直引上.

3. 施工时应注意:作为引下线这对角主钢筋(2根以上)的连接及其与基础筏板接地网钢筋(2根以上)

的接处均应可靠焊接.所有焊接点均涂沥青防腐.地线管理地端管口施工后用沥青封死,并满足防水要求.

4. 埋入土壤中的人工垂直接地体采用镀锌圆钢,圆钢直径不小于10mm长度为2.5m镀锌圆钢间距为5m.

5. 所有接地材料均采用镀锌件,作法参照国家建筑标准设计02D501-2等电位联结安装>.

6. 人工垂直接地体埋深1.2m.

7. 六层起每三层设一道均压环.

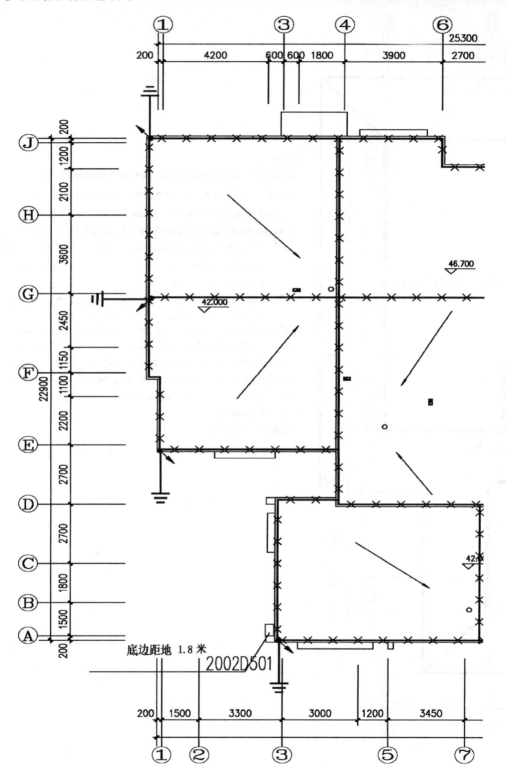

底边距地 1.8 米

2002D501

图2-18 防雷

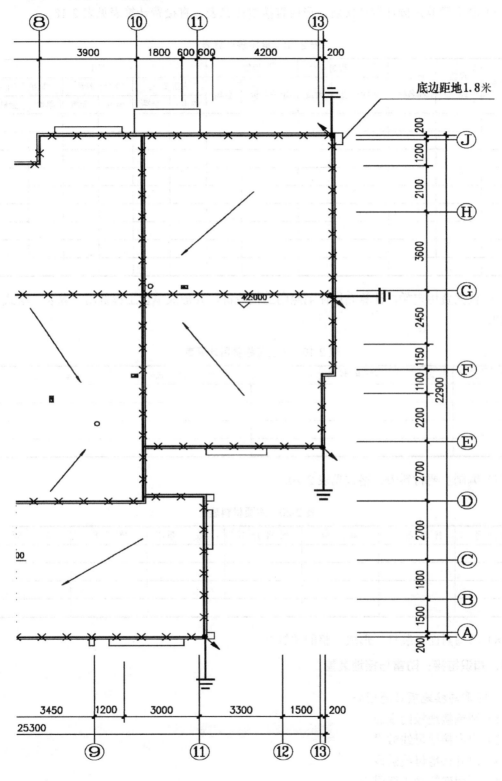

平面布置图

（5）套用预算定额计算直接费，形成直接费计算表，直接费计算表见表 2-18；

表 2-18　直接费计算表

| 顺序号 | 定额编号 | 分项工程名称 | 工程量 | | 价值 | | 其中 | | | | | |
| --- | --- | --- | --- | --- | --- | --- | --- | --- | --- | --- | --- | --- |
| | | | 定额单位 | 数量 | 定额单价 | 金额 | 人工费/元 | | 材料费/元 | | 机械费/元 | |
| | | | | | | | 单价 | 金额 | 单价 | 金额 | 单价 | 金额 |
| | | | | | | | | | | | | |
| | | | | | | | | | | | | |
| | | | | | | | | | | | | |
| | | | | | | | | | | | | |
| | | | | | | | | | | | | |
| | | | | | | | | | | | | |
| | | | | | | | | | | | | |
| | | | | | | | | | | | | |
| | | | | | | | | | | | | |

（6）依据费用定额，计算高层住宅照明工程造价，并形成单位工程费用计算表，格式见表 2-19；

表 2-19　单位工程费用计算表

| 序　号 | 费用名称 | 计算式 | 备　注 |
| --- | --- | --- | --- |
| | | | |
| | | | |
| | | | |
| | | | |

（7）编制主要材料表，格式见表 2-20；

表 2-20　主要材料表

| 序　号 | 材料名称 | 单　位 | 规格型号 | 数　量 | 单　价 | 金　额 |
| --- | --- | --- | --- | --- | --- | --- |
| | | | | | | |
| | | | | | | |
| | | | | | | |
| | | | | | | |

（8）填写封面，装订，形成完整的预算书。

**4．知识链接：防雷与接地装置**

1）防雷与接地项目的划分

（1）圆钢接地极的安装

（2）户内接地母线敷设

（3）户外接地母线敷设

（4）利用建筑物主筋引下

（5）均压环敷设

（6）等电位联结端子箱安装

2）计算工程量

（1）圆钢接地极的安装

66 个

（2）户内接地母线敷设

(25.1+25.1+14+14+7.2+2.5+7.2+2.5+2.4+6.2+2.4+6.2+15.4+10.7+14)*(1+3.9%)=160.9m

（3）户外接地母线敷设

(31.1+20+4.8+8.7+22+4.8+20+4.3*6)*(1+3.9%)=142.55m

（4）利用建筑物主筋引下

16*2.9*8=371.2m

（5）均压环敷设

(25.1+14+7.2+2.5+2.4+6.2+15.4+6.2+2.4+2.5+7.2+14)*4=420.4m

（6）等电位联结端子箱安装

2 个

# 任务 2.3 预算软件的应用

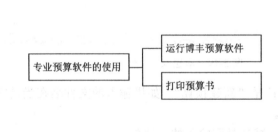

专业软件已应用到了各个领域，电气照明工程预算也不例外。电气照明工程预算常用的预算软件之一是博丰预算软件。通过预算软件的使用可以节省大量的时间，并且提高计算的准确性，打印更加快捷方便。该软件的使用方法如下。

## 1. 博丰软件的运行

1）启动

软件的默认程序文件夹是"博丰建筑系列软件 3.1 版"，启动画面停留数秒后消失，接着需要输入系统的启动密码。本软件的默认密码是"ABC"，密码输入正确后进入定额选择界面。本软件共包含 7 类工程的定额，只能使用一种定额，所以在建立、打开预算及查阅定额前需先选择定额，选择定额只需单击相应名称前的方框。如果没有授权使用这些定额，其前面的方框呈灰色；将使用的定额被选择，其方框呈红色。

2）预算建立

在开始画面单击第一个按钮，或者在"文件"菜单中选择"新建"项目，可以调出预算文件建立的界面。建立一个预算文件的第一步是确定这个文件的位置及名称。

（1）建立文件时，默认的位置是系统所在驱动器上文件所属工程的专用存储目录，见图 2-19。

图 2-19  新建预算文件

（2）输入文件的名称。默认是"新建预算"。如果输入的文件名在当前文件夹中已经存在，系统将提示是否将其覆盖。

（3）输入预算的工程名称，默认是刚输入的文件名。

（4）选择使用定额，这里的定额指的是定额的不同版本。输入建筑面积，也可以不输入。

（5）单击"建立"按钮，完成预算建立。

3）预算输入

预算建立以后，系统显示主界面，预算的添加、修改等操作直接在主界面的预算编辑表格中进行。输入定额编号以后，项目名称将自动按简化的定额名称给出，注意要输入的工程量与定额单位有关。输入完工程量后，按 Enter 键，预算即可形成。预算中包括人工费、材料费、机械费和具体材料，机械台班的用量。如果输入的预算含有主材，则自动弹出一个窗口，要求用户输入主材的单价等信息，见图 2-20。

4）预算编辑

（1）预算修改也直接在预算编辑表格中进行，可以直接修改定额编号、项目名称和工程量，修改完毕后按 Enter 键确认。

（2）主材属于未计价材料，定额只给出了其含量，没有给出单价，单价应根据市场情况而定。并不是所有的定额条目都带主材，所以不带主材时，可以通过添加同期输入主材，按

快捷键"F3"可打开主材处理对话框,见图 2-21。如果定额自带主材,其内容会自动显示在窗口上部的表格中。所有项目,包括主材名称、型号、单位及用量、单价内容都可以自己修改。如果定额不带主材,或所带主材不合适,可以单击"空格"按钮,在表格中添加一个空行,自己输入主材的内容,不合适的主材可以选中其后单击"删除主材"按钮删除。

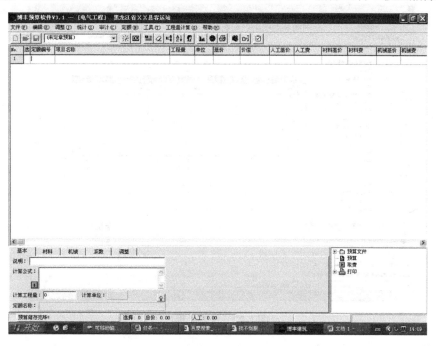

图 2-20 预算输入

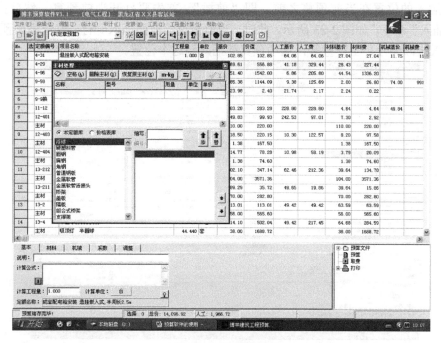

图 2-21 主材处理

**5）材料价差**

软件处理材差的方式有两种，一种是将整个预算的材料汇总，然后输入需要找差材料的市场价格，其材差额进入取费表中的"其他费用"项目；另一种方法是对某条预算的某项材料直接取价差，价差额进入直接费，见图2-22。

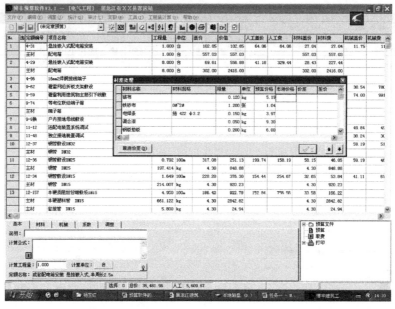

图2-22　材差处理

**6）预算插入**

预算插入的位置在当前预算之前，即"前插"。首先要打开当前预算，然后执行"编辑"→"插入"命令，如图2-23所示。此时，当前预算的前面插入一行，就像添加预算一样，在该行输入定额编号、工程量等，这项预算就插入到这个位置。

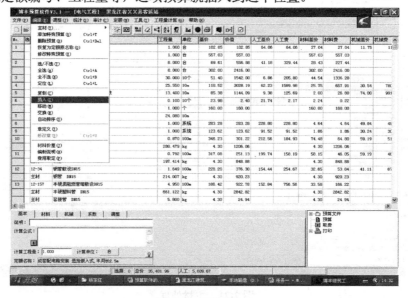

图2-23　预算插入

7）预算统计

此功能可以查阅并打印整个预算的各项费用汇总，如图 2-24 所示。

图 2-24　预算统计

8）费用取定

实际工作中，费用取定的过程是经常变化的，如新取费文件的下发就经常导致取费过程的改变，大到取费结构的改变，小到某个费率的改变，这就需要取费程序要灵活适应各种变化。该软件的取费就是根据这种需要编制的，它借鉴了电子表格的灵活性，可以自己编制取费过程，随意修改取费项目与费率，见图 2-25。

图 2-25　费用取定

### 9）增加费设置

增加费指的是电气工程中的高层增加费、脚手架搭拆费等，它可以对整个预算起作用，也可以对某一部分预算起作用。

要使用某个增加费，只需要在相应费用项目前的方框里打上对号，单击"承认"按钮即可，见图2-26。

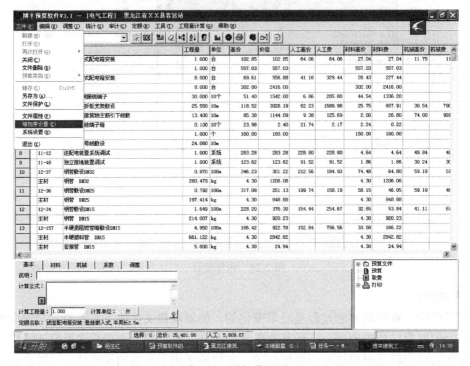

图2-26　增加费设置

### 10）预算调整

该软件中的预算调整有：

（1）费用调整。对人工费、材料费、机械费及直接费乘以某个系数，见图2-27。

（2）内容调整。对某项预算的材料、机械的项目、含量进行增减，从而改变材料费或机械费。

图2-27　预算调整

## 2. 打印

该软件中所有需要打印功能的报表，在其操作窗口都有一个按钮用于打印。在主窗口的快捷操作区，包含了绝大多数的打印操作，要打印某个报表，只需用鼠标单击其名称即可。

## 知识梳理与总结

本次任务的主要目的是掌握电气照明工程施工图预算的编制方法与编制步骤。为了便于理解，此次任务分成三个项目：入门项目（门卫室照明工程施工图预算的编制）、主导项目（多层照明工程施工图预算的编制）、扩展项目（高层照明工程施工图预算的编制），涉及的分项工程数量上由少渐多，内容上逐步深化。讲解以案例为主要任务展开，完成任务的每一个步骤都有相应的理论知识作为补充，理论知识与实例深度融合，同时还介绍了应用很广泛的博丰预算软件的使用方法，体现了编制施工图预算过程中的完整性与顺序性，从而达到了快速掌握施工图预算编制方法的目的。在此项任务中，应重点掌握以下几个方面的内容：

（1）能够准确识读建筑电气照明施工图；

（2）能够根据建筑电气施工图纸列出分部分项工程名称；

（3）能够准确计算分部分项工程中的工程量；

（4）熟悉预算定额的使用方法，利用定额计算直接费；

（5）能够根据文件、费用定额等的规定计算出单位工程造价；

（6）能够编制主要电气设备和材料表；

（7）掌握预算软件的使用方法；

（8）掌握编制电气工程施工图预算的步骤与方法。

此项任务中的难点是分部、分项工程项目的划分、工程量的准确计算。建筑电气工程施工的标准、规范、工艺是工程造价准确性的关键，所以在编制电气照明工程预算的过程中要拓宽知识领域，学会融会贯通、精益求精，这样才能够高质量地完成电气照明工程预算书。

# 练习与思考题 1

### 1．问答题

（1）编制照明工程施工图预算的依据和步骤有哪些？

（2）电缆工程量如何计算？

（3）防雷接地工程应列哪些项目？工程量如何分别计算？

（4）怎样计算配管工程量？

（5）怎样计算管内穿线工程量？

（6）开关盒、插座盒如何计算工程量？

（7）导线进入盘、箱、柜怎样预留长度？

**2. 计算题**

（1）接地极制作安装，工程量 3 根，查定额已知：计量单位"根"，基价单价 48.22 元，ϕ50 镀锌钢管 5.17kg/m，材料价格 2.96 元/kg。计算定额直接费（已知每根镀锌钢管长 2.5m）。

（2）户外接地母线敷设 16.4m，查定额已知：计量单位"10m"，基价单价 75.63m，40×4 镀锌扁钢 1.26kg/m，材料损耗率 5%，镀锌扁钢 2.43 元/kg。计算定额直接费。

（3）圆球吸顶灯的安装 30 套，查定额已知：计量单位"10 套"，基价单价 95.37 元，材料栏成套灯具（10.1），圆球吸顶灯 40 元/套。计算定额直接费。

（4）有一栋塔楼，檐高 76m，层高 3m，外墙周长 86m，有 ϕ8 钢筋做沿女儿墙避雷网，30m 以上有钢窗 80 樘，采用 ϕ50 镀锌钢管做接地极，共 6 组，每组 4 根。接地母线 25*4mm 扁钢 100m。从首层起向上至 30m，每 3 层将圈梁水平钢筋与引下线焊接在一起。30m 以上，每隔 6m（不大于 6m）在结构圈梁内增设一条 25*4mm 的扁钢，与引下线焊接在一起，形成水平避雷带。建筑物四角用柱筋作防雷引下线，计算上述工程的工程量。

（5）层高 2.8m，配电箱盘面尺寸 400m*500mm*125mm，配电箱安装高度为 1.4m，计算管线工程量。（其他条件如图 2-28 所示）

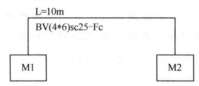

图 2-28

学习情境 3　建筑电气消防

工程预算编制

## 教学导航

| 学习任务 | 任务 3.1　某综合楼电气消防工程预算编制<br>任务 3.2　消防工程项目预算实训 | 参考学时 | 8 |
|---|---|---|---|
| 能力目标 | 学会编制电气消防预算的步骤、方法；具有预算定额的选择和使用能力；具有计算消防预算费用的能力；具有独立编制照明工程预算的能力；具有使用计算机软件编制工程预算的能力 ||||
| 教学资源与载体 | 多媒体网络平台，教材，一体化软件实训室，消防工程图纸，教学楼，课业单、评价表 ||||
| 教学方法与策略 | 引导法，演示法，参与型教学法 ||||
| 教学过程设计 | 给出任务→分组实训练习→熟悉图纸设计内容→列出分项工程项目→计算出所用设备和材料工程量→计算工程造价→训练指导与考评 ||||
| 考核与评价内容 | 消防施工图纸的识读能力；预算定额的正确选用能力；工程量计算能力；语言表达能力；工作态度；任务完成情况与效果 ||||
| 评价方式 | 自我评价（10%），小组评价（30%），教师评价（60%） ||||

# 任务 3.1 某综合楼电气消防工程预算编制

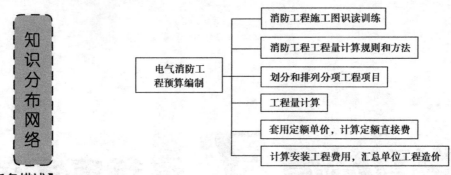

【任务描述】

以某综合楼电气消防施工图为载体,通过识图、工程量计算,按工程量计算规则正确划分分项工程项目,按计费标准计算出消防工程造价。

【任务分析】

做预算之前,必须认真阅读施工图纸,了解设计者的设计意图,了解工程内容;把图纸中的疑难问题记录下来,通过查找有关资料或向有关技术人员咨询解决,这样才能正确确定分项工程项目及数量,否则就会影响施工图预算的编制进度和质量。

◆教师活动

下达需完成的项目名称,并明确完成此项目的步骤,采用学做结合的教学方式,由浅入深将真实案例预算任务完成,步步深入,把所需知识贯穿其中。

◆学生活动

跟随教师一起学习知识后,完成消防工程施工图预算的编制,通过收集资料、明确任务、讨论、汇报成果、修改、进行总结达到学会编制施工图预算的目的。

实施过程:识图→问题讨论→编写实训报告→进行相关问题探讨→考核评价。

## 3.1.1 消防工程施工图识读

### 1. 工程认知

以某综合楼工程为例,介绍电气消防安装工程施工图预算。本工程电气消防施工图纸共11张,地下1层,地上22层(其中包括出屋面机房消防平面图),共23层,总建筑面积20 336m²,消防工程图如图3-1~图3-3所示。本例受篇幅所限,仅以首层、3~12层(标准层)为例,说明消防预算的编制方法。

### 2. 要求与目标

(1)能熟练阅读电气消防施工图纸;

(2)掌握消防工程施工方法;

(3)能准确划分分项工程项目。

### 3. 预算资料

预算资料包括施工图纸、施工技术参考书、定额、取费表、电气预算参考书等。

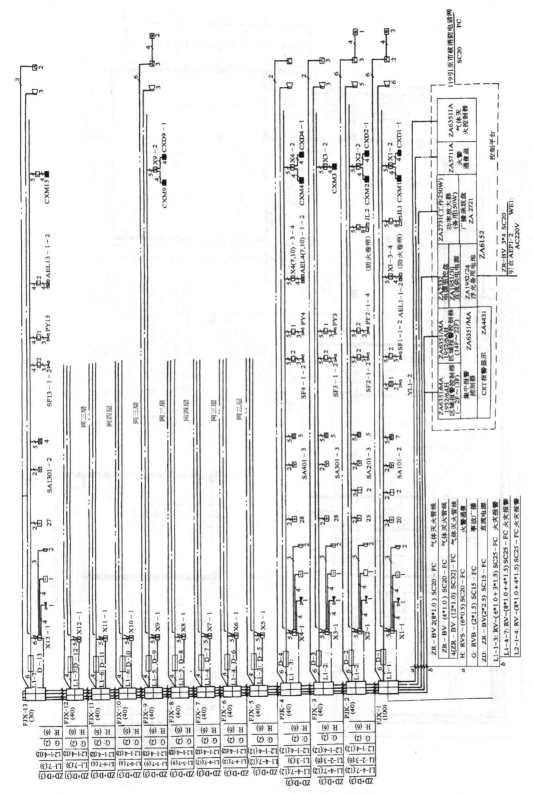

图3-1  火灾自动报警及消防控制系统图

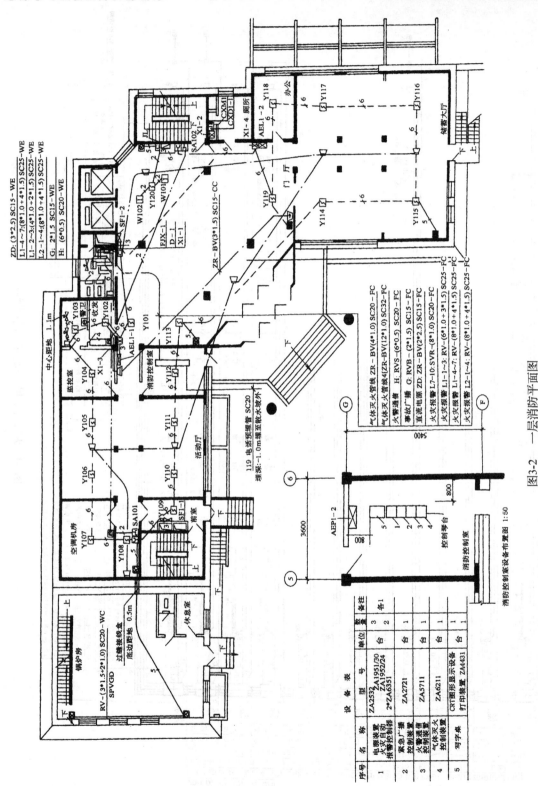

图3-2  一层消防平面图

| 序号 | 名 称 | 型 号 | 单位 | 数量 | 备 注 |
|------|-------|-------|------|------|-------|
| 1 | 电源装置 | ZA2521 ZA1951/30 | 台 | 3 | 各1 |
| | 火灾自动报警控制器 | ZA19522/4 2*ZA6351 | 台 | 2 | |
| 2 | 紧急广播 | ZA2721 | 台 | 1 | |
| 3 | 火灾通信控制装置 | ZA5711 | 台 | 1 | |
| 4 | 气体灭火控制装置 | ZA6211 | 台 | 1 | |
| 5 | CRT图形显示设备 打印装置 ZA4431 | | 台 | 1 | |

消防控制室设备布置图 1:50

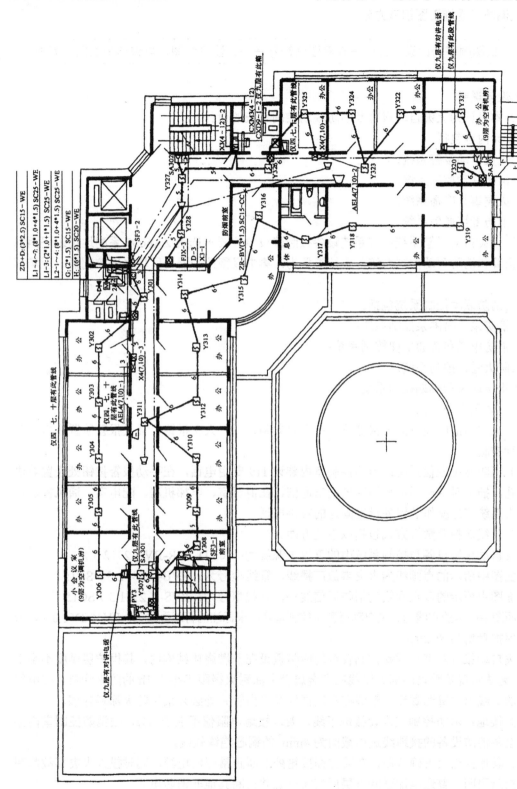

图3-3　3～12层消防平面图

### 4．消防工程施工图识读方法

> **提示：** 识图顺序为读设计说明→查看图例符号→先识读系统图、再识读平面图→列项。

1）设计说明

（1）本设计为火灾自动报警及消防联动控制系统的设计。

其设计内容包括：

① 火灾自动报警系统；

② 消防联动控制系统；

③ 火灾事故广播系统；

④ 消防专用通信系统。

（2）火灾自动报警系统：该系统设备按照建设单位要求选用 ZA6000 系列地址编码两总线火灾报警和消防联动控制系统，系统类型为：集中报警控制器—区域报警控制器—现场探测元件。

（3）消防联动控制系统包括：

① 消防泵、喷淋泵控制系统；

② 消防电梯和普通电梯控制系统；

③ 防火卷帘控制系统；

④ 正压送风和排烟控制系统；

⑤ 气体灭火控制系统。

（4）火灾事故广播及火灾报警系统：当火灾确认后，火灾报警广播及报警装置应按疏散顺序进行控制。

（5）消防专用通信系统：消防控制室内装设 119 专用电话，在手动报警按钮处设置对讲电话插孔，插上对讲电话可与消防控制室通信，在值班室、电梯机房、配电室、通风机房及自动灭火系统应急操作装置处设置固定的对讲电话。

（6）管线选择及敷设方式包括以下几方面。

火灾自动报警设备与控制系统中的直流电源线为：（ZD）ZR-BV（2×2.5）

平面图中所示的点画线为火灾事故广播线，管线型号为：RVB-（2×2.5）SC15

平面图中所示的双点画线为消防通信线路，管线型号为：RVS-（2×1.5）SC15

平面图中所示的实线为火灾自动报警及控制管线，未标注的管线型号为：RV-（2×1.0），未标注的保护管均为 SC20。

火灾自动报警及消防联动控制管线均应暗敷设在非燃烧体结构内，其报护层厚度不小于 30mm，无法实现暗敷设的部分管线应在金属管上涂耐火极限不小于 1h 的防火涂料。在电气竖井内的管线沿井壁明敷设，管线在穿过楼板及引出管井处必须采用防火涂料封墙。

（7）接地：消防控制室内设接地干线，要求接地电阻值不大于 1Ω，由消防控制室内接地极引至各消防设备的接地线选用截面为 4mm$^2$ 的铜芯绝缘软线。

（8）其他：当火灾确认后，在管井插接箱处切断正常照明电源，同时投入火灾事故照明和疏散指示照明，普通电梯强降首层后切断电源并切断其他非消防电源。

（9）火灾报警及控制系统元件接线（见表 3-1）。

火灾报警元件接线说明：

S——信号线　　　P——电源线　　　S、P为探测二总线，接线不分极性

V——直流电源线 G——系统地线　　　E——动作允许总线　　　D——起泵回答线

表3-1　火灾报警及控制系统元件接线

| 元件名称 ＼ 控制总线 | S | P | V | G | E | D |
|---|---|---|---|---|---|---|
| 总线短路隔离器 | √ | √ | √ | √ | | |
| 离子感烟探测器 | √ | √ | | | | |
| 多态感温探测器 | √ | √ | | | | |
| 手动报警按钮 | √ | √ | | | | |
| 消火栓箱控制按钮 | √ | √ | √ | √ | | √ |
| 控制模块 | √ | √ | √ | √ | √ | |
| 输入模块 | √ | √ | | | | |

（10）模块箱一览表（见表3-2）。

表3-2　模块箱一览表

| 图例符号 | 箱内模块类型 | 外形尺寸 | 安装方式 | 安装高度 | 备　注 |
|---|---|---|---|---|---|
| ⊠3-2 | 1C+1×2 224 | 350×350×100 | W | 箱顶距棚 0.3m | 未表示的同⊠3-2 |
| ⊠22-5 | 2C+2×2 224 | 600×400×100 | W | 箱顶距棚 0.3m | |
| ⊠22-1 | 6C+3M | 600×400×100 | W | 箱顶距棚 0.3m | |
| ⊠22-4 | 2C+1M | 350×350×100 | W | 箱顶距棚 0.3m | |
| ⊠22-3 | 2C+1M | 350×350×100 | W | 箱顶距棚 0.3m | |
| ⊠22-2 | 2C+1M | 350×350×100 | W | 箱顶距棚 0.3m | |
| ⊠19-2 | 3C+2×2 224 | 500×400×100 | W | 箱顶距棚 0.3m | |
| ⊠15-2 | 4C+4×2 224 | 600×400×100 | W | 箱顶距棚 0.3m | |
| ⊠1-2 | 2C+2×2 224 | 350×350×100 | W | 箱顶距棚 0.3m | ⊠2（9）-2 同此箱 |
| ⊠01-3 | 6C+6×2 224 | 600×600×100 | W | 箱顶距棚 0.3m | |
| ⊠01-2 | 12C+12×2 224 | 700×850×100 | W | 箱顶距棚 0.3m | |
| ⊠01-1 | 2C+2M | 350×350×100 | W | 箱顶距棚 0.3m | ⊠1～21 同此箱 |

**2）主要设备材料表及图例符号**

主要设备材料表及图例符号如表3-3所示。

表3-3　主要设备材料表及图例符号

| 序号 | 图　例 | 符　号 | 名　称 | 型　号 | 安装高度 |
|---|---|---|---|---|---|
| 1 |  | FJX | 消防系统接线箱 | 箱内端子数见系统图 | 底边距地 1.5m |
| 2 |  | （系统） | 总线短路隔离器 | ZA6152 | 吸顶 |
| 3 |  | D（平面） | 总线短路隔离器 | ZA6152 | 吸顶 |

续表

| 序号 | 图例 | 符号 | 名称 | 型号 | 安装高度 |
|---|---|---|---|---|---|
| 4 | | | 离子感烟探测器 | ZA6011 | 吸顶 |
| 5 | | | 多态感温探测器 | ZA6031 | 吸顶 |
| 6 | | SA | 手动报警按钮 | ZA6121B | 中心距地 1.5m |
| 7 | | | 消火栓栓内控制按钮 | ZA6122B | 中心距地 1.9m |
| 8 | | C | 控制模块 | ZA6211 | 中心距顶棚 0.5m |
| 9 | | M | 输入模块 | ZA6132 | 中心距顶棚 0.5m |
| 10 | | | 固定式对讲电话 | ZA5712 | 中心距地 0.4m |
| 11 | | | 火警电话插孔 | ZA2714 | 中心距地 1.5m |
| 12 | | | 声光报警器 | ZA2112 | 中心距离棚 0.5m |
| 13 | | | 紧急广播扬声器 | ZA2724 3W | (吸顶)中心距顶棚 0.5m |
| 14 | | | 强电切换器 | ZA2224 | |
| 15 | | FV | 水流指示器 | 消防水系统元件 | 棚下安装 0.5m |
| 16 | | | 安全信号网 | 消防水系统元件 | 棚下安装 |
| 17 | | SF PY | 正压送风阀排烟阀 | | 安装高度见风施 |
| 18 | | YL | 压力开关 | | |
| 19 | | | 消防排烟系统防火阀 | | 安装高度见风施 |
| 20 | | | 正压送风系统防火阀 | | 安装高度见风施 |
| 21 | | AEL | 事故照明箱 | | 底边距地 1.5m |
| 22 | | AEP | 消防动力配电箱 | | 底边距地 1.5m |
| 23 | | | 消防电梯自带控制装置 | | 落地安装 |

3）火灾自动报警及消防控制系统图识读

图中能看到火灾自动报警及消防控制原理，消防系统控制平台内设备的安装位置及设备名称、规格型号、电源引入位置，市政消防电话网引入位置及钢管规格、敷设方式，还能看到弱电井内消防接线箱引上、引下的管线，从接线箱引出各层的管线，各层消防设备的理论接线、设备数量。

消防接线箱 1～13 层共 13 台，其中 1 层接线箱内 100 对端子，其他各层箱内均为 40 对端子。

外形尺寸：FJX-1，0.20*0.44*0.15　　FJX-2～13，0.40*0.20*0.15。

H（6）表示 6 根电话线由 1 层引到 13 层，各层需要的电话线从各层接线箱引出。其中 4 根线为地址编码总线，另外 2 根为非地址编码总线，可并联若干个电话插孔。

标注：RVS-（6*0.5）SC20

G（2）表示 2 根广播线由 1 层引至 13 层，各层广播线均从各层接线箱引出。

导线标注：RVB-（2*1.5）SC15

ZD+D（3）表示 2 根直流电源线，加 1 根地线。

L2-1～4（12）

    L2——表示第 2 条火警线路；

    1～4——表示有 4 个回路；

    （12）——表示导线有 12 根。

RV（9*1.0+3*1.5）SC25

SC25 从 1 层引至 14 层接线箱，分别逐段引至 22 层。

L1-2～3（6）

    L1——表示第一条火警线路；

    2～3——表示有 2 个回路：

L1-2（6）回路为 2、3 层提供电源，导线 6 根，RV（4*1.0+2*1.5）SC25。

L1-3（3）回路为 4 层提供电源，导线 3 根，RV（2*1.0+1*1.5）SC25。

一个区域报警器加扩展可带 8 个回路。

L1-4～7（12）表示钢管从一层引至 13 层，1 层至 7 层管内为 12 根导线。

RV（8*1.0+4*1.5）SC25

L1-5～7（9）表示钢管从 7 层引至 8、9 层，1 层至 7 层管内为 9 根导线。

RV（6*1.0+4*1.5）SC25

L1-6～7（6）表示钢管从 9 层接线箱引至 10、11 层，管内为 6 根导线。

RV（4*1.0+2*1.5）SC25

L1-7（3）表示钢管从 11 层接线箱引至 12、13 层，管内穿 3 根导线。

RV（2*1.1+1*1.5）SC25

FJX-1：FJX 为消防接线箱，1 为一层；（100）为箱内端子 100 对。


4）一层消防平面图识读

从平面图能看到本层消防线路的实际接线情况。

从弱电管井引出火灾自动报警控制回路。

从火灾自动报警回路引出火灾事故广播回路。

从火灾自动报警回路引出消防通信线路，消防通信线路有火警电话插孔、固定对讲电话、消防通信线路管线。图中还有消防控制室设备布置图（⑤～⑥局部放大图，图 3-2 中）及消防控制室设备明细表。

消防控制室墙外埋设 119 报警电话预埋管 SC20，埋深-1.0m，埋至散水坡外。

消防控制室交流电源引自 AEP1-2（消防动力配电箱），导线为 ZR-BV（3*4）SC20，从消防控制室引出气体灭火、火警通信、事故广播、直流电源、火灾报警管线，沿地暗敷设引入弱电管井内，弱电管井内消防系统接线箱悬挂明装，总线短路隔离器吸顶安装，端子箱沿墙明装，箱顶面距棚 0.3m，弱电井内钢管沿墙明敷设，线管引上见标注。

从弱电管井引出 6 个回路，其中平面图中所示的双点画线为消防通信线路，管线型号标注为 RVS-（6*0.5）SC20-F，沿地暗设，单点画线为火灾事故广播线，管线型号标注为 RVB-（2*2.5）SC15-FC，沿地暗设；实线为火灾自动报警及控制管线，未标注的管线型号为 RV-（2*1.0）SC20-FC。

另外，从 $X_1$-1 端子箱引出的 4 个回路分别是安全信号回路、水流指示器回路、声光报警回路和火灾事故广播回路。安全信号阀在棚下安装，水流指示器在棚下 0.5m 处安装，声光报警器中心距顶棚 0.5m 安装。广播回路扬声器吸顶、壁挂式安装。

感烟探测器吊棚吸顶安装，吊棚距顶棚 0.8m。

感温探测器吊棚吸顶安装，吊棚距顶棚 0.8m。

从弱电井内消防接线箱引至本楼层的线管均沿棚暗设。

从消防接线箱引出 $\left\{\begin{array}{l}\text{消防通信管线} \\ \text{火灾自动报警管线} \\ \text{X1-1 模块箱回路}\end{array}\right.$

在空调机房与锅炉房墙两侧安装了过墙接线盒，底边距地 0.5m。为了明示消防控制室设备、安装位置，将⑤轴至⑥轴进行了布局放大，见设备表右侧，在设备表中标明了设备的名称、型号、单位、数量。

图纸比例为 1∶100

**消火栓箱内按钮　7 个**

$\left\{\begin{array}{lll}\text{锅炉房内} & \text{2 个} \\ \text{空调机房墙外走廊} & \text{1 个} \\ \text{门厅左面门边} & \text{1 个} \\ \text{门厅左面消防控制室墙外} & \text{1 个} \\ \text{门厅右面楼梯间墙外} & \text{1 个} \\ \text{储蓄大厅左面墙上} & \text{1 个}\end{array}\right.$

**声光报警器　2 个**

$\left\{\begin{array}{ll}\text{监控室外墙上} & \text{1 个} \\ \text{门厅左面门边} & \text{1 个}\end{array}\right.$

**安全信号阀　2 个**

$\left\{\begin{array}{lll}\text{左侧电梯前室} & \text{1 个} & \text{SF1-1} \\ \text{上面弱电管井墙外} & \text{1 个} & \text{SF1-2}\end{array}\right.$

**压力开关　2 个**

警卫室内　　　　　　2 个　　　中心距地 1.1m

**水流指示器　1 个**

厕所内　　　　　　　1 个

**电话　3 部**

$\left\{\begin{array}{ll}\text{警卫室内} & \text{1 部} \\ \text{收发室内} & \text{1 部} \\ \text{空调机房内} & \text{1 部}\end{array}\right.$

电话插孔　　　　　　**2个**

- 左侧楼梯间走廊墙上　1个
- 右侧门厅楼梯间墙上　1个

手动报警按钮　　　　**2个**

- 左侧楼梯间走廊墙上　1个
- 右侧门厅楼梯间墙上　1个

端子箱　　　　　　　**4个**

- X1-1 在弱电井内墙上　　　1个
- X1-2 在右侧厕所内墙上　　1个
- X1-3 在收发室外墙上　　　1个
- X1-4 在右侧厕所外墙上　　1个

感烟探测器　　**20个**

从弱电井引出至门厅内 Y101～Y120

感温探测器　　**2个**

门厅内 W101～W102

**广播扬声器 7 只**

其中吸顶式扬声器 6 只，壁挂式扬声器 1 只。

注：平面图中设备数量与系统图中数量不同时，以平面图为准。

动力控制箱　　　　**1台**　　　CXD1-1

照明控制箱　　　　**1台**　　　CXM1

5）3～12 层消防平面图识读

从图中能看出 3～12 层（标准层）消防线路的实际接线情况。

仅 9 层空调机房内有对讲电话及连接电话插孔管线。

仅 4、7、10 层在北侧走廊墙上有（AEL）事故照明配电箱、声光报警器及管线。

仅 4、7、10 层有模块箱。

仅 9 层右侧有动力控制箱

仅 4、7、10 层（在 Y325 办公室内）有连接感烟探测器至模块箱的管线。

仅 9 层空调机房有对讲电话、墙外电话插孔及连接管线。

### 3.1.2　了解消防工程工程量计算规则和方法

消防工程工程量计算规则和方法如下。

（1）点型探测器按线制的不同分为多线制与总线制，不分规格、型号、安装方式与位置，以"只"为单位计算。探测器安装包括探头和底座的安装及本体调试。

（2）红外线探测器以"对"为单位计算，一对为两只。定额中包括探头支架安装和探测器的调试、对中。

（3）火焰探测器、可燃气体探测器按线制的不同分为多线制与总线制两种，计算时不分规格、型号、安装方式与位置，以"只"为单位计算。探测器安装包括探头和底座的安装及本体调试。

（4）线形探测器的安装方式按环绕、正弦及直线综合考虑，不分线制及保护形式，以"m"为单位计算，"10m"为一计量单位。定额中未包括探测器连接的一只模块和终端，其工程量按相应定额另行计算。

（5）按钮包括消火栓按钮、手动报警按钮、气体灭火起/停按钮，以"只"为单位计算。按照在轻质墙体和硬质墙体上安装两种方式综合考虑，执行时不得因安装方式不同而调整。

（6）控制模块（接口）是指仅能起到控制作用的模块（接口），也称中继器，依据其给出控制信号的数量，分单输出和多输出两种形式。执行时不分安装方式，按照输出数量以"只"为单位计算。

（7）报警模块（接口）不起控制作用，只能起监视、报警作用，执行时不分安装方式，以"只"为单位计算。

（8）报警控制器安装按不同线制、不同安装方式以"点"数套相应的定额，以"台"为单位计算。

多线制"点"指报警控制器所带报警器件（探测器、报警按钮等）的数量。

总线制"点"是指报警控制器所带有地址编码的报警器件（探测器、报警按钮、模块等）的数量。如果一个模块带数个探测器，则只能计为一点。

（9）联动控制器按线制的不同分为多线制与总线制，其中又按安装方式不同分为壁挂式和落地式。套定额时，按"点"数的不同确定定额子目，以"台"为单位计算。

（10）报警联动一体机安装按其安装方式不同分为壁挂式和落地式。在不同安装方式中按照"点"数的不同确定定额子目，以"台"为单位计算。

"点"指报警联动一体机所带的有地址编码的报警器与控制模块的数量。

（11）重复显示器（楼层显示器）不分型号、规格、安装方式，按总线制与多线制划分，以"台"为单位计算。

（12）警报装置分为声光报警和警铃报警两种形式，均以"只"为单位计算。

（13）远程控制器按其控制回路数以"台"为单位计算。

（14）火灾事故广播中的功放机、录音机的安装按柜内及台上两种方式综合考虑，分别以"台"为单位计算。

（15）消防广播控制柜是指安装成套消防广播设备的成品柜，不分规格、型号，以"台"为单位计算。

（16）火灾事故广播中的扬声器不分规格、型号，按吸顶式或壁挂式划分，以"只"为单位计算。

（17）广播分配器是指单独安装的消防广播用分配器（操作盘），以"台"为单位计算。

（18）消防通信系统中的电话交换机按"门"数不同，以"台"为单位计算。通信分机、插孔是指专用电话分机与电话插孔，不分安装方式，分别以"部"、"个"为单位计算。

（19）报警备用电源综合考虑了规格、型号，以"台"为单位计算。

（20）消防系统调试包括自动报警、水灭火系统、火灾事故广播、消防通信系统、消防电梯系统、电动防火门、防火卷帘门、正压送风阀、排烟阀、防火阀、防火阀控制装置、气体灭火系统装置。

（21）自动报警系统包括各种探测器、报警按钮、报警控制器组成的报警系统，根据不同点数以"系统"为单位计算，确定定额子目，点数按多线制或总线制报警"点"计算。

（22）水灭火系统控制装置按照不同点数以"系统"为单位计算，其点数按多线制或总线制联动控制器的点数计算。

（23）火灾事故广播、消防通信系统中消防广播喇叭、音箱和消防通信的电话分机、电话插孔，均以"只"为单位计算。

（24）消防电梯与控制中心间的控制调试，以"部"为单位计算。

（25）电动防火门、防火卷帘门指由消防控制中心显示与控制的电动防火门、防火卷帘门，以"处"为单位计算，每樘为一处。

（26）气体灭火系统装置调试包括模拟喷气试验、备用灭火器储存器切换操作试验，按试验容器的规格（L），分别以"个"为单位计算。

### 3.1.3　划分和排列分项工程项目

对某综合楼电气消防工程划分和排列分项工程项目如下。

（1）控制屏安装；

（2）配电屏安装；

（3）集中控制台安装；

（4）按钮安装；

（5）一般铁构件制作；

（6）一般铁构件安装；

（7）砖、混凝土结构钢管明配；

（8）砖、混凝土结构钢管暗配；

（9）管内穿线；

（10）接线箱安装；

（11）接线盒安装；

（12）消防分机安装；

（13）消防电话插孔安装；

（14）功率放大器安装；

（15）录放盘安装；

（16）吸顶式扬声器安装；

（17）壁挂式扬声器安装；

（18）正压送风阀检查接线；

（19）排烟阀检查接线；

（20）防火阀检查接线；

（21）感烟探测器安装；

（22）感温探测器安装；

（23）报警控制器安装；

（24）报警联动一体机安装；

（25）压力开关安装；

（26）水流指示器安装；

（27）声光报警器安装；

（28）控制模块安装；

（29）自动报警系统装置调试；

（30）广播扬声器、消防分机及插孔调试；

（31）水灭火系统控制装置调试；

（32）正压送风阀、排烟阀、防火阀调试；

（33）刷第一遍防火漆；

（34）刷第二遍防火漆。

### 3.1.4 工程量计算

**1．控制屏安装**

控制屏安装以"台"为单位计算。本例采用 ZA5711 火警通信控制装置，工程量 1 台；采用 ZA6122 气体灭火控制装置，工程量 1 台。

**2．配电屏安装**

配电屏安装以"台"为单位计算。本例采用 ZA2532 电源监控盘，ZA1951/30 直流供电单元，ZA1952/24 浮充备用电池电源装置，工程量 3 台。

**3．集中控制台安装**

集中控制台安装以"台"为单位计算。本例采用 ZA6152，控制琴台，工程量 1 台。

**4．按钮安装**

按钮安装以"个"为单位计算。本例采用 ZA6122B 消火栓控制按钮，安装在消火栓箱内，工程量 62 个，采用 ZA6121B 手动报警按钮，工程量 35 套。

**5．一般铁构件制作**

电气管井内钢管明敷设，用角钢支架固定。本例采用 63×6 等边角钢做凵支架固定钢管，每层 2 个支架，1～12 层共 24 个支架，每个支架用料 1.6m，工程量 38.4m。

**6．一般铁构件安装**

工程量同上。

**7．砖、混凝土结构钢管明配**

查土建图已知，1 层层高为 5.3m，其余 2～12 层层高为 3.5m。

电气管井内钢管工程量计算方法：

钢管=（首层层高-接线箱高+管进上下箱预留长度）×（层数-1）+（标准层层高-接线箱高+管进上下箱预留长度）×（层数-1）

例如：

（1）H：RVS-（6×0.5）SC20                    1～12 层

SC20= [5.3（层高）-0.44（接线箱高）+0.2（管进上下箱预留长度）]×[2（层数）-1] + [3.5（层高）-0.4（接线箱高）+0.2（管进上下箱预留长度）]×[11（层数）-1] =38.06（m）

（2）G：RVB-（2×1.5）SC15　　　　　　　　　　　　1～12 层

计算式同上。

SC15=38.06（m）

（3）L2-1～4：RV（8×1.0+4×1.5）SC25

SC25=（首层层高+进箱预留 0.1）×（层数-1）+标准层层高×（层数-1）

（4）L1-2～3：RV-（4×1.0+2×1.5）SC25

SC25=（首层层高-接线箱高+管进箱上下预留）×（层数-1）+（标准层层高-标准接线箱高+管进箱上下预留）×（层数-1）

（5）L1-3：RV（2×1.0+1×1.5）SC25

SC25=（标准层层高-接线箱高+管进箱上下预留）×（层数-1）

（6）L1-4～7：RV（8×1.0+4×1.5）SC25

SC25=［5.3（层高）-0.44（接线箱高）+0.1（管进箱预留）］×［2（层数）-1］+3.5（层高）×［6（层数）-1］=22.46（m）

（7）L1-5～7：RV（6×1.0+3×1.5）SC25

SC25=（标准层层高-接线箱高+管进箱上下预留）×（层数-1）

（8）L1-6～7：RV（4×1.0+2×1.5）SC25

计算式同上。

SC25=6.6（m）

（9）L1-7：RV（2×1.0+1×1.5）SC25

SC25=（标准层层高-接线箱高+管进箱上下预留）×（层数-1）

（10）DZ+D：ZR-BY（3×2.5）SC15

SC15=（层高-接线箱高+管进箱上下预留）×（层数-1）+（标准层层高-标准接线箱高+管进箱上下预留）×（层数-1）

### 8．砖、混凝土结构钢管暗配

钢管以"m"为单位计算，本例钢管暗配工程量如下。

（1）一层火灾报警线路水平工程量

① 感烟探测器回路

RV-（4×1.0+2×1.5）SC20

F-1→D-1→Y101→Y102→Y103→Y104→Y105→Y106→Y107→Y108→Y109→-（X1-4）→SA102→控制模块

SC20=107.6（m）

② 消火栓控制按钮回路

RV-（3×1.5+2×1.0）SC20

SA101→消火栓按钮→锅炉房消火栓按钮

SC20=2+7.6+9.4=19（m）

Y119→消火栓按钮

SC20=2.6m

Y115→消火栓按钮

SC20=3m

Y113→消火栓按钮

SC20=2m

控制模块→消火栓按钮

SC20=1.2m

③ 感温探测器回路

RV-（2×1.0）SC20

控制模块→Y120→W101→W102

SC20=3+1.4+1.2=5.6（m）

④ X1-1→水流指示器回路

RV-（4×1.0）SC20

SC20=2.2（m）

⑤ X1-1→安全信号阀回路

RV-（4×1.0）SC20

SC20=2.8（m）

⑥ X1-2→CXDI-1 回路

RV-（4×1.0）SC20

SC20=0.4（m）

⑦ X1-2→CXMI 回路

RV-（4×1.0）SC20

SC20=0.8（m）

⑧ X1-3→AEL1-1 回路

RV-（3×1.0）SC20

SC20=1.2（m）

⑨ X1-4→AEL1-2 回路

RV-（4×1.0）SC20

SC20=0.6（m）

⑩ 控制模块→JL1 回路

RV-（8×1.0）SC20

SC20=0.6（m）

⑪ 控制模块→SF1-1 回路

RV-（3×1.0）SC20

SC20=1（m）

⑫ 控制模块→SF1-2 回路

RV-（3×1.0）SC20

SC20=1.2（m）

⑬ 输入模块→压力开关回路

RV-（2×1.0）SC20

SC20=2.2（m）

⑭ X1-1→声光报警器回路

　　ZR-BV（3×1.5）SC15

　　SC15=8.2+18=26.2（m）

（2）一层消防通信线路水平工程量

　　RVS-（2×0.5）SC15

　　SC15=2.5+15.5=18（m）

　　RVS-（6×0.5）SC15

　　SC15=21.5+1.5=23（m）

（3）1 层事故广播线路水平工程量

　　RVB-（2×1.5）SC15

　　SC15=11+7.5+12.5+12+7.5+15+6.5+2.5=74.5（m）

（4）1 层 FJX-1→消防控制室线路水平工程量

① 火灾报警

　　L1-1～3：RV-（6×1.0+3×1.5）SC25

　　SC25=16.5（m）

　　L1-4～7：RV-（8×1.0+4×1.5）SC25

　　SC25=16.5（m）

　　L2-1～4：RV-（8×1.0+4×1.5）SC25

　　SC25=16.5（m）

② 事故广播

　　G：RVB-（2×1.5）SC15

　　SC15=17（m）

③ 火警通信

　　H：RVS-（6×0.5）SC20

　　SC20=17.5（m）

④ 气体灭火

　　ZR-BV2（8×1.0）SC20

　　SC20=18（m）

　　ZR-BV（4×1.0）SC20

　　SC20=18（m）

　　4［ZR-BV（12×1.0）SC32］

　　SC32=18×4=72（m）

⑤ 直流电源

　　ZD：ZR-BY（2×2.5）SC15

　　SC15=16.5（m）

（5）1 层消防控制室至墙外 119 电话预埋管工程量

　　SC20=6（水平长度）+1（埋深）+0.1（引出地面）=7.1（m）

（6）1 层火灾报警线路垂直工程量

　　① 接线箱

FJX-1（100）0.32（宽）×0.44（高）

RV-（4×1.0+2×1.5）SC20（消防报警回路）

SC20=［5.3（首层层高）-1.5（接线箱底边距地高度）-0.44（接线箱高）］×1（立管数量）=3.36（m）

RVB-（2×1.5）SC15 （事故广播回路）

SC15=（5.3-1.5-0.44）×1=3.36（m）

ZR-BV（3×1.5）SC15 （声光报警回路）

SC15=（5.3-1.5-0.44）×1=3.36（m）

② 控制模块

计算式：（中心距顶棚高度+棚内预留长度）×立管数量

RV-（8×1.0）SC20

SC20=（0.5+0.1）×1=0.6（m）

RV-（2×1.0）SC20

SC20=（0.5+0.1）×1=0.6（m）

RV-（4×1.0+2×1.5）SC25

SC25=（0.5+0.1）×1=0.6（m）

RV-（3×1.5+2×1.0）SC20

SC20=（0.5+0.1）×1=0.6（m）

RV-（3×1.0）SC20

SC20=（0.5+0.1）×2=1.2（m）

③ 输入模块（计算方法同上）

RV-（4×1.0+2×1.5）SC20

SC20=（0.5+0.1）×2=1.2（m）

④ 手动报警按钮

RV-（2×1.0）SC20

SC20=［5.3（首层层高）-1.5（手动报警中心距地高度）-0.2（楼板厚度）-0.3（接线盒中心距顶棚高度）］×2（立管数量）=6.6（m）

⑤ 消火栓报警按钮

RV-（3×1.5+2×1.0）SC20

SC20=［5.3（首层层高）-1.9（消火栓报警按钮中心距地高度）-0.1（楼板厚度）］×9（立管数量）=29.7（m）

⑥ 过缝接线盒

RV-（3×1.5+2×1.0）SC20

SC20=［5.3（首层层高）-0.1（楼板厚度／2）-0.55（接线盒中心距地高度）］×2（立管数量）=9.3（m）

（7）1层事故广播线路

广播扬声器（壁装）

RVB-（2×1.5）SC15

SC15=［0.5（中心距顶棚高度）+0.1（楼板厚度/2）］×1（立管数量）=0.6（m）

（8）1层消防通信线路

固定电话：RVS-（6×0.5）SC20

SC20=［0.4（中心距地高度）+0.1（楼板厚度/2）］×7（立管数量）=3.5（m）

火警电话插孔：RVS-（2×0.5）SC20

计算方法同上，SC20=（1.5+0.1）×2=3.2（m）

（9）1层FJX-1（接线箱）至消防控制室线路垂直工程量

接线箱处立管长度

计算式：（埋入楼板内长度+接线箱底边距地高度+进箱预留长度）×立管数量

气体灭火：SC20=0.1+1.5+0.1=1.7（m）

气体灭火：SC32=（0.1+1.5+0.1）×4=6.8（m）

火警通信：H，SC20=0.1+1.5+0.1=1.7（m）

事故广播：G，SC15=0.1+1.5+0.1=1.7（m）

直流电源：ZD，SC15=0.1+1.5+0.1=1.7（m）

气体灭火：SC20=0.1+1.5+0.1=1.7（m）

火灾报警：L1-1～3，SC25=0.1+1.5+0.1=1.7（m）

火灾报警：L1-4～7，SC25=0.1+1.5+0.1=1.7（m）

消防控制室内引上长度

管长=（埋入楼板内长度+引出地面长度）×数量

气体灭火：SC20=0.1+0.1=0.2（m）

气体灭火：SC32=（0.1+0.1）×4=0.8（m）

火警通信：H，SC20=0.1+0.1=0.2（m）

事故广播：G，SC15=0.1+0.1=0.2（m）

直流电源：ZD，SC15=0.1+0.1=0.2（m）

气体灭火：SC20=0.1+0.1=0.2（m）

火灾报警：L1-1～3，SC25=0.1+0.1=0.2（m）

火灾报警：L1-4～7，SC25=0.1+0.1=0.2（m）

（10）1层模块箱等处立管长度

X1-2→CXM1、CXD1-1

SC20=（首层层高-楼板厚度-模块箱顶面距棚高度-模块箱高度+管进箱预留长度-照明（动力）箱底边距地高度-箱高+管进箱预留长度）×数量=（5.3-0.2-0.3-0.35+0.1-1.5-0.5+0.1）×2=5.3（m）

X1-3→AEL1-1（计算方法同上）

SC20=2.65（m）

X1-4→AEL1-2（计算方法同上）

SC20=2.65（m）

X1-1→声光报警器

SC20=（模块箱顶面距棚高度+棚内预留长度）+（声光报警器中心距顶棚高度+棚内预留长度）×声光报警器立管数量=（0.3+0.1）+（0.5+0.1）×3=2.2（m）

XI-1→水流指示器（计算方法同上）

SC20=（0.3+0.1）+（0.5+0.1）×l=1（m）

XI-1→安全信号阀（计算方法同上）

SC20=（0.3+0.1）+（0.8+0.1）×1=1.3（m）

输入模块→压力开关

SC20=输入模块中心距地高度+楼板内预留长度+（楼板内预留长度+压力开关中心距地高度）×压力开关立管数量=（5.3-0.2-0.5）+0.1+（0.1+1.1）×3=8.3（m）

RV-（3×1.0）CP20

控制模块→SF1-1 CP20=1m

RV-（3×1.0）CP20

控制模块→SF1-2 CP20=1.6m

控制模块→JL1 RV-（8×1.0）SC20

SC20=5.3（首层层高）-0.2（楼板厚度）-0.5（控制模块中心距棚高度）-2（卷帘控制箱顶面距地高度）+0.1（管进控制箱内预留长度）=2.7（m）

金属软管

RV-（4×1.0+2×1.5）CP20

CP20=［0.8（吊棚高度）+0.2（预留长度）］×22（探测器数量）=22（m）

RVB-（2×1.5）CP15

CP15=［0.8（吊棚高度）+0.2（预留长度）］×6（吸顶扬声器数量）=6（m）

## 9. 管内穿线

导线以"m"为单位计算。管内穿线工程量如下。

（1）电气管井内钢管管内穿线

① 消防通信线路（H）

RVS-（2×0.5）=［电源管立管长度+（FJX-1 半周长）+（FJX-2 半周长）+2（箱半周长数量）×（FJX-2 半周长）×（层数-1）］×导线根数=［38.06+（0.32+0.44）+（0.25+0.4）+2×（0.25+0.4）×（11-1）］×3=151.41（m）

② 火灾事故广播线路（G）         1～12 层

计算式同上。

RVS-（2×1.5）=［38.06+（0.32+0.44）+（0.25+0.4）+2×（0.5+0.4）×（11-1）］×1=52.47（m）

③ 火灾自动报警及控制线路

L2-1～4

RV-1.0=［40.4（钢管长度）+0.76（FJX-1 半周长）］×8（导线根数）=329.28（m）

RV-1.5=［40.4+0.16（FJX-1 半周长）］×4=164.64（m）

L1-2～3

RV-1.0=（8.36（钢管长度）+（0.32+0.44）（FJX-1 半周长）+（0.25+0.4）（FJX-2 半周长）×3（半周长数量））×4（导线根数）=44.36（m）

RV-1.5=［8.36+（0.32+0.44）+（0.25+0.4）×3］×2=22.18（m）

L1-3

RV-1.0=｛6.6（钢管长度）+［3（层数）-1］×0.65（箱半周长）｝×2（导线根数）=15.8（m）

RV-1.5=［6.6+（3-1）×0.65］×1=7.9（m）

L1-4～7

RV-1.0=［22.46（钢管长度）+0.76（FJX-1 半周长）+0.65（FJX-2 半周长）×3（半周长数量）］×8（导线根数）=201.36（m）

RV-1.5=（22.46+0.76+0.65×3）×4=100.68（m）

L1-5～7

RV-1.0=［6.6（钢管长度）+0.65（箱半周长）×4（半周长数量）］×6（导线根数）=55.2（m）

RV-1.5=（6.6+0.65×4）×3=27.6（m）

L1-6～7

RV-1.0=［6.6（钢管长度）+0.65（箱半周长）×4（半周长数量）］×4（导线根数）=36.8（m）

RV-1.5=（6.6+0.65×4）×2=18.4（m）

L1-7

RV-1.0=［3.3（钢管长度）+0.65（箱半周长）×2（半周长数量）］×2（导线根数）=9.2（m）

RV-1.5=（3.3+0.65×2）×1=4.6（m）

④ ZD+D

ZR-BR-2.5=［38.06（钢管长度）+0.76（FJX-1 半周长）+0.65（FJX-2 半周长）+2（箱半周长数量）×0.65（FJX-2 半周长）×（11-1）（层数-1）］×3（导线根数）=151.41（m）

（2）1 层火灾报警线路管内穿线

① 感烟探测器回路

RV-1.0=［107.6（水平长度）+3.36（接线箱立管长度）+1.2（输入模块立管长度）+0.6（控制模块立管长度）+0.76（箱内预留长度）］×4（导线根数）=454.08（m）

RV-1.5=（107.6+3.36+1.2+0.6+0.76）×2=227.04（m）

② 消火栓控制按钮回路

RV-1.0=［（19+2.6+3+2+1.2）（水平长度）+29.7（垂直长度）+0.6（控制模块处立管长度）+9.3（过缝接线盒引上立管长度）］×2（导线根数）=134.8（m）

RV-1.5=［（19+2.6+3+2+1.2）+29.7+0.6+9.3］×3=202.2（m）

③ 感温探测器回路

RV-1.0=［5.6（水平长度）+0.6（控制模块处立管长度）］×2（导线根数）=12.4（m）

④ X1-1→水流指示器回路

RV-1.0=［2.2（水平长度）+1（垂直长度）+0.7（接线箱预留长度）］×4（导线根数）=15.6（m）

⑤ X1-1→安全信号阀回路

RV-1.0=［2.8（水平长度）+1.3（垂直长度）+0.7（接线箱预留长度）］×4（导线根数）

=19.2（m）

　　⑥ XI-1→声光报警器回路

　　ZR-BV-1.5=［26.2（水平长度）+2.2（垂直长度）+0.7（接线箱预留长度）］×3（导线根数）=87.3（m）

　　⑦ 手动报警按钮回路

　　RV-1.0=7.4（钢管垂直长度）×2（导线根数）=14.8（m）

　　⑧ X1-2→CXD1回路

　　RV-1.0=［0.4（水平长度）+2.7（垂直长度）+0.7（模块箱预留长度）+1.2（CXD1箱预留长度）］×4（导线根数）=20（m）

　　⑨ X1-2→CXM1回路

　　RV-1.0=［0.8+2.7+（0.7+1.2）］×4=21.6（m）

　　⑩ X1-3→AEL1-1回路

　　RV-1.0=［1.2+2.65+（0.7+1.2）］×3=17.25（m）

　　⑪ X1-4→AELI-2回路

　　RV-1.0=［0.6+2.65+（0.7+1.2）］×3=15.45（m）

　　⑫ 控制模块→JL1回路

　　RV-1.0=［0.6（水平长度）+0.6（控制模块处立管长度）+2.7（垂直长度）+1.2（JL1箱预留长度）］×8（导线根数）=40.8（m）

　　⑬ 控制模块SF1-1回路

　　RV-1.0=［1（水平长度）+0.6（垂直长度）+1（金属软管长度）］×3（导线根数）=7.8（m）

　　⑭ 控制模块→SF1-2回路

　　RV-1.0=（1.2+0.6+1.6）×3=10.2（m）

　　⑮ 输入模块→压力开关回路

　　RV-1.0=［2.2（水平长度）+8.3（垂直长度）+0.6（输入模块立管长度）］×2（导线根数）=22.2（m）

　　（3）1层消防通信线路

　　　　电话插孔

　　　　RVS-（2×0.5）=［18（水平长度）+3.2（垂直长度）］×1（导线根数）=21.2（m）

　　　　电话

　　　　RVS-（2×0.5）=（23+3.5）×3=79.5（m）

　　（4）1层事故广播线路

　　　　RVB-1.5=［74.5（水平长度）+（33.6+0.6）（垂直长度）+0.76（接线箱预留长度）］×2（导线根数）=158.44（m）

　　（5）1层FJX-1→消防控制室线路

　　　　RV-1.0=［（16.5+16.5）（水平长度）+（1.7+0.2+1.7+0.2）（垂直长度）+0.16（接线箱预留长度）+1.5（火灾报警装置半周长）］×8（导线根数）+［16.5（水平长度）+（1.7+0.2）（垂直长度）+0.76（接线箱预留长度）+1.5（报警装置预留长度）］×6（导

线根数）=436.44（m）

RV-1.5=［（16.5+16.5+16.5）+（1.7+0.2+1.7+0.2+1.7+0.2）+0.76+1.5］×4+［16.5+（1.7+0.2）+0.76+1.5］×3=201.82（m）

RVS-（6×0.5）=［17.5（水平长度）+（1.7+0.2）（垂直长度）+（0.76+1.5）（预留长度）×3（导线根数）=64.98（m）

RVB-（2×1.5）=［17（水平长度）+（1.7+0.2）（垂直长度）+（0.76+1.5）（预留长度）］×1（导线根数）=21.16（m）

ZR-BV-1.0=［18（水平长度）+（1.7+0.2）（垂直长度）+（0.76+1.5）（预留长度）］×16（导线根数）+［18（水平长度）+（1.7+0.2）（垂直长度）+（0.76+1.5）（预留长度）］×4（导线根数）+［72（水平长度）+（6.8+0.8）（垂直长度）+（0.76+1.5）（预留长度）］×12（导线根数）=1 425.52（m）

ZR-BV-2.5=［16.5（水平长度）+（1.7+0. 2）（垂直长度）+（0.76+1.5）（预留长度）］×2（导线根数）=41.32（m）

（6）金属软管管内穿线

探测器

RV-1.0=1（垂直长度）×22（探测器数量）×4（导线根数）=88（m）

广播扬声器

RVB-（2×1.5）=1（垂直长度）×6（吸顶扬声器数量）×1（导线根数）=6（m）

以上 1 层消防平面图中水平和垂直管线计算完毕，3～12 层消防平面图中管线计算方法与 1 层相同，这里不再叙述，可作为课后练习。

### 10. 接线箱安装

接线箱安装以"个"为单位计算。本例采用的接线箱和模块箱共 44 个，其中消防系统接线箱 320mm×440mm×160mm 1 个，消防系统接线箱 250mm×400mm×160mm11 个；模块箱 350mm×350mm×100mm 32 个。

### 11. 接线盒安装

接线盒安装以"个"为单位计算。本例采用的接线盒均暗装在棚内、墙内，工程量 608 个。其中 ZA1914/B1 模块预埋盒 39 个；ZA19l4/S1 手动报警开关预埋盒 35 个；86H60 预埋盒 534 个。

### 12. 消防分机安装

消防分机安装以"部"为单位计算。本例采用固定式火警对讲电话，工程量 6 部。

### 13. 消防电话插孔安装

消防电话插孔安装以"个"为单位计算。本例采用电话插孔 ZA2714，工程量 35 个。

### 14. 功率放大器安装

功率放大器安装以"台"为单位计算。本例采用 ZA2731 备用、工作功率放大器，工程量各 1 台。

### 15. 录音机安装

录音机安装以"台"为单位计算。本例采用 ZA2721 广播录放盘，工程量 1 台。

### 16. 吸顶式扬声器安装

吸顶式扬声器安装以"只"为单位计算。本例采用 ZA2724、3W 吸顶式扬声器，工程量 40 只。

### 17. 壁挂式扬声器安装

壁挂式扬声器安装以"只"为单位计算。本例采用 ZA2725、3W 壁挂式扬声器，工程量 1 只。

### 18. 正压送风阀检查接线

正压送风阀检查接线以"个"为单位计算。本例正压送风阀工程量 24 个。

### 19. 排烟阀检查接线

排烟阀检查接线以"个"为单位计算。本例排烟阀工程量 14 个。

### 20. 防火阀检查接线

防火阀检查接线以"个"为单位计算。本例防火阀工程量 12 个。

### 21. 感烟探测器安装

感烟探测器安装以"只"为单位计算。本例感烟探测器采用 ZA6011，工程量 323 只。

### 22. 感温探测器安装

感温探测器安装以"只"为单位计算。本例感温探测器采用 ZA6031，工程量 4 只。

### 23. 报警控制器安装

报警控制器安装以"台"为单位计算。本例区域报警控制器采用 ZA6351MA/1016，工程量 2 台。

### 24. 报警联动一体机安装

报警联动一体机安装以"台"为单位计算。本例采用 ZA6351 MA/254 集中报警控制器，工程量 1 台。

### 25. 压力开关安装

压力开关安装以"套"为单位计算。本例压力开关工程量 2 套。

### 26. 水流指示器安装

水流指示器安装执行隐藏式开关定额项目，以"套"为单位计算。本例水流指示器工程量 12 个。

### 27. 声光报警器安装

声光报警器安装以"只"为单位计算。本例采用 ZA2112 声光报警器，工程量 24 只。

### 28. 控制模块安装

控制模块安装以"只"为单位计算。输入模块、强电切换盒、总线短路隔离器、控制模块均执行控制模块安装定额项目。本例采用 ZA6132 输入模块，工程量 25 只；采用 ZA2224 强电切换盒，工程量 22 只；采用 ZA6152 总线短路隔离器，工程量 12 只；采用 ZA6211 控制模块，工程量 84 只，合计 143 只。

### 29. 自动报警系统装置调试

自动报警系统装置调试以"系统"为单位计算。本例自动报警系统装置调试为 1 个系统。

### 30. 广播扬声器、消防分机及插孔调试

广播扬声器、消防分机及插孔调试以"个"为单位计算。本例广播扬声器 41 个，消防分机 6 个，话机插孔 35 个，合计 82 个。

### 31. 水灭火系统控制装置调试

水灭火系统控制装置调试以"系统"为单位计算。本例水灭火系统控制装置调试为 1 个系统。

### 32. 正压送风阀、排烟阀、防火阀调试

正压送风阀、排烟阀、防火阀调试以"处"为单位计算。本例正压送风阀 24 处，排烟阀 14 处，防火阀 12 处，合计 50 处。

### 33. 管道刷漆

管道刷漆以"$m^2$"为单位计算。本例电气管井内钢管应刷耐火极限不小于 1h 的防火涂料，防火涂料刷两遍，工程量 $31.84m^2$。

### 34. 工程量计算表和工程量汇总表

本例中工程量计算表如表 3-4 所示，工程量汇总表如表 3-5 所示。

#### 表 3-4  工程量计算表

工程名称：消防安装工程

| 序 号 | 工 程 名 称 | 计 算 式 | 单 位 | 工程量 |
|---|---|---|---|---|
| 1 | 控制屏安装 | ZA5711、ZA6211 | 台 | 2 |
| 2 | 配电屏安装 | ZA2532、ZA1951/30、ZA1952/24 | 台 | 3 |
| 3 | 集中控制台安装 | ZA6152 | 台 | 1 |
| 4 | 按钮安装 | ZA6122B 62 个，ZA6121B 35 个 | 个 | 97 |
| 5 | 一般铁构件制作 | ∠63×6 | kg | 275.00 |
| 6 | 一般铁构件安装 | ∠63×6 | kg | 275.00 |
| 7 | 砖、混凝土结构钢管明配 | | | |
| | H | SC20（5.3−0.44+0.2）×（2−1）+（3.5−0.4+0.2）×（11−1） | m | 38.06 |
| | G | SC15（5.3−0.44+0.2）×（2−1+3.5−0.4+0.2）×（11−1） | m | 38.06 |
| | L2-1〜4 | SC25（5.3−0.44+0.1）×（2−1）+3.5×（11−1） | m | 40.40 |

| 序 号 | 工 程 名 称 | 计 算 式 | 单 位 | 工程量 |
|---|---|---|---|---|
| | L1-2~3 | SC25（5.3-0.44+0.2）×（2-1）+（3.5-0.4+0.2）×（2-1） | m | 8.36 |
| | L1-3 | SC25（3.5-0.4+0.2）×（3-1） | m | 6.60 |
| | L1-4~7 | SC25（5.3-0.4+0.1）×（3.5-0.4+0.2）×（2-1） | m | 22.46 |
| | L1-5~7 | SC25（5.3-0.4+0.2）×（3-1） | m | 6.60 |
| | L1-6~7 | SC25（5.3-0.4+0.2）×（3-1） | m | 6.60 |
| | L1-7 | SC25（5.3-0.4+0.2）×（2-1） | m | 3.30 |
| | DZ+D | SC15（5.3-0.44+0.2）×（2-1）+（3.5-0.4+0.2）×（11-1） | m | 38.06 |
| 8 | 砖、混凝土结构钢管暗配 | | | |
| （1） | 1层火灾报警线路 | | | |
| ① | 感烟探测器回路（水平） | SC201.6+5+1.4+3.6+2.6+1.2+3+3.5+3.5+4.6+3.6+3.8+2.6+3.5+3.4+3.4+12.6+7.4+6.6+6.4+4+6.5+4+6.2+3.6 | m | 107.60 |
| ② | 1层消火栓控制按钮回路（水平） | SC20 2+7.6+9.4+2.6+3+2+1.2 | m | 27.80 |
| ③ | 感温探测器回路（水平） | SC20 3+1.4+1.2 | m | 5.60 |
| ④ | X1-1→水流指示器（水平） | SC20 2.2 | m | 2.20 |
| ⑤ | X1-2→安全信号阀回路（水平） | SC20 2.8 | m | 2.80 |
| ⑥ | X1-2→CXD1-1回路（水平） | SC20 0.4 | m | 0.40 |
| ⑦ | X1-2→CXM1回路（水平） | SC20 0.8 | m | 0.80 |
| ⑧ | X1-3→AEL1-1回路（水平） | SC20 1.2 | m | 1.20 |
| ⑨ | X1-4→AEL1-2回路（水平） | SC20 0.6 | m | 0.60 |
| ⑩ | 控制模块→JL1回路（水平） | SC20 0.6 | m | 0.60 |
| ⑨ | X1-4→AEL1-2回路（水平） | SC20 0.6 | m | 0.60 |
| ⑩ | 控制模块→JL1回路（水平） | SC20 0.6 | m | 0.60 |
| ⑪ | 控制模块→SF1-1回路（水平） | SC20 1 | m | 1 |
| ⑫ | 控制模块→SF1-2回路（水平） | SC20 1.2 | m | 1.20 |
| ⑬ | 输入模块→压力开关回路（水平） | SC20 2.2 | m | 2.20 |
| ⑭ | X1-1→声光报警回路（水平） | SC15 26.2 | m | 26.20 |
| （2） | 1层消防通信线路（水平） | SC15 18+23 | m | 41 |
| （3） | 1层事故广播线路（水平） | SC15 11+7.5+12.5+12+7.5+15+6.5+2.5 | m | 74.50 |
| （4） | 1层 FJX-1→消防控制室线路（水平） | | | |
| ① | 火灾报警 | | | |
| | L1-1~3 | SC25 16.5 | m | 16.50 |
| | L1-4~7 | SC25 16.5 | m | 16.50 |
| | L2-1~4 | SC25 16.5 | m | 16.50 |
| ② | 事故广播C | SC15 17 | m | 17 |
| ③ | 火警通信H | SC20 17.5 | m | 17.5 |
| ④ | 气体灭火 | SC20 18 | m | 18 |
| | | SC20 18 | m | 18 |
| | | SC32 18×4 | m | 72 |
| ⑤ | 直流电源 | SC15 16.5 | m | 16.50 |

续表

| 序　号 | 工程名称 | 计　算　式 | 单　位 | 工程量 |
|---|---|---|---|---|
| （5） | 1层消防控制室→墙外119电话预埋管 | SC20 6（水平）+1（埋深）+0.1（引出地面） | m | 7.10 |
| （6） | 1层火灾报警线路垂直工程量 | | | |
| | 接线箱：FJX-1 | SC20 （5.3-1.5-0.44）×1 | m | 3.36 |
| | 事故广播回路 | SC15 （5.3-1.5-0.44）×1 | m | 3.36 |
| | 声光报警回路 | SC15 （5.3-1.5-0.44）×1 | m | 3.36 |
| | 控制模块 | SC20 0.6+0.6+0.6+1.2 | m | 3 |
| | 控制模块 | SC25 | m | 0.60 |
| | 输入模块 | SC20 | m | 1.20 |
| | 手动报警按钮 | SC20 （5.3-1.5-0.2-0.3）×2 | m | 6.60 |
| | 消防栓报警按钮 | SC20 29.7+9.3 | m | 39 |
| （7） | 1层事故广播线路 | SC15 | m | 0.60 |
| （8） | 1层消防通信线路 | SC20 3.5+3.2 | m | 6.70 |
| （9） | 1层FJX-1→消防控制室线路 | SC20 1.7+1.7+1.7+0.2+0.2+0.2 | | 5.70 |
| | | SC15 1.7+1.7+0.2+0.2 | m | 3.80 |
| | | SC25 1.7+1.7+0.2+0.2 | m | 3.80 |
| | | SC32 6.8+0.8 | m | 7.60 |
| （10） | 1层模块箱等处立管长度 | | | |
| | X1-2→CMX1、CXD1-1 | SC20 （5.3-0.2-0.3-0.35+0.1-1.5-0.5+0.1）×2 | m | 5.30 |
| | X1-3→AEL1-1 | SC20 2.65 | m | 2.65 |
| | X1-4→AEL1-2 | SC20 2.65 | m | 2.65 |
| | X1-1→声光报警器 | SC20 （0.3+0.1）+（0.5+0.1）×3 | m | 2.20 |
| | X1-1→水流指示器 | SC20 （0.3+0.1）+（0.5+0.1）×1 | m | 1 |
| | X1-1→安全信号阀 | SC20 （0.3+0.1）+（0.8+0.1）×1 | m | 1.30 |
| | 输入模块→压力开关 | SC20 （5.3-0.2-0.5）+0.1+（0.1+1.1）×3 | m | 8.30 |
| | 控制模块→SF1-1 | CP20 1 | m | 1 |
| | 控制模块→SF1-2 | CP20 1.6 | m | 1.60 |
| | 控制模块→JL1 | SC20 5.3-0.2-0.5-2+0.1 | m | 2.70 |
| | 探测器 | CP20 （0.8+0.2）×22 | m | 22 |
| | 扬声器 | CP15 （0.8+0.2）×6 | m | 6 |
| 9 | 管内穿线 | | | |
| （1） | 电气管井内消防线路 | | | |
| ① | 通信线路H | RVS-（2×0.5）[38.06+（0.32+0.44）+（0.25+0.4）+2×（0.25+0.4）×（11-1)]×3 | m | 157.41 |
| ② | 事故广播线路G | RVS-（2×0.5）[38.08+（0.32+0.44）+（0.25+0.4）+2×（0.25+0.4）×（11-1)]×1 | m | 52.49 |
| ③ | 自动报警及控制线路L2-1~4 | RV-1.0mm² （40.4+0.76）×8 | m | 329.28 |
| | | RV-1.5 mm² （40.4+0.76）×4 | m | 164.64 |
| | L1-2~3 | RV-1.0mm² [8.36+（0.32+0.44）+（0.25+0.4）×3]×4 | m | 44.28 |
| | | RV-1.5mm² [8.36+（0.32+0.44）+（0.25+0.4）×3]×2 | m | 22.14 |

| 序 号 | 工程名称 | 计 算 式 | 单 位 | 工程量 |
|---|---|---|---|---|
| | L1-3 | RV-1.0mm² [6.6+（3-1）×0.65]×2 | m | 15.80 |
| | | RV-1.5mm² [6.6+（3-1）×0.65]×1 | m | 7.90 |
| | L1-4～7 | RV-1.0mm² [22.46+0.76+0.65×3]×8 | m | 201.36 |
| | | RV-1.5mm² [22.46+0.76+0.65×3]×4 | m | 100.68 |
| | L1-5～7 | RV-1.0mm² [6.6+0.65×4]×6 | m | 55.20 |
| | | RV-1.5mm² [6.6+0.65×4]×3 | m | 27.60 |
| | L1-6～7 | RV-1.0mm² [6.6+0.65×4]×4 | m | 36.80 |
| | | RV-1.5mm² [6.6+0.65×4]×2 | m | 18.40 |
| | L1-7 | RV-1.0mm² [3.3+0.65×2]×2 | m | 9.20 |
| | | RV-1.5mm² [3.3+0.65×2]×1 | m | 4.60 |
| ④ | ZD+D | ZR-BV-2.5mm² [38.06+0.76+0.65+2×0.65×（11-1）]×3 | m | 157.41 |
| （2） | 1层火灾报警线路 | | | |
| ① | 感烟探测器回路 | RV-1.0mm² （107.6+3.36+1.2+0.6+0.76）×4 | m | 454.08 |
| | | RV-1.5 mm² （107.6+3.36+1.2+0.6+0.76）×2 | m | 227.04 |
| ② | 消火栓控制按钮回路 | RV-1.0mm² [（19+2.6+3+2+1.2）+0.6+9.3]×2 | m | 134.80 |
| | | RV-1.5 mm² [（19+2.6+3+2+1.2）+0.6+9.3]×3 | m | 202.20 |
| ③ | 感温探测器回路 | RV-1.0mm² （5.6+0.6）×2 | m | 12.40 |
| ④ | X1-1→水流指示器回路 | RV-1.0mm² （2.2+1+0.7）×4 | m | 15.60 |
| ⑤ | X1-1→安全信号阀回路 | RV-1.0mm² （2.8+1.3+0.7）×4 | m | 19.40 |
| ⑥ | X1-1→声光报警器回路 | ZR+BV-1.5 mm² （26.2+2.2+0.7）×3 | m | 87.30 |
| ⑦ | 手动报警器按钮回路 | RV-1.0mm² 7.4×2 | m | 14.80 |
| ⑧ | X1-2→CXD1 回路 | RV-1.0mm² （0.4+2.7+0.7+1.2）×4 | m | 20.00 |
| ⑨ | X1-2→CXM1 回路 | RV-1.0mm² [0.8+2.7+（0.7+1.2）]×4 | m | 21.60 |
| ⑩ | X1-3→AEL1-1 回路 | RV-1.0mm² [1.2+2.65+（0.7+1.2）]×3 | m | 17.25 |
| ⑪ | X1-4→AEL1-2 回路 | RV-1.0mm² [0.6+2.65+（0.7+1.2）]×3 | m | 15.45 |
| ⑫ | 控制模块→JL1 回路 | RV-1.0mm² （0.6+0.6+2.7+1.2）×8 | m | 40.80 |
| ⑬ | 控制模块→SF1-1 回路 | RV-1.0mm² （1+0.6+1）×3 | m | 7.80 |
| ⑭ | 控制模块→SF1-2 回路 | RV-1.0mm² （1.2+0.6+1.6）×3 | m | 10.20 |
| ⑮ | 输入模块→压力开关回路 | RV-1.0mm² （2.2+8.3+0.6）×2 | m | 22.20 |
| （3） | 1层消防通信线路 | RVS-（2×0.5）（18+3.2）×1（电话插孔） | m | 21.20 |
| | | RVS-（2×0.5）（23+3.5）×3（电话） | m | 79.50 |
| （4） | 1层事故广播线路 | RVB-[2×1.5][74.5+（3.36+0.6）+0.76]×2 | m | 158.44 |
| （5） | 1层FJX-1→消防控制室线路 | RV-1.0mm² [（16.5+16.5）+（1.7+0.2+1.7+0.2）+0.76+1.5]×8 [16.5+（1.7+0.2）+0.76+1.5]×6 | m | 436.44 |
| | | RV-1.5mm² [（16.5+16.5+16.5）+（1.7+0.2+1.7+0.2+1.7+0.2）+0.76+1.5]×4+[16.5+（1.7+0.2）+0.76+1.5]×3 | m | 291.82 |
| | | RVS-（2×0.5）[17.5+（1.7+0.2）+（0.76+1.5）]×3 | m | 64.98 |
| | | RVB-（2×1.5）[1.7+（1.7+0.2）+（0.76+1.5）]×1 | m | 21.16 |
| | | ZR-BV-1.0mm² [18+（1.7+0.2）+（0.76+1.5）]×4+[72+（6.8+0.8）+（0.76+1.5）]×12+[18+（1.7+0.2）+（0.76+1.5）]×16 | m | 1 425.52 |
| | | ZR-BV-2.5mm² [16.5+（1.7+0.2）+（0.76+1.5）]×2 | m | 41.32 |

续表

| 序　号 | 工程名称 | 计算式 | 单位 | 工程量 |
|---|---|---|---|---|
| （6） | 金属软管内探测器、广播扬声器回路 | RV-1.0mm² 1×22×4 | m | 88.00 |
| | | RVB-1.5 mm²（2×1.5）1×6×1 | m | 6.00 |
| 10 | 接线箱安装 | 32（模块箱）+12（接线箱） | 个 | 44 |
| 11 | 接线盒安装 | 42（模块盒）+35（话机插口）+35（手报）+41（扬声器）+12（短路器）+6（电话）+323（感烟）+4（感温）+24（声光报警）+62（消报）+2（过缝） | 个 | 586 |
| 12 | 消防通信分机安装 | 3（1层）+1（2层）+2（9层） | 部 | 6 |
| 13 | 消防通信电话插孔安装 | 2（1层）+3（2层）+3（标准层）×10 | 个 | 35 |
| 14 | 功率放大器安装 | ZA2731（备用 150W） | 台 | 1 |
| 15 | 功率放大器安装 | ZA2731（工作 250W） | 台 | 1 |
| 16 | 录放盘安装 | ZA2721 | 台 | 1 |
| 17 | 吸顶式扬声器安装 | ZA2724　　　　　3W | 只 | 40 |
| 18 | 壁挂式扬声器安装 | ZA2725　　　　　3W | 只 | 1 |
| 19 | 正压送风阀检查接线 | 2×12（层） | 个 | 24 |
| 20 | 排烟阀检查接线 | 4（2层）+1×10（3～12层） | 个 | 14 |
| 21 | 防火阀检查接线 | 1×12（层） | 个 | 12 |
| 22 | 感烟探测器安装 | ZA6011 | 只 | 323 |
| 23 | 感温探测器安装 | ZA6031 | 只 | 4 |
| 24 | 报警控制器安装 | ZA6351 MA/1016 | 台 | 2 |
| 25 | 报警联动一体机安装 | ZA6351 MA/254 | 台 | 1 |
| 26 | 压力开关安装 | 2（1层） | 套 | 2 |
| 27 | 水流指示器安装 | 1×12（层） | 套 | 12 |
| 28 | 声光报警器安装 | 2×12（层） | 只 | 24 |
| 29 | 控制模块安装 | 25（ZA6132 输入模块）+22（强电切换盒 ZA2224）+12（总线短路隔离器 ZA6152）+84（控制模块 ZA6211） | 只 | 143 |
| 30 | 自动报警系统装置调试 | | 系统 | 1 |
| 31 | 广播扬声器、消防分机及插孔调试 | 41（广播扬声器）+6（消防分机）+（35）插孔 | 个 | 82 |
| 32 | 水灭火系统控制装置调试 | | 系统 | 1 |
| 33 | 正压送风阀、排烟阀、防火阀调试 | 24（正压送风阀）+14（排烟阀）+12（防火阀） | 处 | 50 |
| 34 | 管道刷防火漆 | 第一遍 | m² | 15.92 |
| | | 第二遍 | m² | 15.92 |

## 3.1.5  套用定额单价、计算定额直接费

### 1. 所用定额单价和材料预算价格

（1）本例所用定额为全国统一安装工程预算定额第 2 册、第 7 册、第 11 册和黑龙江省建设工程预算定额（电气）。

（2）定额单价采用 2000 年黑龙江省建设工程预算定额哈尔滨市单价表。

（3）材料预算价格采用 2000 年哈尔滨市建设工程材料预算价格表。

表3-5　工程量汇总表

工程名称：住宅楼照明工程

| 序号 | 定额编号 | 分项工程名称 | 单位 | 数量 | 序号 | 定额编号 | 分项工程名称 | 单位 | 数量 |
|---|---|---|---|---|---|---|---|---|---|
| 1 | 2-236 | 控制屏安装 | 台 | 2 | 24 | 7-12 | 按钮安装 | 只 | 97 |
| 2 | 2-240 | 配电屏安装 | 台 | 3 | 25 | 7-13 | 控制模块安装 | 只 | 143 |
| 3 | 2-260 | 集中控制台安装 | 台 | 1 | 26 | 7-26 | 报警控制器安装 | 台 | 2 |
| 4 | 2-358 | 一般铁构件制作 | 100kg | 2.75 | 27 | 7-45 | 报警联动一体机安装 | 台 | 1 |
| 5 | 2-359 | 一般铁构件安装 | 100kg | 2.75 | 28 | 7-50 | 声光报警器安装 | 只 | 24 |
| 6 | 2-997 | 砖、混结构明配 | 100m | 0.76 | 29 | 7-54 | 125W 功率放大器安装 | 台 | 1 |
| 7 | 2-998 | 砖、混结构明配 | 100m | 0.38 | 30 | 7-55 | 250W 功率放大器安装 | 台 | 1 |
| 8 | 2-999 | 砖、混结构明配 | 100m | 0.94 | 31 | 7-56 | 录放盘安装 | 台 | 1 |
| 9 | 2-1008 | 砖、混结构暗配 | 100m | 1.86 | 32 | 7-58 | 吸顶式扬声器安装 | 只 | 40 |
| 10 | 2-1009 | 砖、混结构暗配 | 100m | 3.06 | 33 | 7-59 | 壁挂式扬声器安装 | 只 | 1 |
| 11 | 2-1010 | 砖、混结构暗配 | 100m | 0.56 | 34 | 7-64 | 消防通信分机安装 | 部 | 6 |
| 12 | 2-1011 | 砖、混结构暗配 | 100m | 0.80 | 35 | 7-65 | 消防通信电话插孔安装 | 个 | 35 |
| 13 | 2-1151 | 金属软管敷设 | 10m | 0.07 | 36 | 7-198 | 自动报警系统装置调试 | 系统 | 1 |
| 14 | 2-1152 | 金属软管敷设 | 10m | 0.25 | 37 | 7-202 | 水灭火系统控制装置调试 | 系统 | 1 |
| 15 | 2-1196 | 消防线路管内穿线 | 100m 单线 | 38.24 | 38 | 7-203 | 广播扬声器、消防分机及插孔调试 | 10 只 | 8.2 |
| 16 | 2-1197 | 消防线路管内穿线 | 100m 单线 | 11.54 | 39 | 7-207 | 正压送风阀、排烟阀、防火阀调试 | 10 处 | 5 |
| 17 | 2-1198 | 消防线路管内穿线 | 100m 单线 | 1.99 | 40 | 7-216 | 压力开关安装 | 套 | 2 |
| 18 | 2-1199 | 消防线路管内穿线 | 100m 单线 | 1.86 | 41 | 7-221 | 水流指示器安装 | 套 | 12 |
| 19 | 2-1373 | 明装接线箱安装 | 10 个 | 4.3 | 42 | 黑 16-13 | 正压送风阀检查接线 | 个 | 24 |
| 20 | 2-1374 | 明装接线箱安装 | 10 个 | 0.1 | 43 | 黑 16-14 | 排烟阀检查接线 | 个 | 14 |
| 21 | 2-1377 | 暗装接线盒安装 | 10 个 | 58.6 | 44 | 黑 16-15 | 防火阀检查接线 | 个 | 12 |
| 22 | 7-6 | 感烟探测器安装 | 只 | 323 | 45 | 11-78 | 钢管刷第一遍防火漆 | m² | 15.92 |
| 23 | 7-7 | 感温探测器安装 | 只 | 4 | 46 | 11-79 | 钢管刷第二遍防火漆 | m² | 15.92 |

### 2．编制主要材料费计算表

本例主要材料费计算表见表3-6。

**表3-6　主要材料费计算表**

工程名称：消防安装工程

| 顺序号 | 定额编号 | 分项工程或费用名称 | 工程量 | | 预算价值/元 | | 其中 | | | | | |
| --- | --- | --- | --- | --- | --- | --- | --- | --- | --- | --- | --- | --- |
| | | | 定额单位 | 数量 | 定额单价 | 总价 | 人工费/元 | | 材料费/元 | | 机械费/元 | |
| | | | | | | | 单价 | 金额 | 单价 | 金额 | 单价 | 金额 |
| 1 | | L 63×63×6 | kg | 288.75 | 2.10 | 606.38 | | | 2.10 | 606.38 | | |
| 2 | | SC15 | kg | 340.59 | 2.69 | 916.19 | | | 2.69 | 916.19 | | |
| 3 | | SC20 | kg | 578.08 | 2.68 | 1 549.25 | | | 2.68 | 1 549.25 | | |
| 4 | | SC25 | kg | 374.19 | 2.66 | 995.35 | | | 2.66 | 995.35 | | |
| 5 | | SC32 | kg | 256.62 | 2.66 | 682.61 | | | 2.66 | 682.61 | | |
| 6 | | CP20 | m | 25.75 | 3.26 | 83.95 | | | 3.26 | 83.95 | | |
| 7 | | CP15 | m | 7.21 | 2.29 | 16.51 | | | 2.29 | 16.51 | | |
| 8 | | ZR-BV-1.0mm² | m | 1 496.80 | 0.58 | 868.14 | | | 0.58 | 868.14 | | |
| 9 | | ZR-BV-1.5mm² | m | 91.67 | 0.79 | 72.42 | | | 0.79 | 72.42 | | |
| 10 | | ZR-BV-2.5mm² | m | 208.67 | 1.23 | 256.66 | | | 1.23 | 256.66 | | |
| 11 | | RVS-(2×0.5) | m | 394.36 | 0.55 | 216.90 | | | 0.55 | 216.90 | | |
| 12 | | RVB-（2×1.5) | m | 194.88 | 1.79 | 348.84 | | | 1.79 | 348.84 | | |
| 13 | | RV-1.0mm² | m | 2 124.00 | 0.59 | 1 253.00 | | | 0.59 | 1 253.00 | | |
| 14 | | RV-1.5mm² | m | 1 120.35 | 0.83 | 929.89 | | | 0.83 | 929.89 | | |
| 15 | | 模块预埋盒 ZA1914/B1 | 个 | 39.78 | 28.96 | 1 152.03 | | | 28.96 | 1 152.03 | | |
| 16 | | 手报预埋盒 ZA1914/S1 | 个 | 35.7 | 28.96 | 1 033.87 | | | 28.96 | 1 033.87 | | |
| 17 | | 预埋盒 86H60 | 个 | 175.44 | 1.92 | 336.84 | | | 1.92 | 336.84 | | |
| 18 | | 话机插口 ZA2714 | 套 | 35 | 74.97 | 2 623.95 | | | 74.97 | 2 623.95 | | |
| | | 小计 | | | | 13 926.21 | | | | 13 926.21 | | |

### 3．编制消防设备费用表

本例消防设备费用表见表3-7。

### 4．编制定额直接费计算

本例定额直接费计算见表3-8，对表中的有关问题说明如下。

（1）表中工程量的钢管、导线按1层消防平面图计算，电气管井中的管线按1～12层计算，其他设备按1～12层计算。

（2）消防控制室设备按就地安装考虑。

## 3.1.6 计算安装工程费用、汇总单位工程造价

消防安装工程取费方法与照明安装工程相同，见表 3-9。

提示：编制消防工程预算书时应将所算出的表格装订在一起。

### 表 3-7 消防设备费用表

工程名称：

| 序 号 | 设备名称及型号 | 单价/元 | 数 量 | 合计金额/元 |
|---|---|---|---|---|
| 1 | 集中火灾通用报警控制器 ZA6351MA/254 | 64 057.07 | 1 | 64 057.07 |
| 2 | 区域火灾通用报警控制器 ZA6351MA/1016 | 1 847.57 | 2 | 3 695.14 |
| 3 | 电源监控盘 ZA2532 | 2 182.38 | 1 | 2 182.38 |
| 4 | 直流供电单元 ZA1951/30 | 4 955.28 | 1 | 4 955.28 |
| 5 | 浮充备用电源 ZA1952/24 | 4 113.14 | 1 | 4 113.14 |
| 6 | 控制琴台 ZA1942 | 4 970.68 | 1 | 4 970.68 |
| 7 | 消火栓按钮 ZA6122B | 274.21 | 62 | 17 001.02 |
| 8 | 接线箱 ZA1921/100 | 393.34 | 1 | 393.34 |
| 9 | 接线箱 ZA1921/40 | 290.64 | 11 | 3 197.04 |
| 10 | 模块箱 350×350×100 | 311.18 | 32 | 9 957.76 |
| 11 | 固定式编址火警电话分机 ZA5712 | 948.95 | 6 | 5 693.70 |
| 12 | 广播功率放大器 ZA2731 | 30 835.68 | 1 | 30 835.68 |
| 13 | 紧急广播扬声器 ZA2724 3W（吸顶） | 181.78 | 40 | 7 271.20 |
| 14 | 控制模块 ZA6211 | 638.79 | 84 | 53 658.36 |
| 15 | 输入模块 ZA6132 | 284.48 | 25 | 7 112.00 |
| 16 | 强电切换盒 ZA2224 | 230.00 | 22 | 5 060.00 |
| 17 | 紧急广播扬声器（壁挂式）ZA2725 | 141.73 | 1 | 141.73 |
| 18 | 声光报警器 ZA2112 | 452.91 | 24 | 10 869.84 |
| 19 | 离子感烟探测器 ZA6011 | 434.42 | 323 | 140 317.66 |
| 20 | 多态感温探测器 ZA6031 | 403.61 | 4 | 1 614.44 |
| 21 | 手动报按钮 ZA6121B | 257.78 | 35 | 9 022.30 |
| 22 | 火警通信控制装置 ZA5711A | 25 619.54 | 1 | 25 619.54 |
| 23 | 气体灭火控制装置 ZA3211A/4 | 5 484.18 | 1 | 5 484.18 |
| 24 | 总线短路隔离器 ZA6152 | 226.97 | 12 | 2 723.64 |
| 25 | 微机 CRT 显示控制系统 ZA4431 | 102 849.90 | 1 | 102 849.90 |
| | 设备总价 | | | 522 797.02 |

**表3-8  定额直接费计算表**

工程名称：

| 序号 | 定额编号 | 分项工程名称 | 工程量 | | 价值/元 | | 其中 | | | | | |
|---|---|---|---|---|---|---|---|---|---|---|---|---|
| | | | 定额单位 | 数量 | 定额单价 | 金额 | 人工费/元 | | 材料费/元 | | 机械费/元 | |
| | | | | | | | 单价 | 金额 | 单价 | 金额 | 单价 | 金额 |
| 1 | 2-236 | 控制屏安装 | 台 | 2 | 211.23 | 422.46 | 108.45 | 216.90 | 41.81 | 83.62 | 60.97 | 121.94 |
| 2 | 2-240 | 配电屏安装 | 台 | 3 | 201.17 | 603.51 | 108.22 | 324.66 | 31.98 | 95.94 | 60.97 | 182.91 |
| 3 | 2-260 | 集中控制台安装 | 台 | 1 | 727.03 | 727.03 | 441.84 | 441.84 | 122.44 | 122.44 | 192.75 | 192.75 |
| 4 | 2-358 | 一般铁构件制作 | 100kg | 2.75 | 440.06 | 1 210.17 | 247.10 | 679.53 | 87.55 | 240.76 | 105.41 | 289.88 |
| 5 | 2-359 | 一般铁构件安装 | 100kg | 2.75 | 258.17 | 709.97 | 160.62 | 441.71 | 17.07 | 46.94 | 80.48 | 221.32 |
| 6 | 2-997 | 砖、混结构明配 | 100m | 0.76 | 416.82 | 316.78 | 270.90 | 205.88 | 104.81 | 79.66 | 41.11 | 31.24 |
| 7 | 2-998 | 砖、混结构明配 | 100m | 0.38 | 452.34 | 171.89 | 287.83 | 109.38 | 123.40 | 46.89 | 41.11 | 15.62 |
| 8 | 2-999 | 砖、混结构明配 | 100m | 0.94 | 533.04 | 501.06 | 331.30 | 311.42 | 142.55 | 134.00 | 59.19 | 55.64 |
| 9 | 2-1008 | 砖、混结构暗配 | 100m | 1.86 | 228.20 | 424.45 | 154.44 | 287.26 | 32.65 | 60.73 | 41.11 | 76.46 |
| 10 | 2-1009 | 砖、混结构暗配 | 100m | 3.06 | 245.81 | 752.18 | 164.74 | 504.10 | 39.96 | 122.28 | 41.11 | 125.80 |
| 11 | 2-1010 | 砖、混结构暗配 | 100m | 0.56 | 317.08 | 177.56 | 199.74 | 111.85 | 58.15 | 32.56 | 59.19 | 33.15 |
| 12 | 2-1011 | 砖、混结构暗配 | 100m | 0.8 | 346.23 | 276.98 | 212.56 | 170.05 | 74.48 | 59.58 | 59.19 | 47.35 |
| 13 | 2-1151 | 金属软管敷设 | 10m | 0.07 | 99.87 | 6.99 | 58.12 | 4.07 | 41.75 | 2.92 | | |
| 14 | 2-1152 | 金属软管敷设 | 10m | 0.25 | 120.56 | 30.14 | 72.53 | 18.13 | 48.03 | 12.00 | | |
| 15 | 2-1196 | 消防线路管内穿线 | 100m 单线 | 38.24 | 23.75 | 908.20 | 15.56 | 595.01 | 8.19 | 313.19 | | |
| 16 | 2-1197 | 消防线路管内穿线 | 100m 单线 | 11.54 | 24.06 | 277.65 | 15.79 | 182.22 | 8.27 | 95.44 | | |
| 17 | 2-1198 | 消防线路管内穿线 | 100m 单线 | 1.99 | 24.72 | 49.19 | 16.02 | 31.88 | 8.70 | 17.31 | | |
| 18 | 2-1199 | 消防线路管内穿线 | 100m 单线 | 1.86 | 27.32 | 50.82 | 17.16 | 31.92 | 10.16 | 18.90 | | |
| 19 | 2-1373 | 明装接线箱安装 | 10 个 | 4.3 | 239.12 | 1 028.22 | 218.28 | 938.60 | 20.84 | 89.61 | | |
| | | 页    计 | | | | 8 645.25 | | 5 606.41 | | 1 674.78 | | 1 394.06 |

| 序号 | 定额编号 | 分项工程名称 | 工程量 定额单位 | 工程量 数量 | 价值/元 定额单价 | 价值/元 金额 | 其中 人工费/元 单价 | 其中 人工费/元 金额 | 其中 材料费/元 单价 | 其中 材料费/元 金额 | 其中 机械费/元 单价 | 其中 机械费/元 金额 |
|---|---|---|---|---|---|---|---|---|---|---|---|---|
| 20 | 2-1374 | 明装接线箱安装 | 10个 | 0.1 | 320.07 | 32.9 | 295.15 | 29.52 | 24.92 | 2.49 | | |
| 21 | 2-1377 | 暗装接线盒安装 | 10个 | 58.6 | 18.50 | 1084.10 | 10.30 | 603.58 | 8.20 | 480.52 | | |
| 22 | 7-6 | 感烟探测器安装 | 只 | 323 | | 3817.86 | 8.69 | 2 806.87 | 2.90 | 936.70 | 0.23 | 74.29 |
| 23 | 7-7 | 感温探测器安装 | 只 | 4 | | 46.72 | 8.69 | 34.76 | 2.94 | 11.76 | 0.05 | 0.20 |
| 24 | 7-12 | 按钮安装 | 只 | 97 | | 1 462.76 | 12.81 | 1 242.57 | 1.90 | 184.30 | 0.37 | 35.89 |
| 25 | 7-13 | 控制模块安装 | 只 | 143 | | 6 573.71 | 41.64 | 5 954.52 | 3.75 | 536.25 | 0.58 | 82.94 |
| 26 | 7-26 | 报警控制器安装 | 台 | 2 | | 1 562.64 | 547.75 | 1 095.50 | 47.98 | 95.96 | 185.59 | 371.18 |
| 27 | 7-45 | 报警联动一体机安装 | 台 | 1 | | 1 106.63 | 922.52 | 922.52 | 40.63 | 40.63 | 143.48 | 143.48 |
| 28 | 7-50 | 声光报警器安装 | 只 | 24 | | 494.64 | 18.08 | 433.92 | 2.26 | 54.24 | 0.27 | 6.48 |
| 29 | 7-54 | 125W 功率放大器安装 | 台 | 1 | | 21.77 | 13.73 | 13.73 | 8.04 | 8.04 | | |
| 30 | 7-55 | 250W 功率放大器安装 | 台 | 1 | | 25.77 | 17.16 | 17.16 | 8.61 | 8.61 | | |
| 31 | 7-56 | 录放盘安装 | 台 | 1 | | 22.49 | 14.41 | 14.41 | 8.08 | 8.08 | | |
| 32 | 7-58 | 吸顶式扬声器安装 | 只 | 40 | | 358.40 | 5.72 | 228.80 | 3.04 | 121.60 | 0.20 | 8.00 |
| 33 | 7-59 | 壁挂式扬声器安装 | 只 | 1 | | 6.12 | 4.58 | 4.58 | 1.34 | 1.34 | 0.20 | 0.20 |
| 34 | 7-64 | 消防通信分机安装 | 部 | 6 | | 67.08 | 5.03 | 30.18 | 6.15 | 36.90 | | |
| 35 | 7-65 | 消防通信电话插孔安装 | 个 | 35 | | 168.70 | 2.75 | 96.25 | 2.07 | 72.45 | | |
| 36 | 7-198 | 自动报警系统装置调试 | 系统 | 1 | | 8 677.69 | 6 217.18 | 6 217.18 | 114.33 | 114.33 | 1 316.18 | 1 316.18 |
| 37 | 7-202 | 水灭火系统控制装置调试 | 系统 | 1 | | 9 301.26 | 8 348.45 | 8 348.45 | 235.36 | 235.36 | 717.45 | 717.45 |
| 38 | 7-203 | 广播扬声器、消防分机及插孔调试 | 10只 | | 105.88 | 868.22 | 34.32 | 281.42 | 59.90 | 491.18 | 11.66 | 95.61 |
| 39 | 7-207 | 正压送风阀、排烟阀、防火阀调试 | 10处 | 5 | 198.05 | 990.25 | 103.19 | 515.95 | 84.49 | 422.45 | 10.37 | 51.85 |
| 40 | 7-216 | 压力开关安装 | 套 | 2 | 23.10 | 46.20 | 18.30 | 36.60 | 2.19 | 4.38 | 2.61 | 5.22 |
| 41 | 7-221 | 水流指示器安装 | 套 | 12 | 23.3 | 280.20 | 18.30 | 219.60 | 2.44 | 29.28 | 2.61 | 31.32 |
| 42 | 黑16-13 | 正压送风阀检查接线 | 个 | 24 | 40.1 | 962.64 | 37.75 | 906.00 | 1.83 | 43.92 | 0.53 | 12.72 |
| 43 | 黑16-14 | 排烟阀检查接线 | 个 | 14 | 38.97 | 545.58 | 36.61 | 512.54 | 1.83 | 25.62 | 0.53 | 7.42 |
| 44 | 黑16-15 | 防火阀检查接线 | 个 | 12 | 36.68 | 440.16 | 34.32 | 411.84 | 1.83 | 21.96 | 0.53 | 6.36 |
| 45 | 11-78 | 钢管刷第一遍防火漆 | m² | 15.92 | 11.80 | 187.86 | 8.01 | 127.52 | 3.79 | 60.34 | | |
| 46 | 11-79 | 钢管刷第二遍防火漆 | m² | 15.92 | 11.36 | 180.85 | 8.01 | 127.52 | 3.35 | 53.33 | | |
| | | 页　计 | | | | 22 722.80 | 3 633.74 | 2 857.57 | | 661.28 | | 114.89 |

续表

| 序号 | 定额编号 | 分项工程名称 | 工程量 | | 价值/元 | | 其中 | | | | | |
|---|---|---|---|---|---|---|---|---|---|---|---|---|
| | | | 定额单位 | 数量 | 定额单价 | 金额 | 人工费/元 | | 材料费/元 | | 机械费/元 | |
| | | | | | | | 单价 | 金额 | 单价 | 金额 | 单价 | 金额 |
| | | 防火漆 | kg | 1.74 | 23.01 | 40.04 | | | 23.01 | 40.04 | | |
| | | 页　计 | | | | 40.04 | | | | 40.04 | | |
| | | 1-3 页合计 | | | | 48 017.58 | | 3 680.90 | | 6 846.83 | | 4 360.84 |
| | | 脚手架搭拆费 | 系数 | 5% | | 1 840.50 | 1 840.50 ×25% | 460.13 | 1 840.50 ×75% | 1 380.38 | | |
| | | 合计 | | | | 49 858.08 | | 37 270.03 | | 8 227.21 | | 4 360.84 |
| | | 高层建筑增加费 | 系数 | 2% | 37 270.03 | 745.40 | 37 270.03 | 745.40 | | | | |
| | | 主要材料费 | | | | 13 926.21 | | | | 13 926.21 | | |
| | | | | | | | | | | | | |
| | | 总计 | | | | 64 529.69 | | 38 015.43 | | 22 153.42 | | 4 360.84 |
| | | 消防设备费 | | | | 522 797.02 | | | | | | |

### 表3-9　工程费用计算表

单位工程名称：　　　　　　　　　　　　　年　月　日

| 序号 | 工程费用名称 | 费率计算公式 | 金额/元 | 序号 | 工程费用名称 | 费率计算公式 | 金额/元 |
|---|---|---|---|---|---|---|---|
| （一） | 直接费 | | 65 065.54 | （五） | 劳动保险基金 | [（一）+（二）+（三）+（四）]×3.32% | 4 387.25 |
| （A） | 其中人工费 | | 37 518.80 | （六） | 工程定额测定费 | [（一）+（二）+（三）+（四）]×0.1% | 132.15 |
| （二） | 综合费用 | （A）×70.4% | 27 117.24 | （七） | 税金 | [（一）+（二）+（三）+（四）+（五）+（六）]×3.41% | 4 660.29 |
| （三） | 利润 | （A）×85% | 32 740.98 | （八） | 消防设备费 | | 522 797.02 |
| （四） | 有关费用 | （1）+…+（9） | 7 222.28 | （九） | 单位工程费用 | [（一）+（二）+（三）+（四）+（五）+（六）+（七）+（八）] | 664 122.75 |
| （1） | 远地施工增加费 | （A）×　% | | | | | |
| （2） | 特种保健津贴 | （A）×　% | | | | | |
| （3） | 赶工措施增加费 | （A）×　% | 编制说明： | | | | |
| （4） | 文明施工增加费 | （A）×　% | 一、本施工为×××市某综合楼工程消防施工图，图纸由黑龙江省建筑设计研究院设计，图纸共3张，图纸经过会审； | | | | |
| （5） | 集中供暖等项目费用 | （A）×18.75% | 7 222.28　二、本施工图预算采用全国统一安装工程预算定额（第二册电气设备安装工程）； | | | | |
| （6） | | | 三、本施工预算采用2002年黑龙江省建设工程预算定额哈尔滨市单价表； | | | | |
| （7） | 材料价差 | | 四、本施工预算采用2002年哈尔滨市建设工程材料预算价格表； | | | | |
| （8） | | | 五、本施工预算采用2002年黑龙江省建筑安装工程费用定额； | | | | |
| （9） | 工程风险系数 | [（一）+（二）+（三）]×% | 六、施工图预算之外发生的费用以现场签证的形式计入结算；七、工程地点：市内；八、工程类别：一类；九、本工程2004年4月5日开工，2005年5月1日竣工。 | | | | |

## 任务 3.2　消防工程项目预算实训

本任务包括三个实训，主要介绍建筑电气消防工程预算编制及预算软件的使用。

### 实训 3　某综合楼 3～12 层电气消防预算

◆教师活动

实训任务下达：实训图纸如图 3-1～图 3-3 所示，做出标准层消防预算，进行训练指导，最后评价验收。

◆学生活动

学生分组进行角色扮演，负责人组织好实训。

实施过程：熟悉施工图纸→计算工程量→列出分项工程项目→确定设备、材料价格→讨论问题→编写实训报告→进行相关问题探讨→考核评价。

**1．实训目的**

（1）熟悉消防工程图纸；

（2）懂得消防工程预算的编制方法；

（3）能准确列出分项工程项目；

（4）能正确计算工程量；

（5）能准确确定材料、设备单价。

**2．准备实训设备及预算资料**

预算资料包括材料价格表、相关设备价格表、预算定额、预算参考书等。

**3．实训步骤**

（1）学生分组，每组 6～8 人；

（2）编写实训计划书；

（3）实施预算；

（4）提交预算书；

（5）评价提升。

**4．问题讨论**

（1）消防工程线管工程量如何计算？价格如何查找？

（2）编制电气消防预算的步骤和方法是什么？

（3）你是采用什么方法准确列出分项工程项目的？

（4）消防工程控制点的计算方法是什么？

（5）消防设备费是否参与取费？如何计算工程造价？

（6）按 2007 年取费程序编制工程费用计算表。

## 实训 4　上海某世纪名苑消防工程预算

◆教师活动

实训任务下达：给出消防工程图纸，学生分组进行实训练习，教师给予必要指导。

◆学生活动

分组进行角色扮演，负责人组织好实训。

实施过程：讨论问题→编写实训报告→编制预算书。

### 1．工程规模

（1）建设地点：上海市。

（2）建设项目：上海某世纪名苑工程。

（3）建筑规模：建筑层数共 18 层，地下 1 层，地上 17 层，1～2 层为商业用房，3～17 层为办公用房，地下层为设备用房、库房。总建筑面积 456 070m²。

本工程采用北京中安厂的 7000 系列产品。采用集中—区域报警系统，在总消防控制室采用集中报警控制器和三台区域报警控制器，即集中机和区域机均设在消防控制室。

### 2．设计内容

图纸共 10 张，图 3-4 为电消施设计说明、图例符号，图 3-5 为电消施火灾报警及联动控制系统图，图 3-6 为相关平面图（图见书后插页）。

1）设计说明

（1）设计依据

① 《民用建筑电气设计规范》（JGJ/T 16-92）；

② 《高层民用建筑设计防火规范》（GB50045-95）；

③ 《火灾自动报警系统设计规范》（GB50116-98）；

④ 建筑平、立、剖面图及暖通专业、给排水专业提供的功能要求和设备电容量及平面位置。

（2）电容量及平面位置

消防报警及控制：本工程为一类建筑，按防火等级为一级设计，消防控制室设在首层，具有以下功能。

① 火灾自动报警系统：采用总线制配线，按消防分区及规范进行感烟、感温探测器的布置。在消防中心的报警控制器上能显示各分区、各报警点探头的状态，并设有手动报警按钮。

② 联动报警

A．火灾情况下，任一消火栓上的敲击按钮动作时，消防控制室能显示报警部位，自动或手动启动消防泵。

B．对于气体灭火系统应有控制、显示功能。

C．火灾情况下，消防中心能切断非消防用电，启动柴油发电机组。

D．消防中心与消防泵房、变电所、发电机房处均设固定对讲电话，消防中心设直接对外的 119 电话，每层适当位置还设有对讲电话插孔。

E．火灾情况下，消防中心能切断非消防用电，启动柴油发电机组。

（3）配线

① 对于消防配电线路，控制线路均采用塑料铜芯绝缘导线或铜芯电缆，其电压等级不应低于交流250V。

② 绝缘导线，电缆线芯应满足机械强度的要求。

③ 消防控制，通信和报警线路，应采取穿金属管保护，导线敷设于非燃烧体结构内，其保护层厚度不小于3cm。

④ 穿管绝缘导线或电缆的总面积不应超过管内截面积的40%。

（4）电缆井（强电井、弱电井）每层上下均封闭

（5）接地

① 消防控制室工作接地采用单独接地，电阻值应小于4Ω。

② 应用专用接地干线由消防控制室引至接地体，接地干线应用铜芯绝缘导线或电缆，其线芯截面积不应小于25mm²。

③ 由消防控制室接地板引至各消防设备的接地线，应选用铜芯绝缘软线，其线芯截面积不应小于4mm²。

本设计的说明如图3-4所示（图见书后插页）。

2）火灾报警及联动控制系统图

火灾报警及联动控制系统图如图3-5所示（图见书后插页）。

3）平面布置图

地下一层平面布置图如图3-6所示（图见书后插页），一层平面布置图如图3-7所示（图见书后插页），二层平面布置图如图3-8所示，三层平面布置图如图3-9所示，四层平面图如图3-10所示，17.1m标高设备层平面布置图如图3-11所示，标准层平面布置图如图3-12所示，顶层平面布置图如图3-13所示，平面图中表述了各种设备的位置及线路走向。

### 3．实训目的

（1）会识读消防工程施工图纸；

（2）能根据电气系统图，在平面图中找出设备所在位置和数量；

（3）能正确计算消防管线工程量；

（4）会编写消防工程预算书。

### 4．提交成果

消防预算书一份。（可根据情况分为组分图做出）

### 5．实训步骤

（1）学生分组，每组6～8人；

（2）编写实训计划书；

（3）实施实训项目；

（4）提交成果；

（5）考核评价。

## 实训5　消防工程预算软件的使用

◆教师活动

实训任务下达：结合上海某世纪名苑消防工程预算相应计算数据，应用预算软件编制消防预算，教师进行必要的指导，最后验收预算成果。

▲学生活动

学生分组进行角色扮演，负责人组织好实训。

实施过程：录入定额编号→录入工程量→计算分项工程直接费→汇总直接费→计算工程造价→讨论问题→编写实训报告→进行相关问题探讨→考核评价。

### 1．实训目的

（1）能熟练使用预算软件；

（2）能准确计算定额直接费；

（3）能正确计算工程造价。

### 2．准备实训设备及预算资料

实训设备及预算资料包括计算机、预算软件、材料价格表、相关设备价格表、预算软件使用说明书等。

### 3．实训步骤

（1）布置任务：要掌握软件操作方法，工程造价计算方法。

（2）学生分组：每组6～8人。

（3）引导问题：完成该任务，应学什么？怎么做？

### 4．问题讨论

（1）主材如何编辑？价格如何查找？

（2）用预算软件编制电气消防预算的步骤和方法是什么？

（3）消防工程预算造价是如何计算出来的？

### 5．技能考核

（1）实训能力；

（2）实训问题讨论。

优 ____　良___　中____　及格____　不及格_____

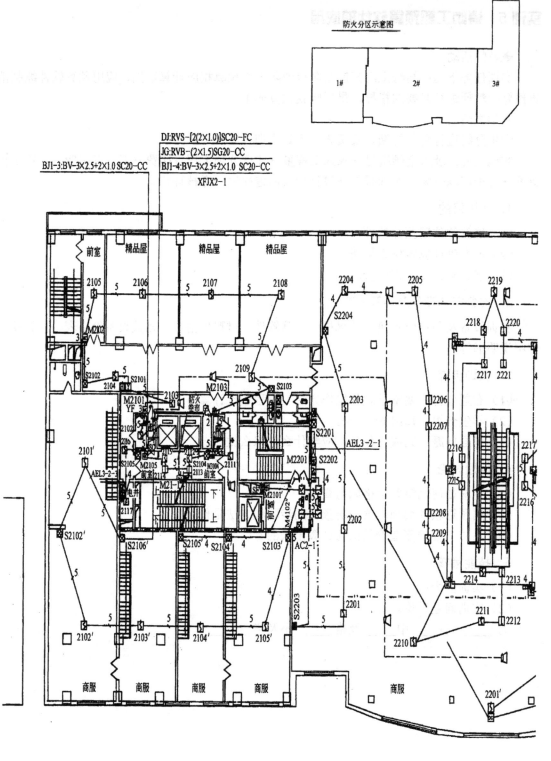

图3-8　电消施二

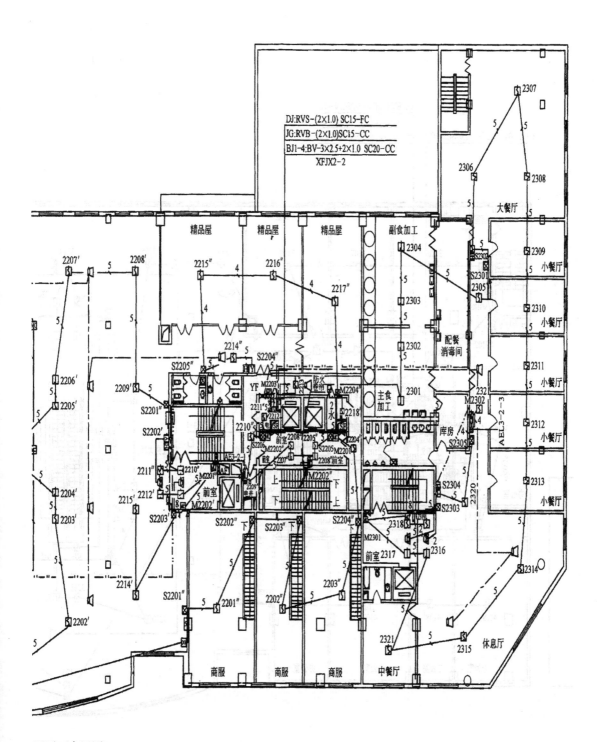

层平面布置图

防火分区示意图

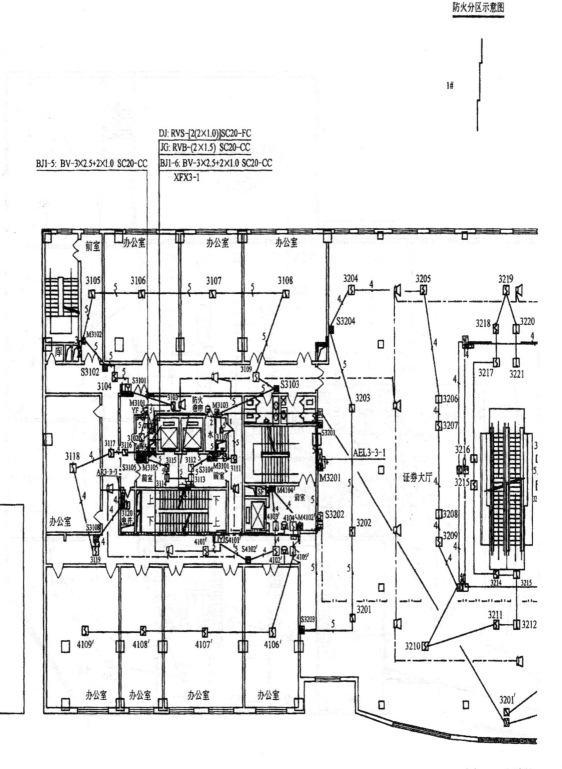

图3-9 电消施

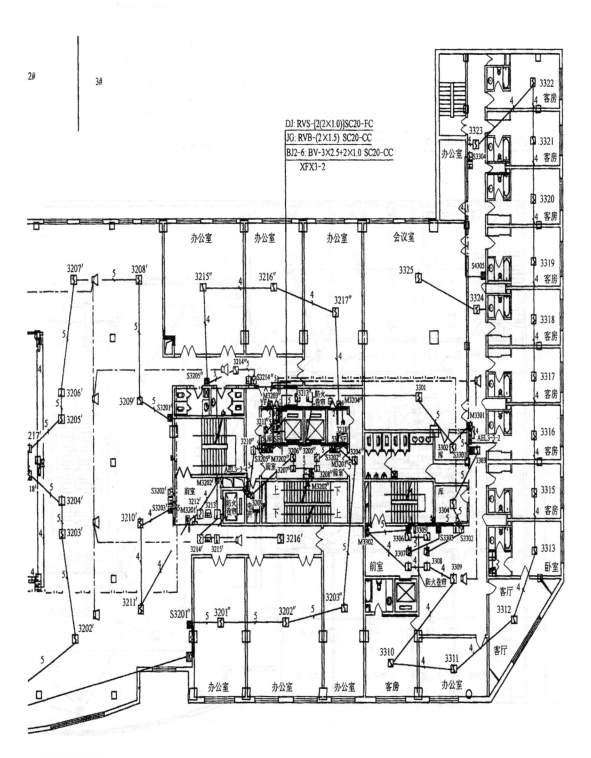

三层平面布置图

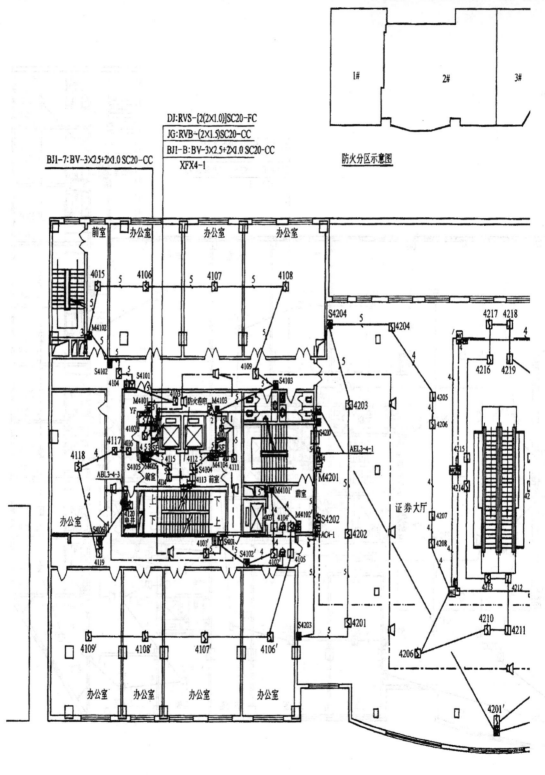

图3-10 电消施

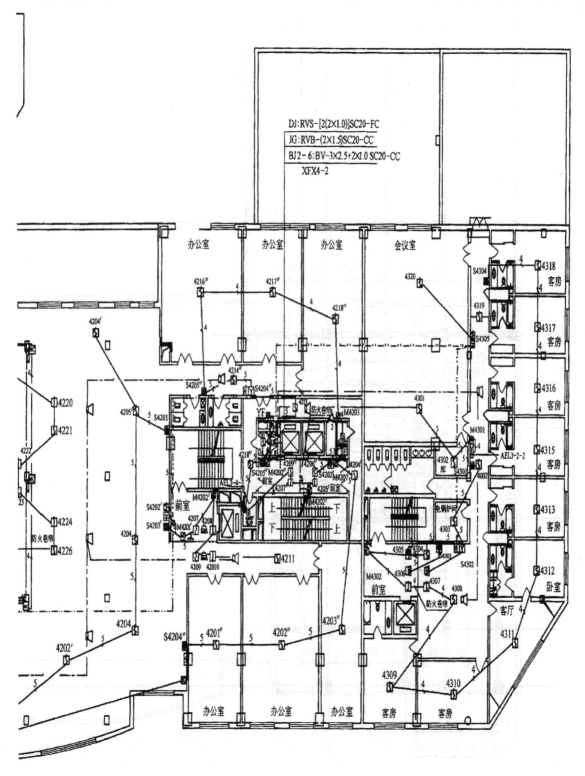

四层平面布置图

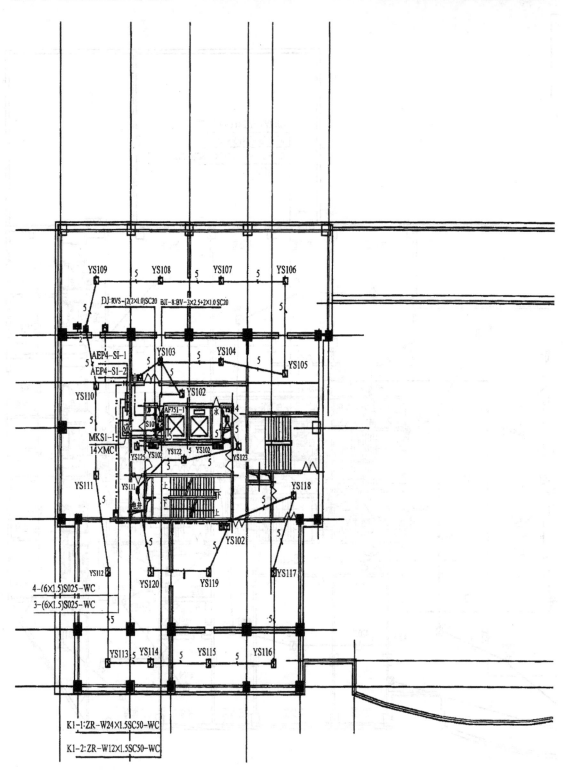

图3-11　电消施17.1m标高

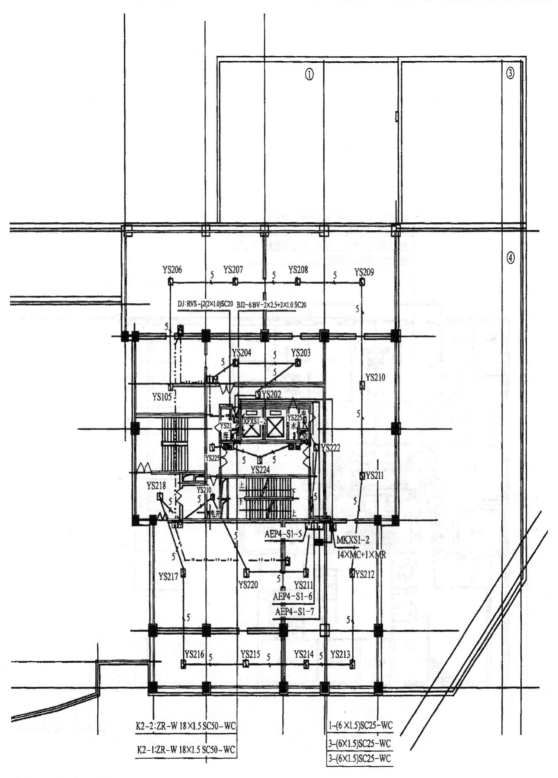

设备层平面布置图

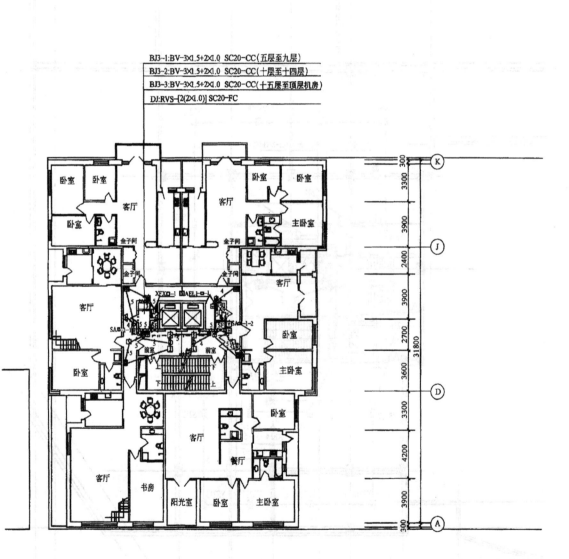

图3-12 电消施标

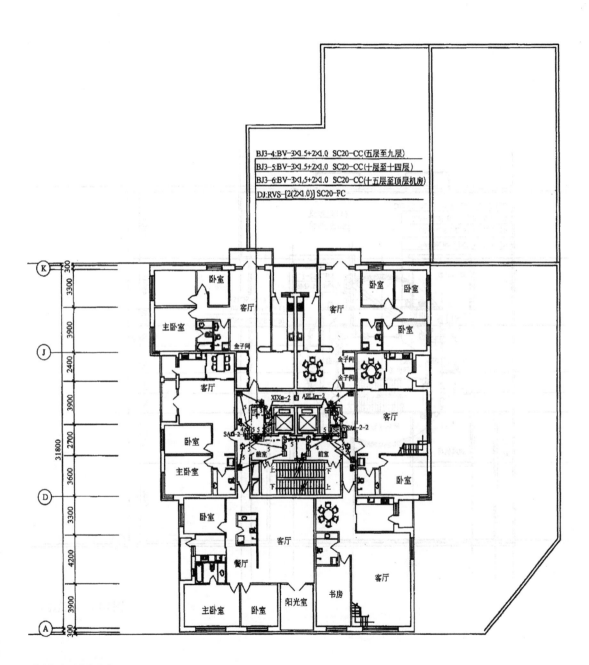

准层平面布置图

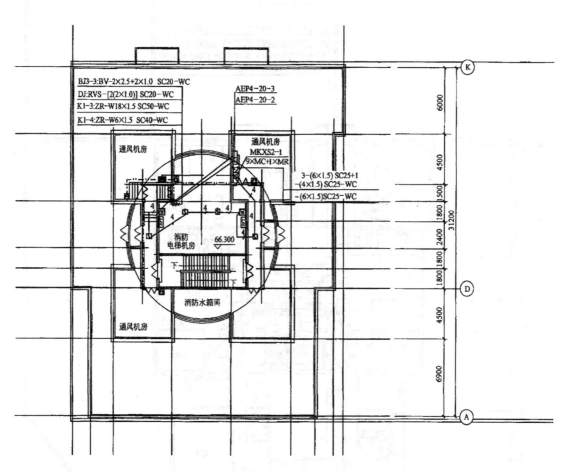

图3-13　电消施顶

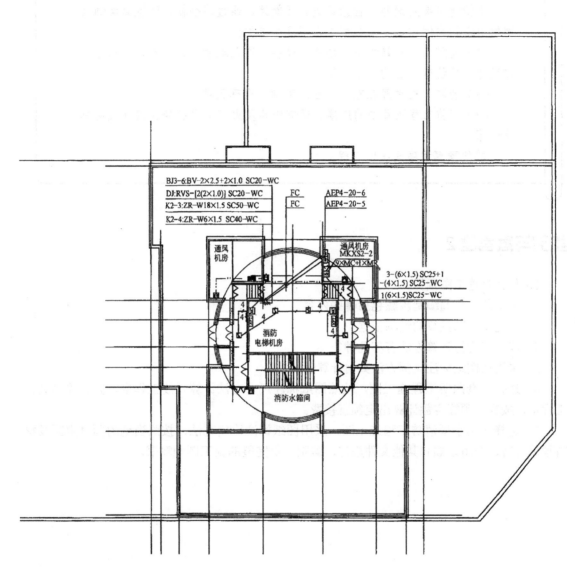

层平面布置图

## 知识梳理与总结

本情境主要对消防工程预算进行了阐述，通过综合楼消防预算案例及购物中心的案例和训练，明晰了以下几个方面：

（1）消防工程预算的特点是消防设备不进入取费，设备费按厂家报价并经建设单位确定后的价格计算；

（2）消防工程预算在充分识图的基础上准确列项；

（3）消防工程预算中的广播、通信线路及火灾自动报警线路管线应单独计算。

其他预算程序同照明工程。

## 练习与思考题2

1. 什么是施工图预算？
2. 施工图预算的编制步骤包括哪些内容？
3. 简述施工图预算的编制依据。
4. 线管工程量计算方法有哪几种？
5. 采用按图纸标注比例方法如何计算管线？
6. 选择一套照明工程施工图，按照图纸标注尺寸方法计算管线工程量，并计算出其他工程量，按当地预算定额计算出定额直接费。
7. 选择一套小型消防工程施工图，采用图纸标注比例方法，按照当地的预算定额及材料预算价格、费用定额和其他文件规定，编制一份完整的施工图预算书。

# 学习情境 4 建筑电气动力工程预算编制

## 教学导航

| 学 习 任 务 | 任务 4.1 某车间动力工程预算编制<br>任务 4.2 某民用锅炉房动力工程预算编制 | 参考学时 | 6 |
|---|---|---|---|
| 能 力 目 标 | 学会建筑电气动力工程的工程量计算规则；掌握电气动力工程施工图预算的组成及施工图预算的步骤和方法；明白电气动力工程工程量计算方法；准确划分分项工程；会编制建筑电气动力工程预算 | | |
| 教学资源与载体 | 多媒体网络平台，教材，一体化软件实训室，动力预算工程图纸，课业单、工作计划单、评价表 | | |
| 教学方法与策略 | 项目教学法，角色扮演法，引导文法，演示法，参与型教学法 | | |
| 教学过程设计 | 给出任务→分组实训练习→熟悉图纸设计内容→列出分项工程项目→计算所用设备和材料工程量→计算工程造价→实训指导与考评 | | |
| 考核与评价内容 | 识读建筑电气动力工程图纸的能力；掌握建筑电气动力工程工程量计算规则的程度；工程量计算的能力和准确性；分项工程项目的划分能力；编制施工图预算的能力；施工图预算编制步骤；语言表达能力；工作态度；任务完成情况与效果 | | |
| 评价方式 | 自我评价（10%），小组评价（30%），教师评价（60%） | | |

## 任务 4.1 某车间动力工程预算编制

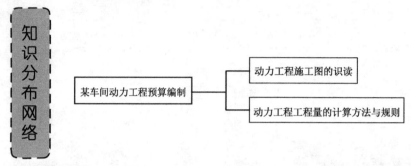

▲ 教师活动

任务下达：某车间动力工程施工图预算编制。

教学程序：给出工程图→引导学生阅读动力工程电气施工图纸→划分分项工程项目→讲述动力工程工程量的计算方法与规则。

▲ 学生活动

学习过程：在教师指导下识图→学习动力工程工程量的计算方法与规则。

### 4.1.1 动力工程施工图的识读

某车间动力配电箱系统图见图 4-1，某车间动力配线平面图见图 4-2，电动机控制原理接线图见图 4-3，控制盘盘面布置及安装图见图 4-4。

某车间动力配电箱为落地式动力配电箱，箱内分 5 路，4 路工作，1 路备用。从动力配电箱引出 4 条回路，分别经过控制盘引至用电设备，用电设备分别为 11kW、7.5kW、15kW、5.5kW。如 W1 回路标注为，3 根 4mm²、耐压 500V 的铜芯塑料绝缘线穿在直径 20mm 的钢管内沿地暗敷设，控制盘由自动开关、交流接触器、控制按钮组成。如 AC1 控制盘中 DZ20-100 30 为 20 型空气自动开关，额定电流 100A、整定电流 30A；CJ20-40 为 20 型交流接触器，额定电流 40A；LA25-2 为 25 型控制按钮，2K 为两对开启式触头。用电设备编号分别为 1、2、3、4，用电设备型号为 Y 系列异步电动机，电动机中心距地高度分别为 160mm、132mm、160mm、132mm，L 为长机座、M 为中机座、S 为短机座，4 为 4 级。

电动机控制原理接线图如图 4-3 所示，合上空气自动开关，按下控制按钮，交流接触器线圈得电，自锁接点闭合，电动机旋转；按下停止按钮，交流接触器线圈失电，自锁接点恢复常开，电动机停止转动。

控制盘盘面布置及安装图如图 4-4 所示，控制盘盘面为 2mm 厚钢板，盘面上安装空气自动开关、交流接触器、控制按钮，控制盘盘面用 M6×4 螺栓固定在预埋墙内的支架上，支架选用 40×40×4 角钢加工成 U 形，墙内埋设 150mm，墙外预留 100mm。

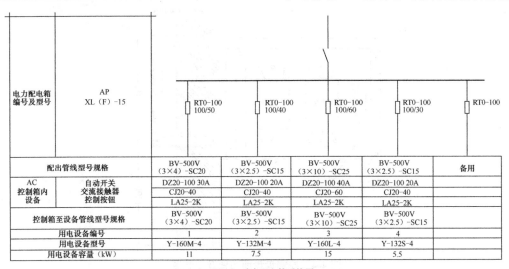

| 电力配电箱编号及型号 | AP XL（F）-15 | RT0-100 100/50 | RT0-100 100/40 | RT0-100 100/60 | RT0-100 100/30 | RT0-100 |
|---|---|---|---|---|---|---|
| 配出管线型号规格 | | BV-500V (3×4) -SC20 | BV-500V (3×2.5) -SC15 | BV-500V (3×10) -SC25 | BV-500V (3×2.5) -SC15 | 备用 |
| AC控制箱内设备 | 自动开关 | DZ20-100 30A | DZ20-100 20A | DZ20-100 40A | DZ20-100 20A | |
| | 交流接触器 | CJ20-40 | CJ20-40 | CJ20-60 | CJ20-40 | |
| | 控制按钮 | LA25-2K | LA25-2K | LA25-2K | LA25-2K | |
| 控制箱至设备管线型号规格 | | BV-500V (3×4) -SC20 | BV-500V (3×2.5) -SC15 | BV-500V (3×10) -SC25 | BV-500V (3×2.5) -SC15 | |
| 用电设备编号 | | 1 | 2 | 3 | 4 | |
| 用电设备型号 | | Y-160M-4 | Y-132M-4 | Y-160L-4 | Y-132S-4 | |
| 用电设备容量（kW） | | 11 | 7.5 | 15 | 5.5 | |

图4-1　动力配电箱系统图

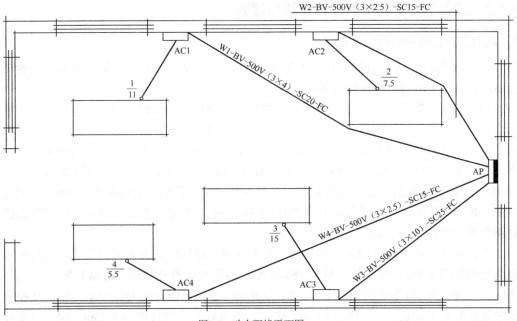

图4-2　动力配线平面图

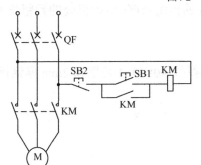

图4-3　电动机控制原理接线图

说明：

1. 采用钢管埋地敷设，钢管应做防腐处理；

2. 电动机控制盘现场制作，其具体尺寸和安装高度见制作图；

3. 接触器至按钮的控制线路采用B-500V-1.5mm² 导线；

4. 该车间为一般干燥环境，引至电动机的钢管管口距地面0.5m，管口至电动机接线盒段用金属软管保护；

5. 本工程执行《电气设备安装验收规范》。

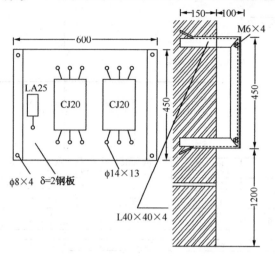

图 4-4  控制盘盘面布置及安装图

### 4.1.2  动力工程工程量的计算方法与规则

**1. 动力工程工程量的计算方法**

（1）动力配电箱。从平面图上看动力配电箱为一台，从系统图中得知配电箱的型号是 AL(F)-15，查设备手册为落地式动力配电箱。

（2）钢管。钢管的长度计算与照明钢管工程量计算一样，按比例计算平面长度，各段计算以每一符号中心的内墙面为准。立面长度有三处，即动力配电箱、控制盘、引至电动机处的地面出口。埋入地坪下的钢管，一般埋在地坪面垫层下 0.3m 的土层内，动力配电箱基础要高于地面 0.1m，钢管进入配电箱要高于基础面 0.1m，由此得出进入配电箱处钢管的立面长度为 0.5m。控制盘处的立面长度计算如下：控制盘安装图已给出底边距地 1.2m，控制盘高 0.45m，钢管埋深 0.3m，钢管长度计算到控制盘的中心，此处立管应为两根，由此得出控制盘处钢管的立面长度为 3.45m。

（3）管内穿线。动力线路均为 3 根导线，在平面图上已标出，进入配电箱的导线每根预留长度为配电箱的半周长。查设备手册 XL(F)-15 型动力配电箱的外形尺寸为高 1.7m、宽 0.7m、厚 0.37m，半周长为（1.7+0.7）m；进入控制盘处导线每根预留长度为盘的半周长，从控制盘制作安装图查出半周长为（0.45+0.6）m；电动机处导线的预留长度为 1.25m。由此可知导线长度为（钢管长度+配电箱处的预留长度+控制盘处的预留长度+电动机处的预留长度）×导线根数。

各回路导线截面不同，应分别计算。

（4）控制盘制作。按控制盘制作图尺寸计算所用材料，40×40×4 角钢和 2mm 厚钢板，然后换算成质量；控制盘尺寸相同，共 4 块。

（5）控制盘安装。质量同控制盘制作。

（6）控制盘上的设备安装。

① 自动开关安装 4 个。

② 交流接触器安装 4 个。

③ 控制按钮安装 4 个。

（7）控制盘上的配线。主回路中自动开关下端至接触器上端的配线，与主回路导线截面相同，共 3 根，每根长度为盘的半周长。

控制线每盘上 6 根，每根的长度为控制盘的半周长。

（8）压铜接线端子。绝缘导线 10mm² 及以上与设备连接时，应计算压接数量。图中 W3 回路的电动机为 15kW，所用导线为 10mm²，从控制原理图中可知，共用 10mm² 接线端子 18 个。

（9）电动机检查接线。共 4 台。

（10）电动机调试。共 4 台。

（11）金属软管敷设。设计说明中要求，管口至电动机接线盒段用金属软管保护，按规定每台电动机预留 1.25m。

编制动力工程预算时，所有设备不分型号规格或容量大小，只要是定型产品，一律按建设单位供应考虑，只计取安装费，不计取设备本身的费用。如果由施工单位提供设备，设备费用应单独列表计算，不参与取费。

**2．动力工程工程量的计算规则**

（1）断路器、电流互感器、电压互感器、油浸电抗器、电力电容器及电容器柜的安装均以"台"为单位计算。

（2）隔离开关、负荷开关、熔断器、避雷器、干式电抗器的安装以"组"为单位计算，每组按三相计算。

（3）控制设备及低压电器的安装均以"台"为单位计算。以上设备均未包括基础槽钢、角钢的制作和安装，其工程量应按相应定额另行计算。

（4）铁构件制作安装按施工图设计尺寸，以成品质量"kg"为单位计算。

（5）网门、保护网制作安装，按网门或保护网设计图示框的外围尺寸，以"m²"为单位计算。

（6）盘柜配线分不同规格，以"m"为单位计算。

（7）盘、箱、柜的外部进出线预留长度为高+宽。

（8）焊（压）接线端子定额只适用于导线，电缆头的制作安装定额中已包括压接线端子，不得重复计算。

（9）端子板外部接线按设备、箱、柜、台的外部接线图计算，以"个头"为单位计算。

（10）盘、柜配线只适用于盘上小设备的少量现场配线。

（11）发电机、调相机、电动机的电气检验接线，均以"台"为单位计算。

（12）起重机上的电气设备、照明装置和电缆管线等的安装均执行相应定额项目。

（13）滑触线安装以"米/单相"为单位计算，其附加长度与预留长度按表 4-1 规定计算。

表 4-1　滑触线安装附加和预留长度

| 序　号 | 项　目 | 预留长度 | 说　明 |
|---|---|---|---|
| 1 | 圆钢、铜母线与设备连接 | 0.2 | 从设备接线端子接口起算 |
| 2 | 圆钢、铜滑触线终端 | 0.5 | 从最后一个固定点起算 |
| 3 | 角钢滑触线终端 | 1.0 | 从最后一个支持点起算 |

续表

| 序 号 | 项 目 | 预留长度 | 说 明 |
|---|---|---|---|
| 4 | 扁钢滑触线终端 | 1.3 | 从最后一个固定点起算 |
| 5 | 扁钢母线分支 | 0.5 | 分支线预留 |
| 6 | 扁钢母线与设备连接 | 0.5 | 从设备接线端子接口起算 |
| 7 | 轻轨滑触线终端 | 0.8 | 从最后一个支持点起算 |
| 8 | 安全节能及其他滑触线终端 | 0.5 | 从最后一个固定点起算 |

（14）电气安装规范要求每台电机接线均需配金属软管。设计有规定的，按设计规定和数量计算；设计没有规定的，平均每台配相应规格的金属软管 1.25m，以及与之配套的金属软管专用活接头。

（15）电动机检查接线定额，除发电机和调相机外，均不包括电机干燥，发生时其工程量应按电机干燥定额另行计算。电机干燥定额按一次干燥所需工、料、机消耗量考虑的，在特别潮湿的地方，电机需要进行多次干燥的，应按实际干燥次数计算。在气候干燥、电机绝缘性能良好、符合技术标准而不需要干燥时，不计干燥费用。实行包干的工程，可参照以下比例，由有关各方协商而定。

① 低压小型电机 3kW 以下，按 25% 的比例考虑干燥。

② 低压小型电机 3～220kW，按 30%～50% 的比例考虑干燥。

③ 大中型电机，按 100% 考虑一次干燥。

（16）电机解体检查定额，应根据需要选用。

（17）电机定额的界限划分为：单台电机质量在 3t 以下的为小型电机；单台电机质量在 3～30t 的为中型电机；单台电机质量在 30t 以上的为大型电机。

（18）小型电机按电机类别和功率大小执行相应定额，大、中型电机不分类别一律按电机质量执行相应定额。

（19）与机械同底座的电机和装在机械设备上的电机安装执行第一册《机械设备安装工程》的电机安装定额；独立安装的电机执行本册的电机安装定额。

（20）送配电设备系统，使用于各种供电回路的系统调试。凡供电回路中带有仪表、继电器、电磁开关等调试元件的（不包括闸刀开关、保险器），均按调试系统计算。

（21）送配电设备系统调试，应按一侧有一台断路器考虑，若两侧均有断路器则应按两个系统计算。

（22）变压器系统调试，以每个电压侧有一台断路器为准。多于一个断路器的，按相应电压等级送配电设备系统调试的相应定额另行计算。

（23）干式变压器，按相应容量变压器调试定额乘以系数 0.8 计算。

（24）备用电源自动投入装置，按连锁机构的个数确定备用电源自投装置系统数。一个备用厂用变压器作为三段厂用工作母线备用的厂用电源，计算备用电源自动投入装置调试时，应为三个系统。装设自动投入装置的两条互为备用的线路或两台变压器，计算备用电源自动投入装置调试时，应为两个系统。备用电动机自动投入装置也按此计算。

（25）事故照明切换装置调试，按设计能完成交直流切换的一套装置为一个调试系统计算。

（26）不间断电源装置调试，按容量以"套"为单位计算。

（27）硅整流装置调试，按一套硅整流装置为一个系统计算。

（28）普通电动机的调试，分别按电动机的控制方式、功率、电压等级，以"台"为计量单位。

（29）可控硅调速直流电动机调试以"系统"为计量单位，其调试内容包括可控硅整流装置系统和直流电动机控制回路系统两个部分的调试。

（30）交流变频调速电动机调试以"系统"为计量单位，其调试内容包括变频装置系统和交流电动机控制回路系统两个部分的调试。

（31）微型电机（伺服电机、自整角机）指功率在 0.75kW 以下的电机，不分类别，一律执行微电机综合调试定额，以"台"为计量单位。功率在 0.75kW 以上的电机调试，应按电机类别和功率分别执行相应的调试定额。

（32）配管、穿线工程量计算规则同照明工程。

# 任务 4.2　某民用锅炉房动力工程预算编制

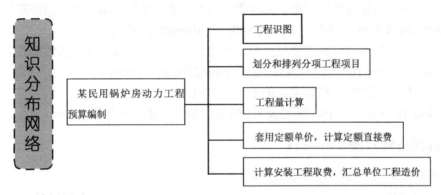

▲ 教师活动

任务下达：某民用锅炉房动力工程预算编制。

◇ 教学目的

（1）能熟练阅读锅炉房电气施工图；

（2）能准确划分分项工程项目；

（3）能正确计算锅炉房电气工程造价。

◇ 教学载体

施工图纸、预算定额、费用定额、材料价格表、相关设备价格表、多媒体课件、教材等。

◇ 课业单

| 序　号 | 任 务 名 称 | 结　果 |
|---|---|---|
| 1 | 编制电气动力预算有哪些步骤 | |
| 2 | 如何划分动力工程分项工程项目 | |
| 3 | 动力设备费是否参与取费 | |
| 4 | 如何计算外网电缆引自电缆接转箱的电缆长度 | |

▲ 学生活动

学生分组，组长组织好实训过程。

实施过程：分组→编写训练计划→识图→工程量计算→划分分项工程项目→计算定额直接费→编写实训报告→完成课业单的填写→考核评价。

### 4.2.1　动力工程施工图识图

**1. 施工图纸**

本例所用图纸为如图 4-5 和图 4-6 所示的某住宅楼锅炉房电力系统图和电力平面图。

**2. 设计说明**

（1）本工程电源采用电缆直埋引入室外电缆接转箱，电压 380V/220V 三相四线式配电。电缆引至小区变电亭，变电亭距锅炉房 35m。

（2）配线均采用铜芯绝缘导线，均穿钢管保护，沿地沿墙暗敷设。

（3）动力配电箱采用定型标准铁制箱，底边距地 1.5m 嵌墙暗装。动力配电箱外形尺寸 AP1 为 800mm×800mm×120mm，AP2、AP3 为 800mm×400mm×120mm。

（4）按钮箱采用厂家加工的非标准铁制空箱，底边距地 1.5m 嵌墙暗装。按钮箱外形尺寸 ANX1 为 800mm×250mm×100mm，ANX2 为 200mm×250mm×100mm。

（5）电源进户处做重复接地，接地电阻值不大于 10Ω。

（6）接地母线为 40×4 镀锌扁钢，接地极为 φ50 镀锌钢管，接地母线埋深 1m。

### 4.2.2　划分和排列分项工程项目

对某住宅楼锅炉房动力工程划分和排列分项工程项目如下：

（1）成套配电箱安装；

（2）按钮安装；

（3）盘柜配线；

（4）焊铜接线端子；

（5）交流电动机检查接线；

（6）电缆沟挖填；

（7）电缆沟铺砂、盖砖；

（8）电缆保护管敷设；

（9）铜芯电力电缆敷设；

（10）户内干包式电力电缆头制作、安装；

（11）户外电力电缆终端头制作、安装；

（12）接地极制作、安装；

（13）户外接地母线敷设；

（14）接地跨接线安装；

（15）接地端子测试箱安装；

（16）断接卡子制作、安装；

（17）1kV 以下交流供电送配电装置系统调试；

（18）独立接地装置调试；

（19）低压交流笼型异步电动机调试；

（20）电动机连锁装置调试；

（21）砖、混凝土结构钢管暗配；

（22）金属软管敷设；

（23）动力线路管内穿线。

### 4.2.3　工程量计算

#### 1．成套配电箱安装

动力配电箱安装以"台"为单位计算，除落地式配电箱外，均按配电箱半周长套成套配电箱安装项目。本例室外电缆接转箱采用墙上悬挂式明装，室内动力配电箱采用墙内嵌入式暗装，半周长 2m 以内 2 台，半周长 1.55m 以内 2 台。

按钮箱安装以"台"为单位计算，本例中的按钮箱采用墙内嵌入式暗装，半周长 1.5m 以内 1 台，半周长 0.5m 以内 1 台，套成套配电箱安装项目。

#### 2．按钮安装

按钮安装以"个"为单位计算，工程量 30 个。

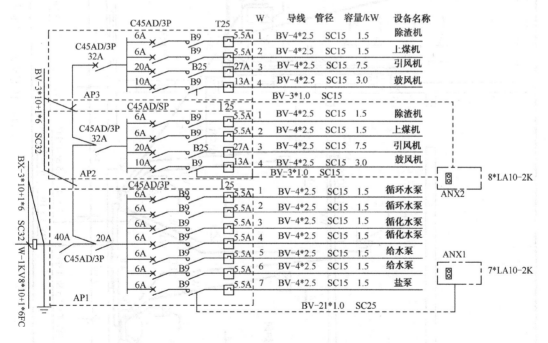

图4-5　住宅楼锅炉房电力系统图

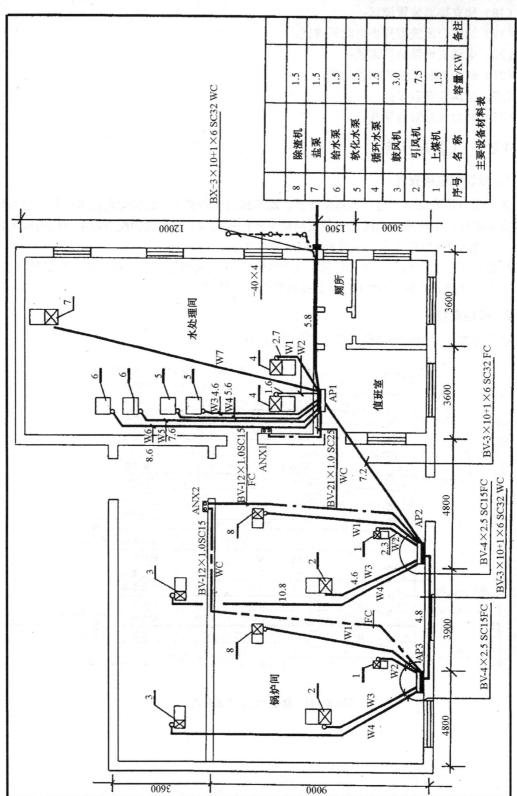

主要设备材料表

| 序号 | 名 称 | 容量/kW | 备注 |
|------|-------|---------|------|
| 8 | 除渣机 | 1.5 | |
| 7 | 盐泵 | 1.5 | |
| 6 | 给水泵 | 1.5 | |
| 5 | 软化水泵 | 1.5 | |
| 4 | 循环水泵 | 1.5 | |
| 3 | 鼓风机 | 3.0 | |
| 2 | 引风机 | 7.5 | |
| 1 | 上煤机 | 1.5 | |

图4-6 住宅楼锅炉房电力平面

### 3．盘柜配线

盘柜配线以"m"为单位计算，工程量计算如下：

BV-1 mm$^2$ AP2（AP3）箱半周长×箱的数量×导线根数+AP1 箱半周长×导线根数=1.2×2×3+1.6×21=40.8（m）

### 4．焊铜接线端子

接线端子以"个"为单位计算。本例中引入电源线及配电箱之间干线均采用 10mm$^2$ 导线，10mm$^2$ 铜导线应焊接线端子。套定额项目及调整差价方法同照明实例，工程量为 18 个。

### 5．交流电动机检查接线

电动机检查接线以"台"为单位计算。锅炉房电动机安装由设备安装专业负责，本例只考虑计算电动机检查接线项目，按电动机功率统计其工程量。工程量如下：

| | |
|---|---|
| 3kW 以内 | 13 台 |
| 13kW 以内 | 2 台 |

### 6．电缆沟挖填

电缆沟挖填土方量以"m$^3$"为单位计算。本例中电缆沟长度计算如下：

电缆沟长度=水平长度+预留长度=35+2+1.5=38.5（m）

式中：35 为锅炉房至电缆接转箱的水平长度；

2 为电缆到电缆接转箱之前的预留长度；

1.5 为电缆在进入小区变电亭之前的预留长度。

土方量可按表 2-6 查出，1～2 根电缆每米沟长土方量为 0.45m$^3$，工程量计算如下：

土方量=0.45×38.5=17.33（m$^3$）

### 7．电缆沟铺砂、盖砖

电缆直埋敷设铺砂、盖砖工程量以"延长米"为单位计算。本例电缆沟长前面已算出，工程量如下：

电缆沟铺砂、盖砖　　　　　　　　　38.5m

### 8．电缆保护管敷设

电缆保护管敷设以"m"为单位计算。本例电缆穿墙引入变电亭时应加保护管，直埋电缆引入室外电缆接转箱之前应加保护管，工程量如下：

钢管保护管长度=1.5+3.5=5（m）

钢管保护管内径不应小于电缆外径的 1.5 倍，选$\phi$32 钢管。

由工程量计算规则已知，钢管直径$\phi$100mm 以下的电缆保护管敷设执行砖、混结构钢管敷设定额。

### 9．铜芯电力电缆敷设

电缆长度以"m"为单位计算。计算式如下：

$L$=［35+（1.5×2+1.5+0.5）+（1.5×2+0.5+2）+（2+1.5）]×（1+2.5%）
　=50.23（m）

式中：35 为电缆水平长度；

（1.5×2+1.5+0.5）为电缆垂直长度，其中 1.5×2 为 2 个电缆沟引上两处垂直长度，1.5 为地面至电缆接转箱中心垂直长度，0.5 为室内地面至电源屏内隔离开关垂直长度；

（1.5×2+0.5+2）为电缆预留长度，其中 1.5×2 为 2 个电缆终端头预留长度，0.5 为电缆过墙长度，2 为电源屏屏下进线预留长度；

（2+1.5）为电缆进建筑物之前预留长度，其中 2 为电缆进入电缆接转箱之前预留长度，1.5 为进入变电亭之前预留长度；2.5%为电缆波形敷设系数。

### 10. 户内干包式电力电缆终端头制作、安装

户内干包式电力电缆终端头制作、安装以"个"为单位计算。工程量如下：

户内干包式电力电缆终端头　　　　　　　　　1 个

### 11. 户外电力电缆终端头制作、安装

户外电力电缆终端头制作、安装以"个"为单位计算。工程量如下：

户外热缩式电力电缆终端头　　　　　　　　　1 个

### 12. 接地极制作、安装

重复接地接地极制作、安装以"根"为单位计算，工程量按电力平面图中图例符号统计计算，工程量如下：

接地极制作、安装　　$\phi$50 镀锌钢管　　　　3 根

### 13. 户外接地母线敷设

户外接地母线敷设以"m"为单位计算。本例接地母线采用 40×4 镀锌扁钢，工程量如下：

户外接地母线敷设　（1.5+1+3+10）×（1+3.9%）=16.1（m）

### 14. 接地跨接线安装

接地跨接线安装以"处"为单位计算，工程量如下：

接地跨接线安装　　　　　　　　　　　　　3 处

### 15. 接地端子测试箱安装

接地端子测试箱安装以"套"为单位计算，工程量如下：

接地端子测试箱安装　　　　　　　　　　　1 套

### 16. 断接卡子制作、安装

断接卡子制作、安装以"套"为单位计算，工程量如下：

断接卡子制作、安装　　　　　　　　　　　1 套

### 17. 1kV 以下交流供电送配电装置系统调试

送配电装置系统调试按系统图中进户数量统计，以"系统"为单位计算。本例一处进户，工程量如下：

1kV 以下交流供电送配电装置系统调试　　　1 系统

### 18. 独立接地装置调试

独立接地装置调试以"系统"为单位计算，工程量如下：

独立接地装置调试　　　　　　　　　　　　1 系统

### 19. 低压交流笼型异步电动机调试

低压交流笼型异步电动机调试以"台"为单位计算，本例电动机调试执行电磁控制定额项目，工程量如下：

低压交流笼型异步电动机调试　　　　　　　15 台

### 20. 电动机连锁装置调试

电动机连锁装置调试以"组"为单位计算，本例鼓风机与引风机相互连锁，电动机连锁原理可见电动机原理接线图。工程量如下：

电动机连锁装置调试　　　　　　　　　　　2 组

### 21. 砖、混凝土结构钢管暗配

为简便计算，采用分数表示法将管线同时算出。

（1）进户电源钢管及导线

$$\frac{BX-10mm^2}{SC32}\quad\frac{(1.4+5.8+1.9)\times3+(0.7+1)\times3+(0.8+0.8)\times3}{1.4+5.8+1.9}=\frac{37.2(m)}{9.1(m)}$$

$$BX-6mm^2\quad(1.4+5.8+1.9)+(0.7+1)+(0.8+0.8)=12.4(m)$$

（2）干线钢管及导线

$$\frac{BX-10mm^2}{SC32}\quad\frac{(1.9+7.2+1.9)\times3+(0.8+0.8)\times3+(0.8+0.4)\times3}{1.9+7.2+1.9}+$$
$$\frac{(1.9+4.8+1.9)\times3+(0.8+0.4)\times3\times2}{1.9+4.8+1.9}=\frac{74.6(m)}{19.6(m)}$$

$$BV-6mm^2\quad(1.9+7.2+1.9)+(0.8+0.8)+(1.9+4.8+1.9)+(0.8+0.4)\times2=23.6(m)$$

（3）分支回路钢管及导线

① AP1 分支回路：

$$\frac{BV-2.5mm^2}{SC15}\quad\frac{(1.9+2.7+0.6)\times4+(0.8+0.8)\times4}{1.9+2.7+0.6}+\frac{(1.9+1.6+0.6)\times4+(0.8+0.8)\times4}{1.9+1.6+0.6}+$$
$$\frac{(1.9+4.6+0.6)\times4+(0.8+0.8)\times4}{1.9+4.6+0.6}+\frac{(1.9+5.6+0.6)\times4+(0.8+0.8)\times4}{1.9+5.6+0.6}+$$
$$\frac{(1.9+7.6+0.6)\times4+(0.8+0.8)\times4}{1.9+7.6+0.6}+\frac{(1.9+8.6+0.6)\times4+(0.8+0.8)\times4}{1.9+8.6+0.6}+$$
$$\frac{(1.9+11.7+0.6)\times4+(0.8+0.8)\times4}{1.9+11.7+0.6}=\frac{284.4(m)}{59.9(m)}$$

② AP2 分支回路：

$$\frac{BV-2.5mm^2}{SC15}\quad\frac{(1.9+6.8+0.8)\times4+(0.8+0.4)\times4}{1.9+6.8+0.8}+\frac{(1.9+2.3+1.1)\times4+(0.8+0.4)\times4}{1.9+2.3+1.1}+$$
$$\frac{(1.9+4.6+0.6)\times4+(0.8+0.4)\times4}{1.9+4.6+0.6}+\frac{(1.9+10.8+0.6)\times4+(0.8+0.4)\times4}{1.9+10.8+0.6}=$$
$$\frac{160(m)}{35.2(m)}$$

③ AP3 分支回路：

$$\frac{BV-2.5mm^2}{SC15} \quad \frac{160(m)}{35.2(m)}$$

（4）控制按钮回路

ANX1：

$$\frac{BV-1.0mm^2}{SC15} \quad \frac{(1.9+3.6+1.8)\times21+(0.8+0.8)\times21+(0.8+0.25)\times21}{1.9+3.6+1.8}=\frac{208.95(m)}{7.3(m)}$$

ANX2：

$$\frac{BV-1.0mm^2}{SC15} \quad \frac{(2\times1.9+9+13.3+2\times1.8)\times12+(0.8+0.4)\times2\times12+(0.2+0.25)\times2\times12}{2\times1.9+9+13.3+2\times1.8}$$

$$=\frac{396(m)}{29.7(m)}$$

钢管工程量合计：

| | |
|---|---|
| SC15 | 16m |
| SC25 | 7.3m |
| SC32 | 28.6m |

绝缘导线工程量合计：

| | |
|---|---|
| BX-10mm$^2$ | 37.2m |
| BX-6mm$^2$ | 12.4m |
| BV-10mm$^2$ | 74.6m |
| BV-6mm$^2$ | 23.6m |
| BV-2.5mm$^2$ | 604.4m |
| BV-1mm$^2$ | 604.95m |

### 22．金属软管敷设

一般出地面钢管管口至电动机接线盒多采用金属软管保护导线，金属软管两端分别用金属软管接头连接。本例所涉及的钢管与电动机接线盒连接均应考虑金属软管敷设，金属软管长度每处按 1.25m 考虑。工程量如下：

$\phi$15 金属软管敷设　　1.25×15　　　　　　　　　　　　　　18.15m

### 23．动力线路管内穿线

钢管内绝缘导线前面已算出。工程量如下：

| | |
|---|---|
| 铜导线 10mm$^2$ | 118.8m |
| 铜导线 6mm$^2$ | 36m |
| 铜导线 2.5mm$^2$　　60.4+（18.15×4） | 679.4m |
| 铜导线 1mm$^2$ | 604.95m |

### 24．工程量计算表和工程量汇总表

本例工程量计算表见表 4-2，工程量汇总表见表 4-3。

### 表 4-2　工程量计算表

工程名称：锅炉房动力工程

| 序号 | 工程名称 | 计算式 | 单位 | 工程量 |
|---|---|---|---|---|
| 1 | 成套配电箱安装 | | | |
| | 动力配电箱 | AP1 半周长 2.5m 以内 | 台 | 1 |
| | 电缆接转箱 | AJ 半周长 2.5m 以内 | 台 | 1 |
| | 动力配电箱 | AP2、AP3 半周长 1.5m 以内 | 台 | 2 |
| | 按钮箱 | ANX1 半周长 1.5m 以内 | 台 | 1 |
| | 按钮箱 | ANX2 半周长 0.5m 以内 | 台 | 1 |
| 2 | 按钮安装 | LA10-2K | 个 | 30 |
| 3 | 盘柜配线 | BV-1mm$^2$ | m | 40.8 |
| 4 | 焊铜接线端子 | 10mm$^2$ | 个 | 30 |
| 5 | 交流电动机检查接线 | 3kW 以内 | 台 | 13 |
| | | 13kW 以内 | 台 | 2 |
| 6 | 电缆沟挖填 | | m$^3$ | 17.33 |
| 7 | 电缆沟铺砂、盖砖 | | m | 38.5 |
| 8 | 电缆保护管敷设 | SC32 | m | 5 |
| 9 | 铜芯电力电缆敷设 | VV-1kW　3×10+1×6 | m | 50.23 |
| 10 | 户外干包式电力电缆终端头制作、安装 | | 个 | 1 |
| 11 | 户外电力电缆终端头制作、安装 | 热缩式 | 个 | 1 |
| 12 | 接地极制作、安装 | φ50镀锌钢管 | 根 | 3 |
| 13 | 户外接地母线敷设 | （1.5+1+3+10）×（1+3.9%）40×4 镀锌扁钢 | m | 16.1 |
| 14 | 接地跨接线安装 | | 处 | 3 |
| 15 | 接地端子测试箱安装 | | 套 | 1 |
| 16 | 断接卡子制作、安装 | | 套 | 1 |
| 17 | 1kW 以下交流供电送配电装置系统调试 | | 系统 | 1 |
| 18 | 独立接地装置调试 | | 系统 | 1 |
| 19 | 低压交流笼型异步电动机调试 | | 台 | 15 |
| 20 | 电动机连锁装置调试 | | 组 | 2 |
| 21 | 砖、混凝土结构钢管暗配 | | | |
| | 进户电源钢管 | SC32 | m | 9.1 |
| | 干线电源钢管 | SC32 | m | 19.6 |
| | AP1 回路钢管 | SC15 | m | 59.9 |
| | AP2 回路钢管 | SC15 | m | 35.2 |
| | AP3 回路钢管 | SC15 | m | 35.2 |
| | 控制按钮箱回路钢管 | SC25（ANX1） | m | 7.3 |
| | 控制按钮箱回路钢管 | SC15（ANX2） | m | 29.7 |
| 22 | 金属软管敷设 | φ15，每根管长1.25m | m | 18.75 |
| 23 | 动力线路管内穿线 | | | |

| 序号 | 工程名称 | 计 算 式 | 单 位 | 工程量 |
|---|---|---|---|---|
| | 铜导线 | 10mm² | m | 118.8 |
| | 铜导线 | 6mm² | m | 36 |
| | 铜导线 | 2.5mm² | m | 679.4 |
| | 铜导线 | 1mm² | m | 604.95 |

### 表4-3 工程量汇总表

工程名称：锅炉房动力工程

| 序号 | 定额编号 | 分项工程名称 | 单位 | 数量 | 序号 | 定额编号 | 分项工程名称 | 单位 | 数量 |
|---|---|---|---|---|---|---|---|---|---|
| 1 | 2-263 | 嵌入式按钮箱安装 | 台 | 1 | 17 | 2-701 | 接地跨接线安装 | 10处 | 0.3 |
| 2 | 2-265 | 嵌入式按钮箱、动力配电箱安装 | 台 | 3 | 18 | 黑9-60 | 接地端子测试箱安装 | 10套 | 0.1 |
| 3 | 2-266 | 悬挂、嵌入式动力配电箱安装 | 台 | 2 | 19 | 2-747 | 断接卡子制作、安装 | 10套 | 0.1 |
| 4 | 2-299 | 按钮安装 | 个 | 30 | 20 | 2-849 | 1kW以下交流供电送配电装置系统调试 | 系统 | 1 |
| 5 | 2-317 | 盘柜配线 | 10m | 4.1 | 21 | 2-885 | 独立接地装置调试 | 系统 | 1 |
| 6 | 2-331 | 焊铜接线端子 | 10个 | 1.8 | 22 | 2-930 | 低压交流笼型异步电动机调试 | 台 | 15 |
| 7 | 2-438 | 交流电动机检查接线 | 台 | 13 | 23 | 2-963 | 电动机连锁装置调试 | 组 | 2 |
| 8 | 2-439 | 交流电动机检查接线 | 台 | 2 | 24 | 2-1008 | 砖、混凝土结构钢管暗配 | 100m | 1.60 |
| 9 | 2-521 | 电缆沟挖填 | m³ | 17.33 | 25 | 2-1010 | 砖、混凝土结构钢管暗配 | 100m | 0.07 |
| 10 | 2-529 | 电缆沟铺砂、盖砖 | 100m | 0.39 | 26 | 2-1011 | 砖、混凝土结构钢管暗配 | 100m | 0.29 |
| 11 | 2-1011 | 砖、混凝土结构暗配 | 100m | 0.05 | 27 | 2-1155 | 金属软管敷设 | 10m | 1.88 |
| 12 | 2-618 | 铜芯电力电缆敷设 | 100m | 0.50 | 28 | 2-1196 | 动力线路管内穿线 | 100m单线 | 6.05 |
| 13 | 2-626 | 户内干包式电力电缆终端头制作、安装 | 个 | 1 | 29 | 2-1198 | 动力线路管内穿线 | 100m单线 | 6.79 |
| 14 | 2-648 | 户外热缩式电力电缆终端头制作、安装 | 个 | 1 | 30 | 2-1200 | 动力线路管内穿线 | 100m单线 | 0.36 |
| 15 | 2-688 | 接地极制作、安装 | 根 | 3 | 31 | 2-1201 | 动力线路管内穿线 | 100m单线 | 1.19 |
| 16 | 2-697 | 户外接地母线敷设 | 10m | 1.61 | | | | | |

## 4.2.4　套用定额单价，计算定额直接费

### 1. 所用定额单价和材料价格

（1）本例所用定额采用《全国统一安装工程预算定额》《第二册电气设备安装工程》。

（2）定价单价采用 2000 年黑龙江省建设工程预算定额哈尔滨市单价表。

（3）材料预算价格采用 2000 年哈尔滨市建设工程材料预算价格表。

### 2. 编制定额直接费表

本例定额直接费计算表见表 4-4。对表中的有关问题说明如下：

本例分项工程项目内容，仅有 10mm² 接线端子安装与安装项目内容不同，需进行调整。

10mm² 接线端子也需套用 16mm² 焊铜接线端子定额子目，但该子目中的单价为 3.15 元/个，应调整价差。

价差为 3.15-2.91=0.24 元/个。

**表 4-4　定额直接费计算表**

工程名称：锅炉房动力工程

| 顺序号 | 定额编号 | 分项工程名称 | 工程量 | | 价值/元 | | 其　中 | | | | | |
| --- | --- | --- | --- | --- | --- | --- | --- | --- | --- | --- | --- | --- |
| | | | 定额单位 | 数量 | 定额单价 | 金额 | 人工费/元 | | 材料/元 | | 机械费/元 | |
| | | | | | | | 单价 | 金额 | 单价 | 金额 | 单价 | 金额 |
| 1 | 2-263 | 嵌入式按钮箱安装 | 台 | 1 | 58.43 | 58.43 | 34.32 | 34.32 | 24.11 | 24.11 | | |
| 2 | 2-265 | 嵌入式按钮箱、动力配电箱安装 | 台 | 3 | 83.02 | 249.06 | 52.62 | 157.86 | 30.40 | 91.20 | | |
| 3 | 2-266 | 悬挂式、嵌入式动力配电箱安装 | 台 | 2 | 102.85 | 205.70 | 64.06 | 128.12 | 27.04 | 54.08 | 11.75 | 23.50 |
| 4 | 2-299 | 按钮安装 | 个 | 30 | 15.65 | 469.50 | 6.86 | 205.80 | 7.62 | 228.60 | 1.17 | 35.10 |
| 5 | 2-317 | 盘柜配线 | 10m | 4.1 | 21.59 | 88.52 | 11.44 | 46.90 | 10.15 | 41.62 | | |
| | | BV-1mm² | m | 41.74 | 0.35 | 14.61 | | | 0.35 | 14.61 | | |
| 6 | 2-331 | 焊铜接线端子 | 10 个 | 3.0 | 51.40 | 154.20 | 6.86 | 20.58 | 44.54 | 133.62 | | |
| | | 扣减 16mm² 与 10mm² 差价 | 个 | 18.27 | -0.24 | -4.38 | | | -0.24 | -4.38 | | |
| 7 | 2-438 | 交流电动机检查接线 | 台 | 13 | 58.92 | 765.96 | 30.66 | 398.58 | 16.25 | 211.25 | 12.01 | 156.13 |
| 8 | 2-439 | 交流电动机检查接线 | 台 | 2 | 103.63 | 207.26 | 58.57 | 117.14 | 29.53 | 59.06 | 15.53 | 31.06 |
| 9 | 2-251 | 电缆沟挖填 | m³ | 17.33 | 11.90 | 206.23 | 11.90 | 206.23 | | | | |
| 10 | 2-529 | 电缆沟铺砂、盖砖 | 100m | 0.39 | 739.66 | 288.47 | 143.0 | 55.77 | 596.6 | 232.70 | | |
| 11 | 2-101 | 砖、混凝土结构暗配 | 100m | 0.34 | 346.23 | 117.72 | 212.5 | 72.27 | 74.48 | 25.32 | 59.19 | 20.13 |
| | | SC32 | kg | 109.61 | 2.66 | 291.56 | | | 2.66 | 291.56 | | |
| | | 页　计 | | | | 2 925.04 | | 1 361.25 | | 1 311.91 | | 251.88 |
| 12 | 2-618 | 铜芯电力电缆敷设 | 100m | 0.50 | 259.82 | 129.92 | 160.8 | 80.43 | 92.78 | 46.39 | 6.19 | 3.09 |
| | | VV-1kV　3×10+1×6 | m | 50.73 | 15.81 | 802.04 | | | 15.81 | 802.04 | | |
| 13 | 2-626 | 户内干包式电力缆终端头制作、安装 | 个 | 1 | 57.74 | 57.74 | 12.58 | 12.58 | 45.16 | 45.16 | | |
| 14 | 2-648 | 户外热缩式电力缆终端头制作、安装 | 个 | 1 | 103.99 | 103.99 | 59.49 | 59.49 | 44.50 | 44.50 | | |
| 15 | 2-688 | 接地极制作、安装 | 根 | 3 | 48.22 | 144.66 | 14.19 | 42.57 | 2.32 | 6.96 | 31.71 | 95.13 |
| | | SC50 镀锌钢管 | kg | 37.70 | 2.64 | 99.53 | | | 2.64 | 99.53 | | |

续表

| 顺序号 | 定额编号 | 分项工程名称 | 定额单位 | 数量 | 定额单价 | 金额 | 人工费/元 单价 | 金额 | 材料/元 单价 | 金额 | 机械费/元 单价 | 金额 |
|---|---|---|---|---|---|---|---|---|---|---|---|---|
| 16 | 2-697 | 户外接地母线敷设 | 10m | 1.61 | 75.63 | 121.76 | 69.78 | 112.35 | 1.15 | 1.85 | 4.70 | 7.56 |
|  |  | 40×4 镀锌扁钢 | kg | 21.30 | 2.43 | 51.76 |  |  | 2.43 | 51.76 |  |  |
| 17 | 2-701 | 接地跨接线安装 | 10 处 | 0.3 | 79.23 | 23.77 | 25.40 | 7.62 | 30.34 | 9.10 | 23.49 | 7.05 |
| 18 | 黑9-60 | 接地端子测试箱安装 | 10 套 | 0.1 | 20.18 | 2.02 | 19.45 | 1.95 | 0.73 | 0.07 |  |  |
|  |  | 接地端子测试箱 | 套 | 1 | 35.99 | 35.99 |  |  | 35.99 | 35.99 |  |  |
| 19 | 2-747 | 断接卡子制作、安装 | 10 套 | 0.1 | 118.66 | 11.87 | 82.37 | 8.24 | 36.14 | 3.61 | 0.15 | 0.02 |
| 20 | 2-849 | 1kV 以下交流供电送配电装置系统调试 | 系统 | 1 | 283.28 | 283.28 | 228.80 | 228.80 | 4.64 | 4.64 | 49.84 | 49.84 |
|  |  | 页　计 |  |  |  | 1 868.32 |  | 554.03 |  | 1 151.60 |  | 162.69 |
| 21 | 2-855 | 独立接地装置调试 | 系统 | 1 | 123.62 | 123.62 | 91.52 | 91.52 | 1.86 | 1.86 | 30.24 | 30.24 |
| 22 | 2-930 | 低压交流笼型异步电动机调试 | 台 | 15 | 269.68 | 4 045.20 | 183.04 | 2 745.60 | 3.72 | 55.80 | 82.92 | 1 243.80 |
| 23 | 2-963 | 电动机连锁装置调试 | 组 | 2 | 135.52 | 271.04 | 91.52 | 183.04 | 1.86 | 3.72 | 42.14 | 84.28 |
| 24 | 2-1008 | 砖、混凝土结构钢管暗配 | 100m | 1.60 | 228.20 | 365.12 | 154.44 | 247.10 | 32.65 | 52.24 | 41.11 | 65.78 |
|  |  | SC15 | kg | 207.65 | 2.69 | 558.58 |  |  | 2.69 | 558.58 |  |  |
| 25 | 2-1010 | 砖、混凝土结构钢管暗配 | 100m | 0.07 | 317.08 | 22.19 | 199.74 | 13.98 | 58.15 | 4.07 | 59.19 | 4.14 |
|  |  | SC25 | kg | 17.45 | 2.66 | 46.42 |  |  | 2.66 | 46.42 |  |  |
| 26 | 2-1155 | 金属软管敷设 | 10m | 1.88 | 50.30 | 94.56 | 32.49 | 61.08 | 17.81 | 33.48 |  |  |
|  |  | CP15 | m | 19.36 | 2.29 | 44.33 |  |  | 2.29 | 44.33 |  |  |
| 27 | 2-1196 | 动力线路管内穿线 | 100m 单线 | 3.08 | 23.75 | 73.15 | 15.56 | 47.92 | 8.19 | 25.23 |  |  |
|  |  | BV-1mm$^2$ | m | 323.40 | 0.35 | 113.19 |  |  | 0.35 | 113.19 |  |  |
| 28 | 2-1198 | 动力线路管内穿线 | 100m 单线 | 6.96 | 24.72 | 164.88 | 16.02 | 106.85 | 8.70 | 58.03 |  |  |
|  |  | BV-2.5mm$^2$ | m | 712.96 | 0.72 | 513.32 |  |  | 0.72 | 513.32 |  |  |
| 29 | 2-1200 | 动力线路管内穿线 | 100m 单线 | 0.36 | 28.61 | 10.30 | 18.30 | 6.59 | 10.31 | 3.71 |  |  |
|  |  | BV-6mm$^2$ | m | 24.78 | 1.72 | 42.62 |  |  | 1.72 | 42.62 |  |  |
|  |  | 页　计 |  |  |  | 6 488.52 |  | 3 503.68 |  | 1 556.60 |  | 1 428.24 |
|  |  | BX-6mm$^2$ | m | 13.02 | 2.58 | 33.59 |  |  | 2.58 | 33.59 |  |  |
| 30 | 2-1201 | 动力线路管内穿线 | 100m 单线 | 1.19 | 33.81 | 40.23 | 21.74 | 25.87 | 12.07 | 14.36 |  |  |
|  |  | BX-10mm$^2$ | m | 78.33 | 3.12 | 244.39 |  |  | 3.12 | 244.39 |  |  |
|  |  | BX-10mm$^2$ | m | 39.06 | 4.14 | 161.71 |  |  | 4.14 | 161.71 |  |  |
|  |  | 合　计 |  |  |  | 1 1761.80 |  | 5 444.83 |  | 4 474.16 |  | 1 842.81 |
|  |  | 脚手架搭拆费 | 系数 | 4% | 5 444.83 | 217.79 | 217.79× 25% | 54.45 | 217.79× 75% | 163.34 |  |  |
|  |  | 总　计 |  |  |  | 11 979.59 |  | 5 499.28 |  | 4 637.50 |  | 1 842.18 |

### 4.2.5　计算安装工程取费，汇总单位工程造价

锅炉房安装工程的取费计算方法与室内照明安装工程施工图预算编制实例相同，本例省略。

## 实训 6　动力工程预算软件应用

▲ 教师活动

任务下达：动力工程预算软件应用技能训练，根据前面图 4-5 和图 4-6 锅炉房动力预算，采用预算软件编制预算书。

▲ 学生活动

实施过程：录入定额编号→录入工程量→计算分项工程直接费→汇总直接费→计算工程造价→编制预算书→考核评价。

### 1．实训目的

（1）能熟练使用预算软件；

（2）能用软件准确计算定额直接费；

（3）能正确计算工程造价；

（4）能用预算软件编制预算书。

### 2．准备实训设备及预算资料

实训设备及预算资料包括计算机、预算软件、材料价格表、相关设备价格表、预算软件使用说明书等。

### 3．实训步骤

（1）掌握软件的操作方法；

（2）正确录入工程造价相关数据；

（3）准确编制预算书；

（4）比较人工计算与应用软件的不同点。

### 4．问题研讨

（1）用预算软件编制电气动力预算书一般分几个步骤？

（2）使用预算软件有何优势？

（3）使用预算软件应注意哪些问题？

### 5．技能考核

（1）预算软件操作能力；

（2）知识掌握情况。

## 知识梳理与总结

　　本情境主要讲述动力工程预算的编制方法，主要任务是使读者掌握动力工程预算的编制步骤和方法，以便在以后的工作中掌握编制动力工程预算书的技能。本情境对建筑电气动力工程预算的组成、计算方法及编制过程进行了详细的讲解，对动力工程定额预算的编制方法进行了阐述。动力设备费不参与取费，动力工程预算中不计设备费，设备按建设单位提供考虑。同时在预算软件实训中讲解应用预算软件编制动力预算书的方法，加强动力工程预算书编制的技能训练。

## 练习与思考题 3

1. 简述动力工程预算的特点。
2. 编制电气动力预算分哪几个步骤？
3. 主材如何编辑？价格如何查找？
4. 说明用预算软件编制动力电气预算书的过程。
5. 外网电缆引自电缆接转箱的电缆长度如何计算？
6. 阐述动力工程分项工程项目划分的基本方法。
7. 动力设备费是否参与取费？如何计算工程造价？
8. 叙述动力工程工程量计算过程。

学习情境 **5** 建筑电气弱电工程

预算编制

| 学 习 任 务 | 任务 5.1 弱电工程预算编制认知<br>任务 5.2 某办公楼弱电工程预算编制<br>任务 5.3 某住宅楼弱电工程预算编制 | 参考学时 | 14 |
|---|---|---|---|
| 能 力 目 标 | 具有对建筑电气弱电工程预算的认知能力，对预算的构成、工程项目划分的能力；具有弱电工程工程量计算的能力；具有弱电工程施工图预算编制的能力；具有使用预算软件编制弱电预算的能力 | | |
| 教学资源与载体 | 工程图纸、规范、条例、书中相关内容、手册、多媒体网络平台，教材、PPT和视频等，一体化预算实训室，课业单、工作计划单、评价表 | | |
| 教学方法与策略 | 项目教学法，角色扮演法，引导文法 | | |
| 教学过程设计 | 下达任务→给出弱电施工图纸→识读图纸→带着问题投入学习→进行预算训练→学习引导→检查评价 | | |
| 考核与评价内容 | 识图能力；预算编制情况；语言表达能力；工作态度；任务完成情况与效果 | | |
| 评 价 方 式 | 自我评价（10%），小组评价（30%），教师评价（60%） | | |

◆ 教师活动

下达工作任务，明确完成此任务的工作过程，采用学做结合的教学方法，由弱电识图开始，步步深入，模拟真实案例，师生互动，把需要的知识和技能贯穿于全过程，在完成办公楼弱电预算编制、住宅楼弱电预算编制的基础上，独立完成厂房弱电工程预算编制实训。

◆ 学生活动

在教师的指导下，先完成两个弱电工程施工图预算的编制，然后自行完成一个预算编制实训。通过收集资料、明确任务、讨论、汇报成果、修改、进行总结，达到学会编制弱电施工图预算的目的。

# 任务 5.1 弱电工程预算编制认知

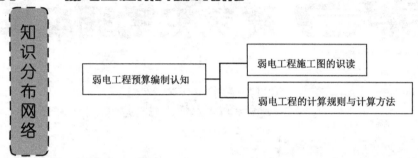

知识分布网络

弱电工程预算编制认知 ── 弱电工程施工图的识读
　　　　　　　　　　　── 弱电工程的计算规则与计算方法

## 5.1.1 弱电工程施工图识读

弱电工程是电气工程中一个重要的分项工程，在现代建筑（宾馆、商场、办公室、高层建筑）中都装有完善的弱电设施。如火灾自动报警及联动控制装置、防盗报警装置、电视监控系统、电话、计算机、综合布线系统、共用天线有线电视系统及广播音响系统等。

弱电工程图与强电工程图一样，有各种形式，常用的有弱电平面图（火灾自动报警平面图、联动控制平面图、电话、计算机综合布线平面图、共用天线有线电视平面图、广播音响平面图等）和弱电系统图（火灾自动报警及联动控制系统图、火灾自动报警及控制原理框图、共用天线有线电视系统图、电视监控系统框图、电话系统图等）。弱电平面图是决定装置、设备、元件和线路平面布置图的图纸。弱电平面图是指导弱电工程施工安装不可缺少的图纸，是弱电设备布置安装、信号传输线路敷设的依据。弱电系统图表示弱电系统中设备和元件的组成，以及元件和器件之间的连接关系，对指导安装施工有着重要的作用。弱电工程图中常用的图形符号如表 5-1、表 5-2 所示。

表 5-1　电视系统图常用图形符号

| 名　称 | 图形符号 | 说　　明 | 名　称 | 图形符号 | 说　　明 |
|---|---|---|---|---|---|
| 天线 | | 天线（VHF、UHF、FM 频段用） | 用户分支器与系统输出口 | | 用户一分支器<br>注：①圆内允许不画线而标注分支数；②当不会引起源淆时，用户线可省去不画；③用户线可按任意适当角度画出 |

续表

| 名　　称 | 图形符号 | 说　　明 | 名　　称 | 图形符号 | 说　　明 |
|---|---|---|---|---|---|
| 前端 | | 矩形波导馈电的抛物面天线 | | | 用户二分支器 |
| | | 带本地天线的前段（示出一路天线）注：支线可在圆上任意点画出 | 用户分支器与系统输出口 | | 用户三分支器 |
| | | 无本地天线的前端（示出一路干线输入，一路干线输出） | | | 用户四分支器 |
| 放大器 | | 放大器（一般符号） | | | 系统输出口 |
| | | 具有反向通路的放大器 | | | 串接式系统输出口 |
| | | 桥接放大器（示出三路支线或分支线输出）注：①其中标有黑点的一端输出电平较高；②符号中支线或分支可按任意适当角度画出 | 均衡器和衰减器 | | 固定均衡器 |
| | | 干线桥接放大器（示出三路支线输出） | | | 可变均衡器 |
| | | （支路或激励馈线）末端放大器，示出一个激励馈线输出 | | | 固定衰减器 |
| 混合器或分路器 | | 混合器 | | | 可变衰减器 |
| | | 有源混合器（示出五路输入） | 调制器、解调器、频道变换器和导频信号发生器 | | 调制器、解调器的一般符号注：①使用本符号应根据实际情况加输入线、输出线；②根据需要允许在方框内或外加注定性符号 |

| 名　称 | 图形符号 | 说　明 | 名　称 | 图形符号 | 说　明 |
|---|---|---|---|---|---|
| 分配器 | | 分路器（示出五路输出） | | $\frac{V}{S}$ ≈≈ | 电视调制器 |
| | | 二分配器 | | ≈≈ $\frac{V}{S}$ | 电视解调器 |
| | | 三分配器<br>注：同桥接放大器注① | | $\frac{f_1}{f_2}$ | 变频器，频率由 $f_1$ 变到 $f_2$，$f_1$ 和 $f_2$ 可用频率值代替 |
| | | 定向耦合器 | | G ～ * | 正弦信号发生器<br>注：星号（*）可用具体频率值代替 |
| | | | 匹配用终端 | | 终端负载 |

**表 5-2 综合布线工程图常用图形符号**

| 序号 | 图形符号 | 说　明 | 序号 | 图形符号 | 说　明 |
|---|---|---|---|---|---|
| 1 | MDF | 总配线架 | 16 | $n$TO | 信息插座（$n$ 为信息孔数） |
| 2 | ODF | 光线配线架 | 17 | ○$n$TO | 信息插座（$n$ 为信息孔数） |
| 3 | FD | 楼层配线架 | 18 | TP | 电话出线口 |
| 4 | FD | 楼层配线架 | 19 | TV | 电视出线口 |
| 5 | | 楼层配线架（FD 或 FST） | 20 | PABX | 程控用户交换机 |
| 6 | | 楼层配线架（FD 或 FST） | 21 | LANX | 局域网交换机 |
| 7 | BD | 建筑物配线架（BD） | 22 | | 计算机主机 |
| 8 | | 建筑物配线架（BD） | 23 | HUB | 集线器 |
| 9 | CD | 建筑群配线架（CD） | 24 | | 计算机 |
| 10 | | 建筑群配线架（CD） | 25 | | 电视杨 |
| 11 | ADO DD | 家居配线装置 | 26 | | 电话机 |

续表

| 序号 | 图表符号 | 说　明 | 序号 | 图表符号 | 说　明 |
|---|---|---|---|---|---|
| 12 | CP | 集合点 | 27 | | 电话机（简化形） |
| 13 | DP | 分界点 | 28 | | 光纤或光缆的一般表示 |
| 14 | TO | 信息插座（一般表示） | 29 | ~/= | 整流器 |
| 15 | | 信息插座 | | | |

弱电工程图的识图过程是：先阅读设计说明，认知图形符号，再从系统图入手查找弱电系统的各层设备，并与平面图对应，找出设备名称、数量，最后看管线布置，研究工作原理，为编制预算做好准备。

### 5.1.2　弱电工程的计算规则与计算方法

**1．综合布线系统工程量计算**

（1）双绞线缆、光缆、同轴电缆、电话线和广播线的敷设、穿放、明布放以"米"计算。电缆敷设按单根延长米计算，如一个架上敷设 3 根各长 100m 的电缆，应按 300m 计算，以此类推。电缆附加及预留的长度是电缆敷设长度的组成部分，应计入电缆长度工程量之内。电缆进入建筑物预留长度 2m；电缆进入沟内或吊架上引上（下）预留 1.5m；电缆中间的连接盒，预留长度两端各 2m。

（2）制作跳线以"条"计算，卡接双绞线缆以"对"计算，跳线架、配线架安装以"条"计算。

（3）安装各类信息插座、过线（路）盒、信息插座盒（接线盒）、光缆终端盒和跳块打接，以"个"计算。

（4）双绞线测试以"链路"或"信息点"计算，光纤测试以"链路"或"芯"计算。

（5）光纤连接以"芯"（磨制法以"端口"）计算。

（6）布防尾纤以"根"计算。

（7）室外架设架空光缆以"米"计算。

（8）光缆接续以"头"计算。

（9）制作光缆成端接头以"套"计算。

（10）安装泄漏同轴电缆接头以"个"计算。

（11）成套电话组线箱、机柜、机架、抗振底座安装以"台"计算。

（12）安装电话出线口、中途箱、电话电缆架空引入装置以"个"计算。

（13）在综合布线系统工程图中，按下列方法确定导线的长度。

① 在平面图中首先量取平面图最远信息插座的距离，然后量取平面图中最近信息插座的距离，根据电缆根数按平均电缆长度计算。

② 总电缆长度=平均电缆长度+备用部分（平均长度的10%）+端接容差。

### 2．通信系统设备安装工程量计算

（1）铁塔架设以"吨"计算。

（2）天线安装、调试以"副"（天线加边加罩以"面"）计算。

（3）馈线安装、调试以"条"计算。

（4）微波无线接入系统基站设备、用户站设备安装、调试，以"台"计算。

（5）微波无线接入系统调试，以"站"计算。

（6）卫星通信甚小口径地面站（VSAT）中心站设备安装、调试，以"台"计算。

（7）卫星通信甚小口径地面站（VSAT）端站设备安装、调试，中心站站内环测及全网系统对测，以"站"计算。

（8）移动通信天馈系统安装、调试，直放站设备、基站系统调试及全系统联网调试，以"站"计算。

（9）光纤数字传输设备安装、调试以"端"计算。

（10）程控交换机安装、调试以"部"计算。

（11）程控交换机中继线调试以"路"计算。

（12）会议电话、电视系统设备安装、调试以"台"计算。

（13）会议电话、电视系统联网测试以"系统"计算。

（14）在通信系统设备安装工程中，电话线配管工程量的计算、定额的套用。

（15）电话线配管工程量（明敷、暗敷），以管径大小分规格，管材分类别，以"m"计算。电话线配管工程的计算方法与定额套用，均按安装定额第二册《电气设备安装工程》的第十章"配管配线工程"执行。接线箱与分线盒的计算方法同动力照明线路。

（16）当管线敷设时，计算方法同照明工程，采用比例尺测量的方法。立管部分按层高和设备安装高度计算长度。

（17）钢管、电线管、塑料管、塑料线槽敷设按建筑物的类型，分材质计算工程量，以"m"为单位计算。

（18）计算工程量，不能扣除中间配电箱、接线盒、接线箱所占用的长度。但是埋入地面 0.5m 以内部分及引出地面以上不超过 0.5m 以内部分，都已经综合在定额内了，不再计算这部分长度。而地面上或地面下超过 0.5m 的垂直部分按实际长度计算。

（19）在"管内穿线"项目中，导线在各处的预留长度均已包括在定额中，不得另行增加预留长度。

（20）定额中很多项目是互相关联的。这种关联有两种情况，一种是主要项目与附属项目的关系，另一种是一个项目的工程量是另一个项目工程量的计算基数。掌握这种关联的规律，既可以加快工程量的计算速度，又可以避免漏项或重复计算，提高工程量计算的准确率。

（21）管内穿电话线的工程量计算规则及方法完全相同于电气安装强电中所述内容。定额套用穿放暗管电话线子目（双芯室内电话线）。

（22）沿室内墙面布放双芯电话线可套用定额布放双芯电话线子目。若明敷电话电缆，可套用定额第二册第十章塑料护套线明敷子目。

（23）交接箱安装，对于不设电话站的用户单位，用一个箱直接与市话网电缆连接并通过箱的端子分配给单位内部分线箱（盒），交接箱可明装也可暗装。交接箱安装以"个"为

单位计量，定额可套用第五册《通信线路安装工程》第六章中有关子目。

### 3．计算机网络系统设备安装工程量计算

（1）计算机网络终端和附属设备安装，以"台"计算。

（2）网络系统设备、软件安装、调试，以"台（套）"计算。

（3）局域网交换机系统功能调试，以"个"计算。

（4）网络调试、系统试运行、验收测试，以"系统"计算。

### 4．建筑设备监控系统安装工程量计算

（1）基表及控制设备、第三方设备通信接口安装、抄表采集系统安装与调试，以"个"计算。

（2）中心管理系统调试、控制网络通信设备安装、控制器安装、流量计安装与调试，以"台"计算。

（3）楼宇自控中央管理系统安装、调试，以 "系统" 计算。

（4）楼宇自控用户软件安装、调试，以"套"计算。

（5）温（湿）度传感器、压力传感器电量变送器和其他传感器及变送器，以"支"计算。

（6）阀门及电动执行机构安装、调试，以"个"计算。

### 5．有线电视系统安装工程量计算

（1）电视共用天线安装、调试，以"副"计算。

（2）辐射天线电缆，以"米"计算。

（3）制作天线电缆接头，以"头"计算。

（4）电视墙安装、前端射频设备安装、调试，以"套"计算。

（5）卫星地面站接收设备、光端设备、有线电视系统管理设备、播控设备安装、调试，以"台"计算。

（6）干线设备、分配网络安装、调试，以"个"计算。

（7）天线架设以频道为技术特征，以"套"为单位计算。天线架设套用安装定额第四册第八章相应子目。安装在一副杆上的多副天的线仍按一套安装，按天线直径的不同，以安装高度和安装位置的不同，分别以"副"为单位计算。

（8）卫星直播接收抛物面天线安装，按天线直径不同、安装高度和安装位置的不同，以"副"为单位计量。

（9）抛物面天线安装，可套用安装定额第四册第九章相应子目。

（10）天线放大器、天线滤波器、天线混合器电源盒的安装，均以"个"为单位分别计算，套用安装定额第四册第八章相应子目。

（11）用户共用器安装若为配套设备使用在前端部分时，以"个"为单位计算。套用定额时分明装与暗装，执行第四册第八章相应子目。用户共用器若由施工单位现场加工，工程量计算可分为箱体制作、箱体安装、箱体各有源和无源件安装、箱内配线，以上安装内容除箱内元件安装执行第四册中相应定额子目外，其余部分计算方法均与电气安装中强电内容相同，并且执行第二册相应定额子目。

（12）传输线路中分配器、分支器、用户终端盒及线路放大器均以"个"为单位分别

进行计算。

上述各种有源件和无源件不论明装或暗装均套用定额第四册第八章相应子目，暗装时需另计接线盒安装。计算方法与定额套用均与电气安装强电中介绍的相同。

（13）同轴电缆敷设安装，按敷设方式不同以"m"为单位分别计量。工程量的计算方法与强电内容中线路延长米计算方法相同。

（14）有线电视系统调试，除天线调试和抛物面天线调试外，其余按用户终端数，以"户"为单位计算。

### 6．扩音、背景音乐系统设备安装工程量计算

（1）扩音系统设备安装、调试，以"台"计算。

（2）扩音系统设备试运行，以"系统"计算。

（3）背景音乐系统设备安装、调试，以"台"计算。

（4）背景音乐系统联调、试运行，以"系统"计算。

### 7．停车场管理系统设备安装工程量计算

（1）车辆检测识别设备、出入口设备、显示和信号设备、监测管理中心设备安装、调试，以"套"计算。

（2）分系统调试和全系统联调，以"系统"计算。

### 8．楼宇安全防范系统设备安装工程量计算

（1）入侵报警器（室内外、周界）设备安装工程，以"套"计算。

（2）出入口控制设备安装工程，以"台"计算。

（3）电视监控设备安装工程，以"台"（显示装置以"$m^2$"）计算。

（4）分系统调试、系统集成调试，以"系统"计算。

### 9．住宅小区智能化系统工程量计算

（1）住宅小区智能化设备安装工程，以"台"计算。

（2）住宅小区智能化设备系统调试，以"套"（管理中心调试以"系统"）计算。

（3）小区智能化系统试运行、测试，以"系统"计算。

---

提示：弱电工程量计算涉及内容广泛，应按规则准确计算。

---

# 任务 5.2 某办公楼弱电工程预算编制

### 1．工程概况

（1）某工程位于××市，为10层的民用建筑工程，其层高为4m。

（2）控制中心设在1层，设备落地式安装，地沟出线后引至线槽，再垂直到每层的弱电设备，如图5-1所示。

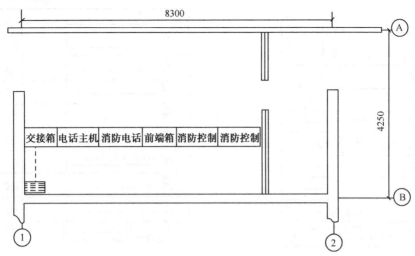

图 5-1　1 层弱电控制中心（1∶50）

（3）各层水平敷设并暗设墙内及棚内，火灾报警采用 $\phi15$ 的钢管，电话、共用天线采用 PVC 管。垂直线路采用线槽配线，如图 5-2 所示。

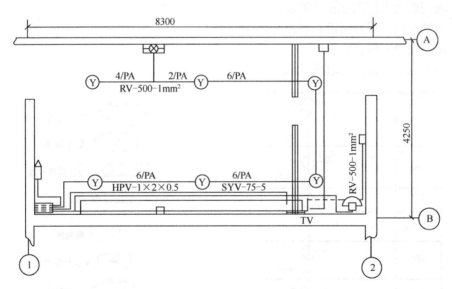

图 5-2　1～10 层弱电平面图（1∶50）

（4）弱电中心分三大系统，即火警系统、电话通信系统及闭路电视系统，如图 5-3～图 5-5 所示，主要设备材料见表 5-3。本例中的图例符号如图 5-6 所示。

（5）感烟探测器、报警开关、驱动盒和火警电话均由弱电中心的消防控制柜控制。

（6）电话设置程控交换机 1 台，500 门，每层设置 5 对电话分线箱 1 个，本楼用 50 门。

（7）由地区电缆电视干线引至弱电中心前端箱，然后由地沟引分支电缆通过垂直竖向线槽引至各用户。

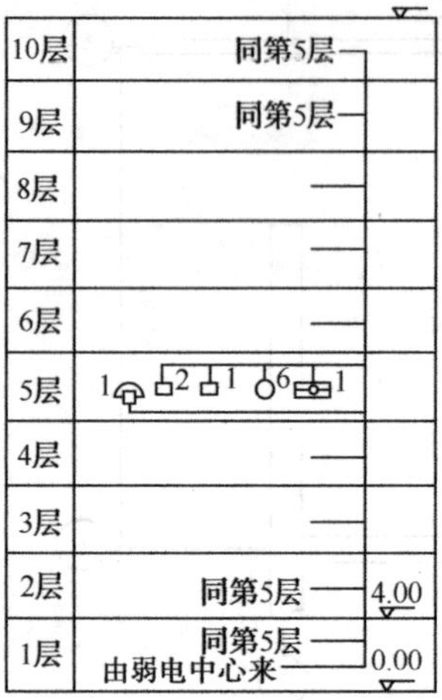

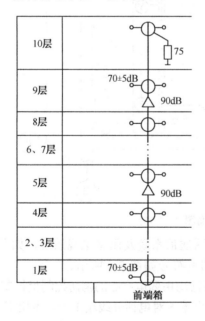

图 5-3　火警报警系统图

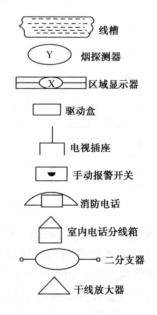

图 5-4　电话通信系统图

## 2. 任务要求

完成某办公楼弱电工程施工图预算书，内容包括：

（1）划分与排列出弱电工程分部分项工程名称；

（2）编制弱电工程工程量计算表；

（3）编制弱电工程费用汇总表；

（4）编制弱电工程计价表；

（5）编制弱电单位工程取费表。

图 5-5　闭路电视系统图

| 线槽 |
|---|
| Y 烟探测器 |
| X 区域显示器 |
| 驱动盒 |
| 电视插座 |
| 手动报警开关 |
| 消防电话 |
| 室内电话分线箱 |
| 二分支器 |
| 干线放大器 |

图 5-6　图例符号

表 5-3　主要设备材料表

| 名　　称 | 型　　号 | 规　　格 | 单　位 | 数　量 |
|---|---|---|---|---|
| 消防控制柜 | ZA1913 | 1 800+1 000 | 台 | 2 |
| 前端箱 | 1 800+1 000 | 喷塑 | 台 | 1 |
| 消防电话盘 | ZA2721/40 | 1 800+1 000 | 台 | 1 |
| 程控交换机 | JQS-31 | 1 800+1 000 | 台 | 1 |
| 电信交接箱 | HJ-905 | 1 800+1 000 | 台 | 1 |
| 电视插座 | E31VTV75 |  | 个 |  |
| 室内电话分线箱 | NF-1-5 |  | 个 |  |
| 干线放大器 | MKK-4027 |  | 个 |  |
| 二分支器 | TU2/4A |  | 个 |  |
| 感烟探测器 | ZA3011 |  | 个 |  |
| 报警开关 | ZA3132 |  | 个 |  |
| 现场驱动盒 | ZA4221 |  | 个 |  |
| 区域显示器 | ZA3331 |  | 个 |  |
| 火警电话 | ZA2721 |  | 部 |  |
| 线槽 | 200×75 | 喷塑 | m |  |
| 闭路同轴电缆 | SYV-75-5 | 75Ω/300 Ω | m |  |
| 通信电缆 | HYV-50×2×0.5 |  | m |  |
| 通信电缆 | HYV-5×2×0.5 |  | m |  |
| 火警电话线 | HPV-1×2×0.5 |  | m |  |

**3．弱电工程预算编制方法**

本施工图预算采用 2006 年黑龙江省建筑工程预算定额及消耗量定额哈尔滨市单价表和该市 2007 年材料预算价格表。控制屏、交换机、火警电话、电缆等主要设备、材料均由建设单位自己采购。施工地点在本市，不计远地施工增加费。

（1）在熟悉施工图纸、施工组织设计及有关资料后，计算工程量。

土建每层有吊顶，管线敷设在顶棚内，探测器安装应与土建配合施工。区域显示器、报警开关、驱动器、火警电话均安装在距地面 1.5m 高的墙上。电视插座装在踢脚线上 200mm 高的墙上，室内电话分线箱装在距地 2.2m 高的墙上。

（2）工程量计算表见表 5-4。

（3）工程量汇总表见表 5-5。

（4）工程计价表见表 5-6。

（5）单位工程取费表见表 5-7。

（6）编写编制说明（略）。

（7）装订施工图预算书。

### 表 5-4  工程量计算表

单位工程名称：某建筑弱电工程

| 序号 | 分项工程名称 | 单 位 | 数 量 | 计 算 式 |
|---|---|---|---|---|
| 1 | 消防控制柜 | 台 | 2 | |
| 2 | 前端箱 | 台 | 1 | |
| 3 | 消防电话盘 | 台 | 1 | |
| 4 | 程控交换机 | 台 | 1 | |
| 5 | 电信交接箱 | 台 | 1 | |
| 6 | 电视插座 | 个 | 10 | 1×10（每层 1 个，共 10 层） |
| 7 | 室内电话分线箱 | 个 | 10 | 1×10（每层 1 个，共 10 层） |
| 8 | 干线放大器 | 个 | 2 | 1+1（5 层、9 层各一个） |
| 9 | 二分支器 | 个 | 10 | 1×10 |
| 10 | 感烟探测器 | 个 | 60 | 6×10（每层 6 个，共 10 层） |
| 11 | 报警开关 | 个 | 10 | 1×10（每层 1 个，共 10 层） |
| 12 | 现场驱动盒 | 个 | 20 | 2×10（每层 2 个，共 10 层） |
| 13 | 区域显示器 | 个 | 10 | 1×10（每层 1 个，共 10 层） |
| 14 | 火警电话 | 部 | 10 | 1×10（每层 1 部，共 10 层） |
| 15 | 线槽 200×75 | m | 40 | 垂直高度 |
| 16 | 闭路同轴电缆 | m | 106 | 40+6+6×10（垂直+第 1 层出线+10 层平面） |
| 17 | 通信电缆 HYV–50×2×0.5 | m | 46 | 6+40（出线+垂直） |
| 18 | 通信电缆 HYV–5×2×0.5 | m | 20 | 2×10（每层 2m，共 10 层） |
| 19 | 电话线 HPV–1×2×0.5 | m | 80 | 8×10（每层 8m，共 10 层） |
| 20 | 火警电线 RV–500–1mm$^2$ | m | 520 | （8+2）×10 报警开关+（7+4）×10 驱动器+（8+3+4）×10 显示器+（7+3+6）×10 感烟探测器 |
| 21 | 线管敷设 PVC | m | 500 | 〔（2+2）电话+（8+3+7+2+8+2）火警+8 天线〕×10（每层相同） |
| 22 | 管内穿线 BV–500–1mm$^2$ | m | 1 360 | （8+2）×10×2+（7+4）×10×2+（8+3+4）×10×2+（7+3+6）×10×4 |

### 表 5-5  工程量汇总表

单位工程名称：某建筑弱电工程

| 序号 | 分项工程名称 | 单 位 | 数 量 | 备 注 |
|---|---|---|---|---|
| 1 | 消防控制柜 | 台 | 2 | 1 800+1 000（高+宽） |
| 2 | 前端箱 | 台 | 1 | 1 800+1 000（高+宽） |
| 3 | 消防电话盘 | 台 | 1 | 1 800+1 000（高+宽） |
| 4 | 程控交换机 | 台 | 1 | |
| 5 | 电信交接箱 | 台 | 1 | |
| 6 | 室内电话分线箱 | 个 | 10 | |
| 7 | 感烟探测器 | 个 | 60 | |
| 8 | 报警开关 | 个 | 10 | |
| 9 | 现场驱动盒 | 个 | 20 | |

续表

| 序号 | 分项工程名称 | 单位 | 数量 | 备注 |
|---|---|---|---|---|
| 10 | 区域显示器 | 个 | 10 | |
| 11 | 火警电话 | 部 | 10 | |
| 12 | 桥架敷设 75×200 | m | 40 | |
| 13 | 同轴电缆敷设（线槽） | m | 106 | |
| 14 | 线槽配线（HYV-50×2×0.5） | m | 46 | |
| 15 | 线管敷设 PVC15 | m | 500 | |
| 16 | 管内穿线 RV-500-1mm² | m | 1 880 | |
| 17 | 管内穿线 HPV-1×2×0.5 | m | 80 | |
| 18 | 干线放大器 | 个 | 2 | |
| 19 | 二分支器 | 个 | 10 | |
| 20 | 终端电阻 | 个 | 1 | |

## 表5-6　工程计价表

工程名称：某建筑弱电工程

| 序号 | 定额编码 | 定额子目名称 | 工程量 | | 合　价 | | 其　中 | | | | | |
|---|---|---|---|---|---|---|---|---|---|---|---|---|
| | | | 单位 | 数量 | 单价 | 金额 | 人工费 | | 材料费 | | 机械费 | |
| | | | | | | | 单价 | 金额 | 单价 | 金额 | 单价 | 金额 |
| 1 | 4-6 | 弱电控制屏安装 | 台 | 4.00 | 274.77 | 1 099.08 | 175.25 | 701.00 | 31.92 | 127.66 | 67.61 | 270.44 |
| 2 | 14-70 | 室内电话总机安装 | 台 | 1.00 | 141.40 | 141.40 | 140.20 | 140.20 | 1.20 | 1.20 | | |
| 3 | 14-60 | 室内电话配线箱安装（50对线以内） | 个 | 10.00 | 103.81 | 1 038.10 | 98.14 | 981.40 | 5.67 | 56.69 | | |
| 4 | 14-71 | 室内电话单机安装 | 部 | 10.00 | 11.02 | 110.20 | 10.52 | 105.15 | 0.50 | 5.00 | | |
| 5 | 14-46 | 干线放大器安装、调试 | 台 | 2.00 | 1 149.89 | 2 299.78 | 378.54 | 757.08 | 460.64 | 921.28 | 310.71 | 621.42 |
| 6 | 14-36 | 有线电视分支器安装（户内） | 个 | 10.00 | 21.83 | 218.30 | 21.03 | 210.30 | 0.80 | 8.00 | | |
| 7 | X:16-6 | 点型探测器安装总线制感烟 | 只 | 60.00 | 16.67 | 1 000.20 | 13.32 | 799.14 | 3.12 | 186.90 | 0.23 | 13.95 |
| 8 | X:16-52 | 重复显示器安装总线制 | 台 | 10.00 | 418.60 | 4 186.00 | 354.01 | 3 540.05 | 16.28 | 162.77 | 48.32 | 483.17 |
| 9 | X:16-53 | 警报装置安装声光报警 | 只 | 10.00 | 30.78 | 307.80 | 27.69 | 276.90 | 2.81 | 28.15 | 0.27 | 2.75 |
| 10 | X:16-16 | 控制模块（接口）安装单输出 | 只 | 20.00 | 68.60 | 1 372.00 | 63.79 | 1 275.82 | 4.23 | 84.60 | 0.58 | 11.55 |
| 11 | 8-26 | 钢制槽式桥架安装宽＋高400mm以下 | 10m | 4.00 | 142.14 | 568.56 | 111.46 | 445.84 | 22.28 | 89.11 | 8.40 | 33.60 |
| 12 | 12-363 | 线槽配线导线截面 2.5mm² 以内（单线） | 100m | 1.06 | 41.90 | 44.41 | 35.40 | 37.52 | 6.50 | 6.89 | | |

| 序号 | 定额编码 | 定额子目名称 | 工程量 | | 合 价 | | 其 中 | | | | | |
| | | | 单位 | 数量 | 单价 | 金额 | 人工费 | | 材料费 | | 机械费 | |
| | | | | | | | 单价 | 金额 | 单价 | 金额 | 单价 | 金额 |
|----|------|-----------|------|------|------|------|------|------|------|------|------|------|
| 13 | 14-22 | 有线电视电缆沿墙敷设同轴电缆型号SKY-5 | 100m | 0.10 | 180.61 | 18.06 | 175.25 | 17.53 | 5.36 | 0.54 | | |
| 14 | 12-367 | 线槽配线导线截面 70mm² 以内（单线） | 100m | 0.46 | 85.21 | 39.20 | 78.16 | 35.95 | 7.05 | 3.24 | | |
| 15 | 12-157 | 半硬质阻燃管暗敷设，砖、混凝土结构暗配公称口径15mm以内 | 100m | 5.00 | 264.74 | 1 323.70 | 234.13 | 1 170.67 | 30.60 | 153.02 | | |
| 16 | 12-222 | 管内穿线动力线路（铜芯）导线截面 1mm² 以内（单线） | 100m | 18.80 | 33.56 | 630.93 | 23.83 | 448.08 | 9.73 | 182.89 | | |
| 17 | 14-73 | 室内电话线穿管敷设 | 100m/束 | 0.20 | 37.24 | 7.45 | 35.05 | 7.01 | 2.19 | 0.44 | | |
| | | 合计 | | | | 14 404.90 | | 10 949.64 | | 2 018.38 | | 1 436.88 |

### 表5-7 单位工程取费表

工程名称：某建筑弱电工程

| 序号 | 费用名称 | 费用说明 | 费率 | 费用金额 | 序号 | 费用名称 | 费用说明 | 费率 | 费用金额 |
|----|---------|---------|------|---------|------|---------|---------|------|---------|
| 一 | 定额项目费 | 按预（概）算定额的项目基价之和 | 100.00 | 14 404.90 | 2 | 材料价差 | 材料实际价格（或信息价格、价差系数）与省定额中的材料价格的（±）差差 | 100.00 | |
| A | 其中：人工费 | Σ工日消耗量×人工单价（35.05/工日） | 100.00 | 10 949.63 | 3 | 机械费价差 | 机械费实际价格（或信息价格、价差系数）与省定额中机械的（±）差价 | 100.00 | 3 |
| 二 | 一般措施费 | （A）*费率 | 1.15 | 125.92 | 4 | 材料购置费 | 根据实际情况确定 | 100.00 | |
| 三 | 企业管理费 | （A）*费率 | 22.00 | 2 408.92 | 5 | 预留金 | [（一）+（二）+（三）+（四）]*费率 | | |
| 四 | 利润 | （A）*利润率 | 25.00 | 2 737.41 | 总承包服务（管理）费 | | 分包专业工程的（定额项目费+一般措施费+企业管理费+利润）*费率或材料购置费*费率 | | |
| 五 | 其他 | （1）+（2）+（3）+（4）+（5）+（6）+（7） | 100.00 | | 7 | 零星工作费 | 根据实际情况确定 | 100.00 | |
| 1 | 人工费价差 | 人工费信息价格（包括地、林区津贴、工资类别差）与本定额人工费标准35.05元/工日的（±）差价 | 100.00 | | 六 | 安全生产措施费 | （8）+（9）+（10）+（11）+（12）+（13）+（14） | 100.00 | 338.45 |

续表

| 序号 | 费用名称 | 费用说明 | 费率 | 费用金额 | 序号 | 费用名称 | 费用说明 | 费率 | 费用金额 |
|---|---|---|---|---|---|---|---|---|---|
| 8 | 环境保护费文明施工费 | [(一)+(二)+(三)+(四)+(五)]*费率 | 0.25 | 49.19 | ① | 养老保险费 | [(一)+(二)+(三)+(四)+(五)]*相应费率 | 2.99 | 588.35 |
| 9 | 安全施工费 | [(一)+(二)+(三)+(四)+(五)]*费率 | 0.19 | 37.39 | ② | 失业保险费 | [(一)+(二)+(三)+(四)+(五)]*相应费率 | 0.19 | 37.39 |
| 10 | 临时设施费 | [(一)+(二)+(三)+(四)+(五)]*费率 | 1.19 | 234.16 | ③ | 医疗保险费 | [(一)+(二)+(三)+(四)+(五)]*相应费率 | 0.40 | 78.71 |
| 11 | 防护用品等费用 | [(一)+(二)+(三)+(四)+(五)]*费率 | 0.09 | 17.71 | 18 | 工伤保险费 | [(一)+(二)+(三)+(四)+(五)]*相应费率 | 0.04 | 7.87 |
| 12 | 垂直防护架 | 实际搭设面积×规定标准 | 100.00 | | 19 | 住房公积金 | [(一)+(二)+(三)+(四)+(五)]*相应费率 | 0.43 | 84.61 |
| 13 | 垂直封闭防护 | 实际搭设面积×规定标准 | 100.00 | | 20 | 工程排污费 | [(一)+(二)+(三)+(四)+(五)]*相应费率 | 0.06 | 11.81 |
| 14 | 水平防护架 | 水平投影面积×规定标准 | 100.00 | | 21 | 生育保险费 | [(一)+(二)+(三)+(四)+(五)]*相应费率 | | |
| 七 | 规费 | (15)+(16)+(17)+(18)+(19)+(20)+(21) | 100.00 | 861.00 | 八 | 税金 | [(一)+(二)+(三)+(四)+(五)+(六)+(七)]*3.41% | 3.35 | 699.37 |
| 15 | 危险作业意外伤害保险费 | [(一)+(二)+(三)+(四)+(五)]*相应费率 | 0.11 | 21.64 | 九 | 单位工程费用 | (一)+(二)+(三)+(四)+(五)+(六)+(七)+(八) | 100.00 | 21 575.96 |
| 16 | 工程定额测定费 | [(一)+(二)+(三)+(四)+(五)]*相应费率 | 0.10 | 30.63 | 十 | 扣水电费 | (A)*费率 | -3.85 | -421.56 |
| 17 | 社会保险费 | ①+②+③ | 100.00 | 704.44 | 十一 | 合计金额 | (九)+(十) | 100.00 | 21 154.00 |

# 任务 5.3　某住宅楼弱电工程预算编制

## 1. 工程概况

（1）某工程为 12 层的民用住宅工程，其层高为 4m。

（2）控制中心设在一层，设备落地式安装，地沟出线后引至线槽，再垂直到每层的弱电设备。

（3）各层水平敷设，采用 $\phi$15 的 PVC 暗设墙内及棚内。

（4）弱电中心分四大系统：网络系统、闭路电视系统、电话通信系统、对讲及安防系统。电视系统图见图 5-7，电话系统图见图 5-8，网络系统图见图 5-9，对讲及安防系统图见图 5-10，标准层弱电平面图见图 5-11，弱电系统图见图 5-12，±0.000m 层弱电平面图见图 5-13，4.000m 层弱电平面图见图 5-14，8.000m 层弱电平面图见图 5-15，16.500m 层弱电平面图见图 5-16。

（5）电话设置程控交换机一台，500 门，每层设置 6 对电话分线箱一个，本楼用 63 门。

（6）由地区电缆电视干线引至弱电中心前端箱，然后由地沟引分支电缆，通过垂直竖向线槽引至各用户。

建筑电气工程预算技能训练

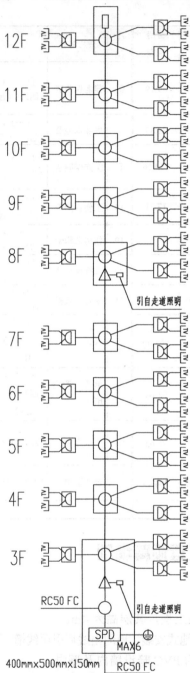

注：未标注的箱体尺寸为 250mm×300mm×140mm
未标注的连接线缆为SYKV-75-5-PVC20

图5-7  电视系统图

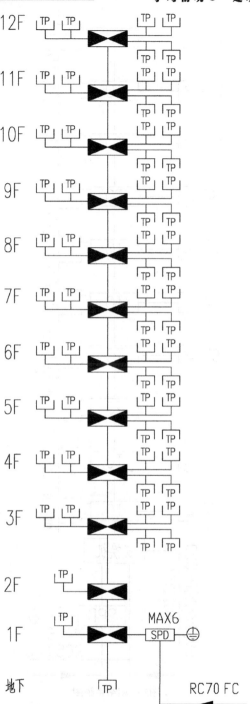

注：电话分线箱尺寸为 250mm×300mm×140mm
　　连接终端的线缆为HBV(2×0.5)-PVC20

图5-8　电话系统图

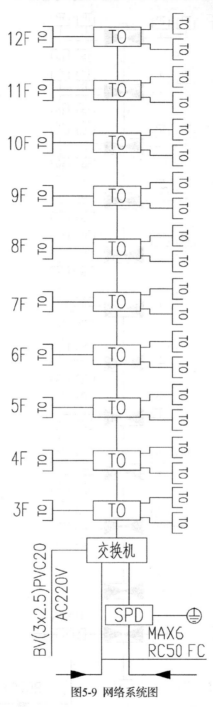

图5-9 网络系统图

### 2. 住宅弱电工程预算编制方法

本施工图预算采用2006年黑龙江省电气预算定额和哈尔滨市2007年材料预算价格表。交换机、电信交接箱、干线放大器、电缆等主要设备、材料均由建设单位自己采购。施工地点在本市，不计远地施工增加费。

根据工程图纸识读，列出主要材料（见表5-8）。

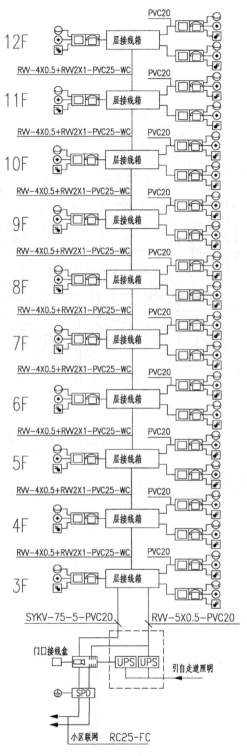

图5-10　对讲及安防系统图

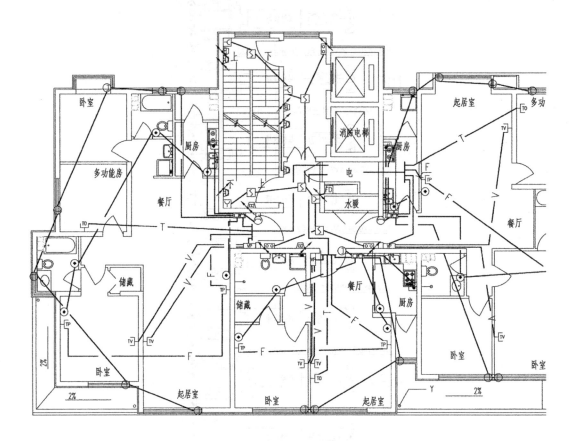

图5-11　标准层

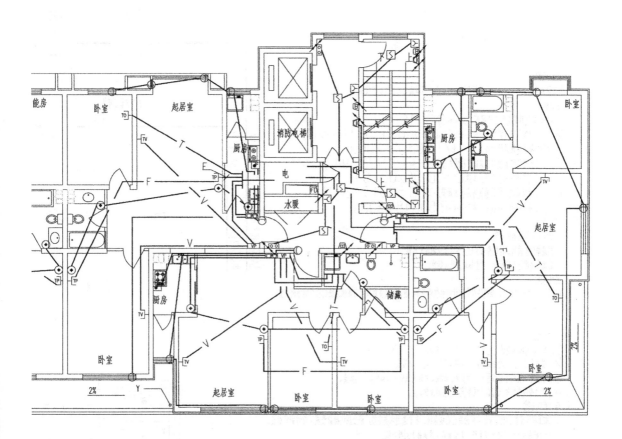

弱电平面图

## 弱 电 设 计 说 明

**一.工程概况:**
本工程为黑龙江省完达山乳业股份有限公司年产3万吨成品粉包装生产线项目主厂房。

**二.设计依据:**
1.《民用建筑电气设计规范》 JGJ/T16—92
2.《建筑与建筑群综合布线系统工程设计规》GB/T 50311—2000;
3.《智能建筑设计标准》GB/T 50314—2000;
4.《民用闭路监视电视系统工程技术规范》GB 50198—94;
5.《有线电视系统工程技术规范》GB 50200—94;
6.《建筑物电子信息系统防雷技术规范》GB 50343—2004;
7.《安全防范工程技术规范》GB 50348—2004;
8.其他
建筑专业提供的作业图。
建设单位提供的设计任务书及相关设计要求的技术咨询文件。
其他有关现行国家标准、行业标准及地方标准。

**三.设计范围:**
本工程设计为处化设计,系统的深化设计由承包商负责,设计院负责审核及与其他系统的接口的协调事宜。
1.通信系统;
2.综合布线系统。

**四.通信系统:**
1.本工程需内郭电话26门,设置程控交换机(PABX)1台;
2.根据电话进出线的数量选用电话用户总配线架,落地安装。
3.引至本工程的中继线穿管埋地引入。配线架之外的线缆由当地电信部门负责。
4.电话布线系统纳入综合布线系统,穿管沿顶棚暗敷。

**五.综合布线系统**
1.本工程计算机和电话采用非屏蔽综合布线系统,水平采用六类电缆,沿金属线槽敷设或穿镀锌钢管敷设。
计算机垂直干线选择多模光纤,电话垂直干线选择大对数电缆。
2.施工要求:管线预留40%穿线空余,每个房间预留20%备用双绞线。穿线后应留有标签并测试。

**六.其他**
1.施工时电气工种应与土建等相关工种密切配合做好预留孔洞和预埋电线管工作。
2.系统做接地保护,R要求小于1欧姆。沿地面暗敷设的管线穿越采暖地沟时,在地沟盖板的板缝内敷设。
3.管线穿越建筑物的伸缩缝和沉降缝时,必须有补偿装置。
4.应按国家有关施工验收规范和质检站要求进行施工。
5.所有弱电电缆进户处设SPD保护。
6.箱的具体尺寸设备供应商自定。
7.未尽事宜参见严格按照国家验收规范的要求进行,"建筑电气安装工程图集"相关章节。

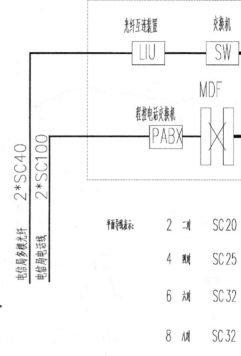

平面导线表示:

| 2 | 二根 | SC20 |
| 4 | 四根 | SC25 |
| 6 | 六根 | SC32 |
| 8 | 八根 | SC32 |

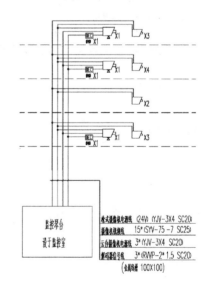

摄式摄像机电源线 (24V) (YJV-3X4 SC20)
摄像机视频线 15*(SYV-75-7 SC25)
云台摄像机电源线 3*(YJV-3X4 SC20)
解码器信号线 3*(RWP-2*1.5 SC20)
(金属线槽 100X100)

图5-12

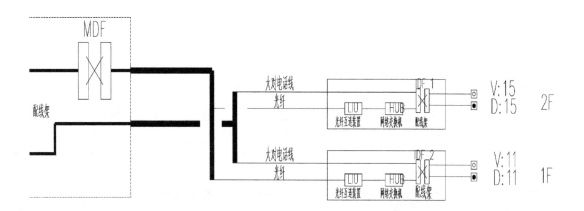

WC\FC

WC\FC

WC\FC

综合布线系统图

WC\FC

F4(16.50 0m屋)

F3(8.000 m屋)

F2(4.000 m屋)

F1(±0.00 0m屋)

| | 图　例　符　号 | | | |
|---|---|---|---|---|
| | 符　号 | 名　称 | 数　量 | 备　注 |
| 1 | | 枪式彩色摄像机 | | 距地3m |
| 2 | | 云台彩色摄像机 | | 距地3m |
| 3 | | 电话信息插座 | | 距地0.3m |
| 4 | | 配线架 | | |
| 5 | | | | |
| 6 | | | | |

弱电系统图

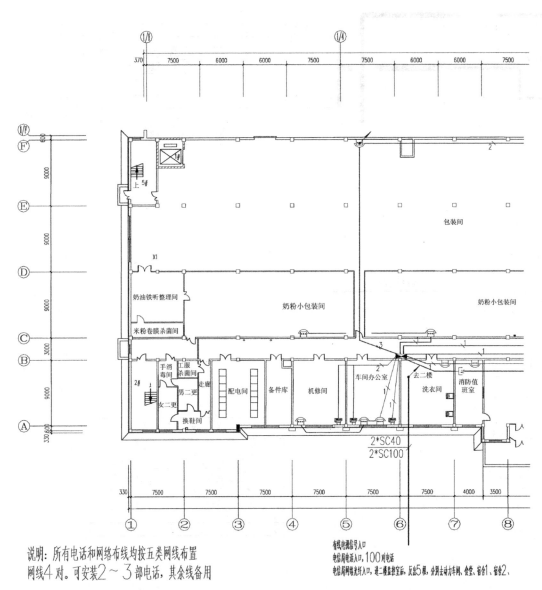

说明：所有电话和网络布线均按五类网线布置
网线4对。可安装2～3部电话，其余线备用

有线电视信号入口
电信局电话入口，100对电话
电信局网络光纤入口，进二楼监控室后，反出5根，分别去动力车间、食堂、宿舍1、宿舍2、

图5-13

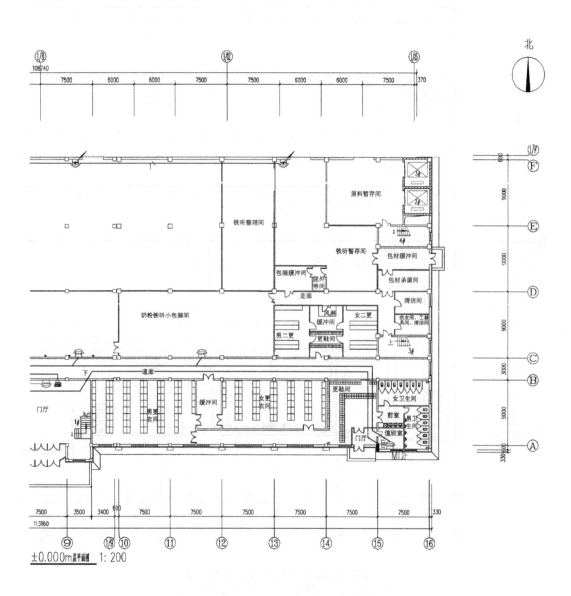

±0.000m层平面图　1：200

北

±0.000层弱电平面图

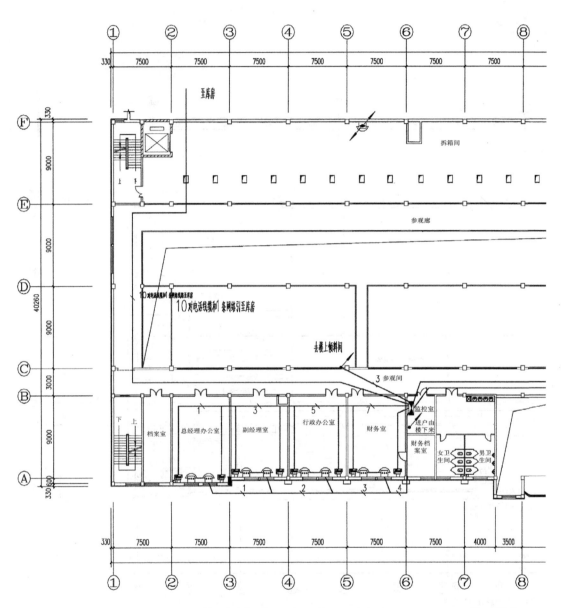

说明：所有电话和网络布线均按五类网线布置
网线四对。可安装二～三部电话，其余线备用

图5-14

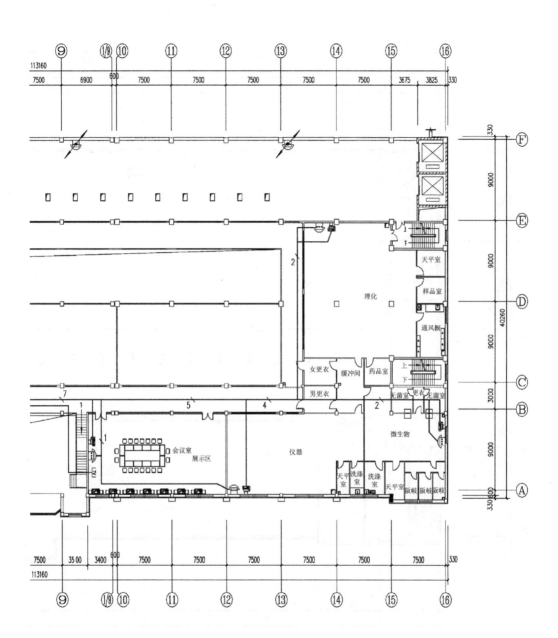

4.000m层弱电平面图

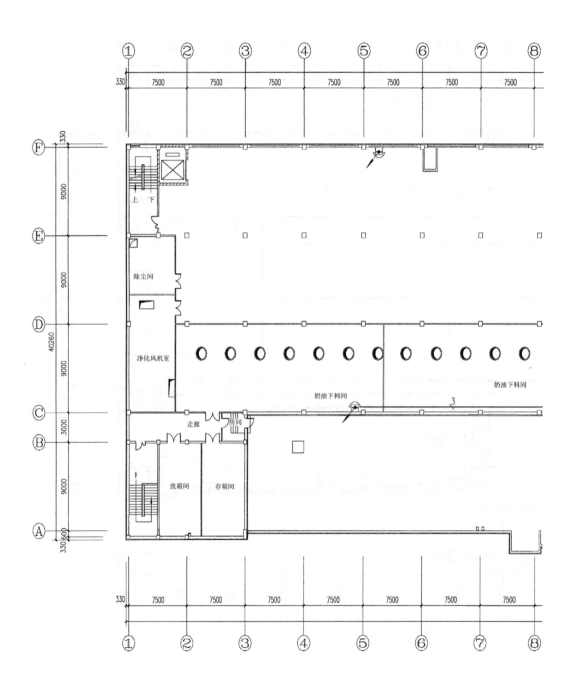

图5-15

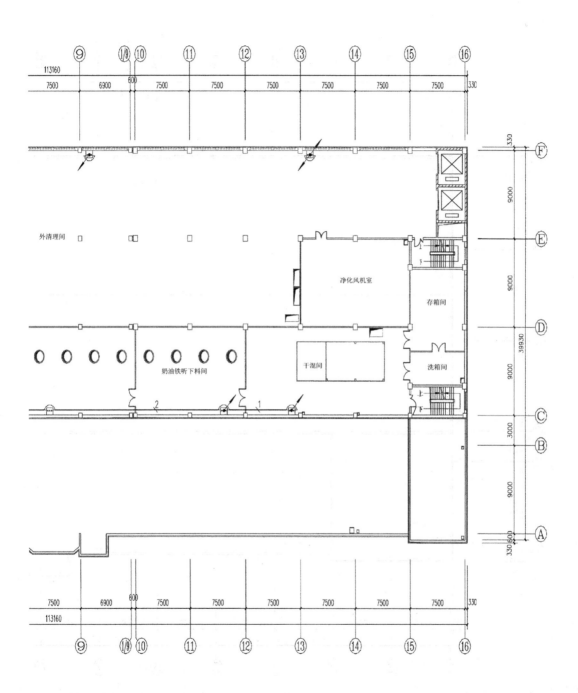

8.000m层弱电平面图

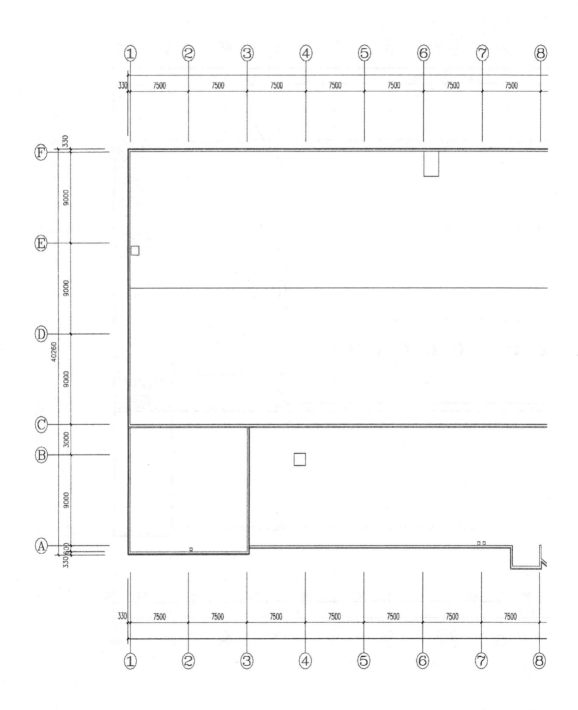

图5-16

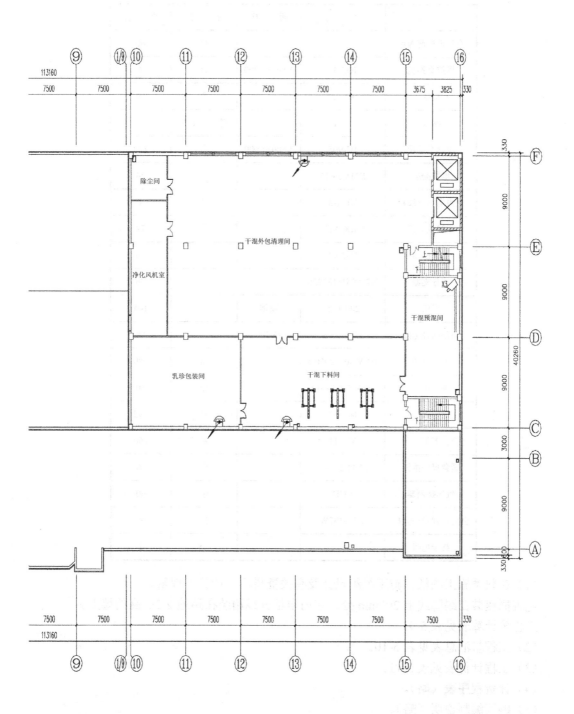

16.500m弱电平面图

表5-8　主要材料表

| 名　称 | 型　号 | 规　格 | 单　位 | 数　量 |
|---|---|---|---|---|
| 有线电视前端箱 | | | 个 | 60 |
| 程控交换机 | JQS-31 | 1 800+1 000 | 台 | 4 |
| 模块 | RJ-45 | | 个 | 60 |
| 网线 | 超 UTP-5 | | 箱（305m） | 6 |
| 电话交接箱 | HJ-905 | 1 800+1 000 | 台 | 120 |
| 电视插座 | E31VTV75 | | 个 | 24 |
| 室内电话分线箱 | NF-1-5 | | 个 | 4 |
| 干线放大器 | MKK-4027 | | 个 | 72 |
| 二分配器 | TU2/4A | | 个 | 20 |
| 三分支器 | N2009511182236 | | 个 | 76 |
| 线槽 | 200×75 | 喷塑 | m | 144 |
| 闭路同轴电缆 | SYV-75-5 | 75/300 | m | 88 |
| 通信电缆 | HYV-50×2×0.5 | | m | 480 |
| 通信电缆 | HYV-5×2×0.5 | | m | 60 |
| 门磁 | MC-37 | | 对 | 192 |
| 窗磁 | MC-11 | | 对 | 260 |
| 紧急报警按钮 | CE4T-10*-10 | | 个 | 60 |
| 气体探测器 | CGD | | 个 | 60 |
| 室内可视对讲分机 | TW-MS7W | | 台 | 60 |
| 终端电阻 | | | 个 | 2 |

（1）在熟悉施工图纸、施工组织设计及有关资料后，计算工程量。

电视插座装在踢脚线上200mm处，室内电话分线箱装在距地2.2m高的墙上。

工程量计算表见表5-9。

（2）工程量汇总表见表5-10。

（3）工程计价表见表5-11。

（4）计费程序表（略）。

（5）编写编制说明（略）。

（6）装订施工图预算书。

表 5-9　工程量计算表

单位工程名称：某建筑弱电工程

| 序　号 | 分项工程名称 | 单　位 | 数　量 | 计　算　式 |
|---|---|---|---|---|
| 1 | 有线电视前端箱 | 台 | 60 | 3*10*2 |
| 2 | 程控交换机 | 台 | 4 | 每单元 2 台 |
| 3 | 模块 | 个 | 60 | 6*10（每层 6 个，共 10 层）+3（地下、1、2 层） |
| 4 | 网线 | 箱（305m） | 6 | 3*20*10*2+30*10*2 |
| 5 | 电视插座 | 个 | 120 | 12*10（每层 12 个，共 10 层） |
| 6 | 室内电话分线箱 | 个 | 24 | 1*12*2（每层 1 个，共 12 层，共 2 个单元） |
| 7 | 干线放大器 | 个 | 4 | |
| 8 | 二分配器 | 个 | 72 | 3*10*2（每层 3 个，共 10 层，共 2 个单元） |
| 9 | 三分支器 | 个 | 20 | 1*10*2（每层 1 个，共 10 层，共 2 个单元） |
| 10 | 线槽 | m | 76 | (4*2+3*10)*2 |
| 11 | 闭路同轴电缆 | m | 144 | (38+6+10*10)*2（垂直+第 1 层出线+10 层平面，共 2 个单元） |
| 12 | 通信电缆 | m | 88 | (38+6)*2 |
| 13 | 通信电缆 | m | 480 | (24*10)*2 |
| 14 | 门磁 | 对 | 60 | 3*10*2（每层 3 个，共 10 层，共 2 个单元） |
| 15 | 窗磁 | 对 | 192 | 16*6*2（每层 16 个，最顶 3 层，底 3 层，共 2 个单元） |
| 16 | 手动报警按钮 | 个 | 260 | 13*10*2（每层 13 个，共 10 层，共 2 个单元） |
| 17 | 气体探测器 | 个 | 60 | 3*10*2（每层 3 个，共 10 层，共 2 个单元） |
| 18 | 室内可视对讲分机 | 台 | 60 | 3*10*2（每层 3 个，共 10 层，共 2 个单元） |
| | PVC | m | 2 680 | [（40 电话+32 网络+42 有线电视+70 安防）*2 个单元]*10 层 |
| 19 | 终端电阻 | 个 | 2 | 有线电视系统末端安装 |

表 5-10　工程量汇总表

单位工程名称：某建筑弱电工程

| 序　号 | 分项工程名称 | 单　位 | 数　量 | 备　注 |
|---|---|---|---|---|
| 1 | 有线电视前端箱 | 台 | 60 | |
| 2 | 程控交换机 | 台 | 4 | |
| 3 | 模块 | 个 | 60 | |
| 4 | 网线 | 箱（305m） | 6 | |
| 5 | 电视插座 | 个 | 120 | |
| 6 | 室内电话分线箱 | 个 | 24 | |
| 7 | 干线放大器 | 个 | 4 | |
| 8 | 二分配器 | 个 | 72 | |

| 序 号 | 分项工程名称 | 单 位 | 数 量 | 备 注 |
|---|---|---|---|---|
| 9 | 三分支器 | 个 | 20 | |
| 10 | 线槽 | m | 76 | |
| 11 | 闭路同轴电缆 | m | 144 | |
| 12 | 通信电缆 | m | 88 | |
| 13 | 通信电缆 | m | 480 | |
| 14 | 门磁 | 对 | 60 | |
| 15 | 窗磁 | 对 | 192 | |
| 16 | 手动报警按钮 | 个 | 260 | |
| 17 | 气体探测器 | 个 | 60 | |
| 18 | 室内可视对讲分机 | 台 | 60 | |
| 19 | 终端电阻 | 个 | 2 | |

表 5-11　工程计价表

| 序号 | 定额编码 | 定额子目名称 | 工程量 单位 | 工程量 数量 | 合价 单价 | 合价 金额 | 人工费 单价 | 人工费 金额 | 材料费 单价 | 材料费 金额 | 机械费 单价 | 机械费 金额 |
|---|---|---|---|---|---|---|---|---|---|---|---|---|
| 1 | 14-39 | 卫星接收机安装、调试 | 台 | 60.00 | 77.10 | 4 626.00 | 70.10 | 4 206.00 | 7.00 | 420.00 | | |
| 2 | 14-70 | 室内电话总机安装 | 台 | 4.00 | 141.40 | 565.60 | 140.20 | 560.80 | 1.20 | 4.80 | | |
| 3 | 14-72 | 室内电话插座 | 个 | 60.00 | 3.71 | 222.60 | 3.51 | 210.30 | 0.20 | 12.00 | | |
| 4 | 14-60 | 室内电话配线箱安装50对线以内 | 个 | 120.00 | 103.81 | 12 457.20 | 98.14 | 11 776.80 | 5.67 | 680.28 | | |
| 5 | 14-72 | 室内电话插座 | 个 | 24.00 | 3.71 | 89.04 | 3.51 | 84.12 | 0.20 | 4.80 | | |
| 6 | 14-60 | 室内电话配线箱安装50对线以内 | 个 | 4.00 | 103.81 | 415.24 | 98.14 | 392.56 | 5.67 | 22.68 | | |
| 7 | 14-46 | 干线放大器安装、调试 | 台 | 72.00 | 1 149.81 | 82 792.08 | 378.54 | 27 254.88 | 460.64 | 33 166.08 | 310.71 | 22 371.12 |
| 8 | 14-36 | 有线电视分支器安装（户内） | 个 | 20.00 | 21.83 | 436.60 | 21.03 | 420.60 | 0.80 | 16.00 | | |
| 9 | 14-36 | 有线电视分支器安装（户内） | 个 | 76.00 | 21.83 | 1 659.08 | 21.03 | 1 598.28 | 0.80 | 60.80 | | |
| 10 | 8-26 | 钢制槽式桥架安装宽+高400mm以下 | 10m | 14.40 | 142.14 | 2 046.82 | 111.46 | 1 605.01 | 22.28 | 320.79 | 8.40 | 120.94 |
| 11 | 14-22 | 有线电视电缆沿墙敷设同轴电缆型号SKY-5 | 100m | 0.88 | 180.61 | 158.94 | 175.25 | 154.22 | 5.36 | 4.71 | | |
| 12 | 12-367 | 线槽配线导线截面70mm²以内（单线） | 100m | 4.80 | 85.21 | 409.01 | 78.16 | 375.18 | 7.05 | 33.85 | | |
| 13 | 12-157 | 半硬质阻燃管好暗敷设,砖、混凝土结构暗配,公称口径15mm以内 | 100m | 26.80 | 264.74 | 7 095.03 | 234.13 | 6 274.79 | 30.60 | 820.18 | | |

| 序号 | 定额编码 | 定额子目名称 | 工程量 | | 合　价 | | 其　中 | | | | | |
|---|---|---|---|---|---|---|---|---|---|---|---|---|
| | | | 单位 | 数量 | 单价 | 金额 | 人　工　费 | | 材　料　费 | | 机　械　费 | |
| | | | | | | | 单价 | 金额 | 单价 | 金额 | 单价 | 金额 |
| 14 | X：18-60 | 电控锁安装 | 台 | 192.00 | 48.60 | 9 331.20 | 45.57 | 8 748.48 | 1.54 | 295.62 | 1.49 | 286.46 |
| 15 | X：18-60 | 电控锁安装 | 台 | 260.00 | 48.60 | 12 636.00 | 45.57 | 11 846.90 | 1.54 | 400.32 | 1.49 | 387.92 |
| 16 | X：16-53 | 警报装置安装声光报警 | 只 | 60.00 | 30.78 | 1 846.80 | 27.69 | 1 661.37 | 2.81 | 168.87 | 0.27 | 16.49 |
| 17 | X：16-10 | 点型探测器安装总线制可燃气体 | 只 | 60.00 | 19.43 | 1 165.80 | 13.32 | 799.14 | 6.06 | 363.30 | 0.05 | 3.15 |
| 18 | X：18-59 | 可视门镜安装 | 台 | 60.00 | 69.41 | 4 164.60 | 57.13 | 3 427.89 | 2.45 | 147.22 | 9.83 | 589.50 |
| 19 | 14-73 | 室内电话线穿管好敷设 | 100m/束 | 0.20 | 37.24 | 7.45 | 35.05 | 7.01 | | | 2.19 | 0.44 |
| 20 | 14-64 | 电话电缆终端头制作、安装20芯以内 | 条 | 2.00 | 14.63 | 29.26 | 14.02 | 28.04 | | | 0.61 | 1.22 |
| | | 合　计 | | | | 142 151.91 | | 81 432.37 | | | | |

## 实训7　某厂房弱电工程预算编制

◆　教师活动

布置实训任务→提出实训要求→采用角色扮演法进行实训分组→跟踪指导→用招投标大会的形式组织评价验收。

◆　学生活动

根据任务要求编写实训计划→准备和搜集资料→实施实训→提交成果→参与竞标。

仿真预算实训的基本过程用图5-17描述。

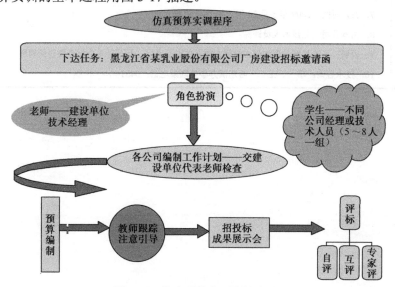

图5-17　仿真预算实训的基本过程

## 黑龙江省某乳业股份有限公司厂房建设招标邀请函

| 邀请厂商 | 黑龙江省某乳业股份有限公司 | 项目名称 | 黑龙江省某乳业股份有限公司厂房建设 |
|---|---|---|---|
| 投标地点 | 黑龙江省某乳业股份有限公司总部 | 投标时间 | 2009 年 5 月 8 日 10:00 截止 |
| 招标内容 | 1. 工程概况<br>本工程为黑龙江省某乳业股份有限公司建设项目——主厂房，总建筑面积为 26 320.83m²，建筑层数为 3 层，1 层层高为 8.0m，局部有夹层，2 层层高为 6.0m，局部层高为 8.5m，3 层层高为 6.0m，建筑总高度为 23.40m，其弱电工程图如图 5-12～图 5-16 所示。<br>请贵公司根据招标要求，在完全了解并同意下列条件后，参与竞标，请按时正式提交投标文件，以加盖密封章的形式书面提供。<br>2. 相关要求<br>（1）管理要求：该楼与周围的综合楼构成整个商业区，实行统一管理，并把管理单位放在该建筑物内。<br>（2）建设单位要求：在满足规范的情况下，力求经济合理。<br>（3）认真识读弱电图，根据工程图纸进行预算编制，包括：编制主要材料表；编制工程量计算表；编制工程量汇总表；编制工程计算表。<br>（4）提交成果：预算书一份。<br>3. 投标资格条件<br>拥有弱电工程施工许可证一级以上（含一级），投标人应是符合上述条件的独立企业法人。<br>4. 施工工期：施工进场到交付使用应跟随建筑进度，确保按时完工。<br>5. 施工地点：黑龙江省某市。<br>6. 投标格式<br>第一部分：资质文件<br>第二部分：预算报价<br>第三部分：设计图纸（给出）<br>第四部分：施工部分（略）<br>第五部分：售后服务承诺<br>7. 答疑时间：2009 年 5 月 28 日下午 16：30 截止。<br>8. 由本公司专业技术人员评标。<br>9. 说明：不论投标结果如何，投标人的文件均不退回，且不对未中标者做任何解释。<br>10. 技术咨询：李一、王二　哈尔滨办事处联系电话：0451-×××××××× |

## 知识梳理与总结

　　本情境对建筑电气弱电工程预算的编制进行仿真学习与训练，从弱电工程施工图的识读入手，给出了弱电工程的计算规则与计算方法，又通过某办公楼弱电工程预算编制案例和某住宅楼弱电工程预算编制案例的学做结合，最后以仿真的某厂房弱电工程预算编制实训，使所学与实践拉近了距离。

　　1. 明白了弱电工程预算的特点，编制预算的方法与步骤；

　　2. 完成了招投标的模拟训练，提升了职业能力。

## 练习与思考题 4

1. 简述弱电预算的基本程序和特点。
2. 弱电工程的计算规则与计算方法有哪些？

学习情境 **6** 工程量清单计价
与投标书编制

## 教学导航

| 学习任务 | 任务 6.1　了解工程量清单的含义与特点 | 参考学时 | 10 |
|---|---|---|---|
| | 任务 6.2　电气安装工程工程量清单项目设置及工程量计算规则 | | |
| | 任务 6.3　工程量清单的格式 | | |
| | 任务 6.4　工程量清单的编制方法 | | |
| | 任务 6.5　综合单价的确定 | | |
| | 任务 6.6　某商贸中心工程量清单计价编制 | | |
| | 任务 6.7　工程量清单计价软件的使用 | | |
| | 任务 6.8　编制配电箱工程量清单项目编码 | | |
| | 任务 6.9　编制某住宅楼工程量清单 | | |
| | 任务 6.10　工程量清单投标报价书编制 | | |
| 能力目标 | 具有工程量清单编制的能力；具有工程量清单计价编制的能力；具有投标报价书编制的能力；具有使用计算机软件编制工程预算的能力 | | |
| 教学资源与载体 | 设备案例图纸、书中相关内容、多媒体网络平台，教材、PPT 和视频等，课业单、工作计划单、评价表 | | |
| 教学方法与策略 | 项目教学法，角色扮演法，参与型教学法 | | |
| 教学过程设计 | 下达任务→给出施工图→给出工程量清单→在教师指导下带着问题学习→进行编制训练→检查评价 | | |
| 考核与评价内容 | 分部分项工程量清单计算情况；综合单价分析表计算情况；主要材料表填写情况；造价书编制情况；语言表达能力；工作态度；任务完成情况与效果 | | |
| 评价方式 | 自我评价（10%），小组评价（30%），教师评价（60%） | | |

随着世界经济一体化的进程不断加快，中国建设工程造价管理如何与国际惯例接轨，已成为当前理论和实践中一个亟待解决的热点问题。建筑工程造价管理体制逐步由传统的定额计价模式转向国际惯用的工程量清单计价模式。为了增强工程量清单计价办法的权威性和强制性，规范建设工程工程量清单计价行为，统一建设工程工程量清单的编制和计价方法，根据《中华人民共和国招标投标法》及建设部令第 107 号《建筑工程施工发包与承包计价管理办法》，建设部于 2003 年 2 月 17 日正式颁发了国家标准《建设工程工程量清单计价规范》（GB 50500—2003），作为强制性标准，于 2003 年 7 月 1 日在全国统一实施。

采用工程量清单计价，能够更直观准确地反映建设工程的实际成本，更加适用于招标投标定价的要求，增加招标投标活动的透明度，在充分竞争的基础上降低工程造价，提高投资效益。国有资金投资建设的工程项目，必须采用工程量清单计价方法，实行公开招标。在工程招投标中，采用工程量清单计价是国际通行的做法。

# 任务 6.1　了解工程量清单的含义与特点

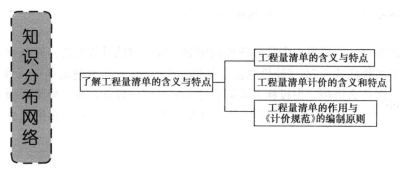

## 1. 工程量清单的含义

（1）工程量清单（Bill of Quantity，BOQ）是按照招标要求和施工设计图纸要求，将拟建招标工程的全部项目和内容依据统一的工程量计算规则和子目分项要求，计算分部分项工程实物量，列在清单上作为招标文件的组成部分，供投标单位逐项填写单价、用于投标报价。

（2）工程量清单是把承包合同中规定的准备实施的全部工程项目和内容，按工程部位、性质以及它们的数量、单价、合价等列表表示出来，用于投标报价和中标后计算工程价款的依据，工程量清单是承包合同的重要组成部分。

（3）工程量清单严格地说不单指工程量，工程量清单已超出了施工设计图纸量的范围，它是一个工作量清单的概念。

## 2. 工程量清单计价的含义

工程量清单是表现拟建工程的分部分项工程项目、措施项目、其他项目名称及其相应工程数量的明细清单。

（1）工程量清单计价是指投标人完成由招标人提供的工程量清单所需的全部费用计算，包括分部分项工程费、措施项目费、其他项目费和规费、税金。

（2）工程量清单计价方法是指建设工程招标投标中，招标人按照国家统一的工程量计算规则提供工程数量，由投标人依据工程量清单自主报价，并按照经评审低价中标的工程造价

的计价方法。

（3）《建设工程工程量清单计价规范》（以下简称《计价规范》）是统一工程量清单编制、规范工程量清单计价的国家标准，是调节建设工程招标投标中使用清单计价的招标人、投标人双方利益的规范性文件。《计价规范》是我国在招标投标工程中实行工程量清单计价的基础，是参与招标投标各方进行工程量清单计价应遵守的准则，是各级建设行政主管部门对工程造价计价活动进行监督管理的重要依据。

### 3．工程量清单计价的特点

《计价规范》具有明显的强制性、竞争性、通用性和实用性。

#### 1）强制性

强制性主要表现在：一是由建设主管部门按照强制性国家标准的要求批准颁布，规定全部使用国有资金或国有资金投资为主的大中型建设工程应按《计价规范》的规定执行；二是明确工程量清单是招标文件的组成部分，并规定了招标人在编制工程量清单时必须遵守的规则。

#### 2）竞争性

竞争性一方面表现在《计价规范》中从政策性规定到一般内容的具体规定，充分体现了工程造价由市场竞争形成价格的原则。《计价规范》中的措施项目，在工程量清单中只列"措施项目"一栏，具体采用什么措施，由投标人根据企业的施工组织设计，视具体情况报价。另一方面，《计价规范》中人工、材料和施工机械没有具体的消耗量，为企业报价提供了自主的空间。

#### 3）通用性

通用性的表现是我国采用的工程量清单计价是与国际惯例接轨的，符合工程量计算方法标准化、工程量计算规则统一化、工程造价确定市场化的要求。

#### 4）实用性

实用性表现在《计价规范》的附录中，工程量清单项目及工程量计算规则的项目名称表现的是工程实体项目，项目名称明确清晰，工程量计算规则简洁明了。

### 4．工程量清单的作用、要求与《计价规范》的编制原则

#### 1）工程量清单的作用和要求

（1）工程量清单是编制招标工程标底价、投标报价和工程结算时调整工程量的依据。

（2）工程量清单必须依据行政主管部门颁发的工程量计算规则、分部分项工程项目划分及计算单位的规定、施工设计图纸、施工现场情况和招标文件中的有关要求进行编制。

（3）工程量清单应由具有相应资质的中介机构进行编制。

（4）工程量清单的格式应当符合有关规定的要求。

#### 2）《计价规范》的编制原则

（1）企业自主报价、市场竞争形成价格的原则

为规范发包方与承包方的计价行为，《计价规范》要确定工程量清单计价的原则、方法

和必须遵守的规则，包括统一编码、项目名称、计量单位、工程量计算规则等。工程价格最终由工程项目的招标人和投标人，按照国家法律、法规和工程建设的各项规章制度及工程计价的有关规定，通过市场竞争形成。

（2）与现行预算定额既有联系又有所区别的原则

《计价规范》的编制过程中，参照我国现行的全国统一工程预算定额，尽可能地与全国统一工程预算定额衔接，主要是考虑工程预算定额是我国经过多年的实践总结而出，具有一定的科学性和实用性，广大工程造价计价人员熟悉，有利于推行工程量清单计价，方便操作，平稳过渡。与工程预算定额有所区别主要表现在：定额项目是规定以工序为划分项目的；施工工艺、施工方法是根据大多数企业的施工方法综合取定的；工、料、机消耗量是根据"社会平均水平"综合测定的；取费标准是根据不同地区平均测算的。

（3）既考虑我国工程造价管理的实际情况又尽可能与国际惯例接轨的原则

编制《计价规范》，是根据我国当前工程建设市场发展的形势，为逐步解决预算定额计价中与当前工程建设市场不相适应的因素，适应我国社会主义市场经济发展的要求，特别是适应我国加入世界贸易组织后工程造价计价与国际接轨的需要，积极稳妥地推行工程量清单计价。《计价规范》的编制，既借鉴了世界银行、菲迪克（FIDIC）、英联邦国家、香港地区等的一些做法，同时也结合了我国工程造价管理的实际情况。工程量清单在项目划分、计量单位、工程量计价规则等方面尽可能多地与全国统一定额相衔接，费用项目的划分借鉴了国外的做法，名称叫法上尽量采用国内的习惯叫法。

**5. 工程量清单的特点**

工程量清单，是用来表现拟建工程的分部分项工程项目、措施项目、其他项目的名称和相应数量的明细清单，它包括分部分项工程量清单、措施项目清单、其他项目清单三部分。工程量清单计价是指投标人完成由招标人提供的工程量清单所需的全部费用，包括分部分项工程费、措施项目费、其他项目费、规费、税金等部分。

工程量清单的编制是由招标人或招标人委托具有工程造价咨询资质的中介机构，按照工程量清单计价规范和招标文件的有关规定，根据施工设计图纸及施工现场的实际情况，将拟建招标工程的全部项目及其工作内容列出明细清单。

工程量清单与定额是两类不同的概念，定额表述的是完成某一工程项目所需的消耗量或价格，而工程量清单表述的是拟建工程所包含的工程项目及其数量，二者不可混淆。

工程量清单具有如下特点。

1）统一项目编码

工程量清单的项目编码采用 5 级编码设置，用 12 位数字表示。第 1 级～第 4 级编码是统一设置的，必须按照《建设工程工程量计价规范》的规定进行，第 5 级由编制人根据拟建工程的工程量清单项目名称设置，并自 001 起按顺序编制。各级编码的含义如下。

（1）第 1 级编码（2 位）表示工程分类。01 表示建筑工程；02 表示装修装饰工程；03 表示安装工程；04 表示市政工程；05 表示园林绿化工程。

（2）第 2 级编码（2 位）表示各章的顺序码。

（3）第 3 级编码（2 位）表示节顺序码。

（4）第 4 级编码（3 位）表示分项工程项目顺序码。

（5）第 5 级编码（3 位）表示各子项目的顺序码，由清单编制人自 001 起按顺序编制。工程量清单的项目编码结构如图 6-1 所示。

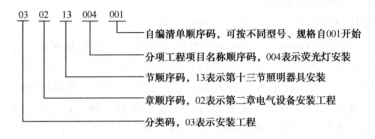

图 6-1　工程量清单的项目编码结构

2）统一项目名称

工程量清单中的项目名称，必须与《建设工程工程量计价规范》的规定一致，保证全国范围内同一种工程项目有相同的名称，以免产生不同的理解。

3）统一计量单位

工程量的单位采用自然单位，按照计价规范的规定进行。除了各专业另有特殊规定之外，均按以下单位进行。

（1）以质量计算的项目，单位为 t 或 kg。

（2）以体积计算的项目，单位为 $m^3$。

（3）以面积计算的项目，单位为 $m^2$。

（4）以长度计算的项目，单位为 m。

（5）以自然计量单位计算的项目，单位为个、套、块、组、台等。

（6）没有具体数量的项目，单位为系统、项等。

4）统一工程量计算规则

工程数量的计算应按计价规范中规定的工程量计算规则进行。工程量计算规则是指对清单项目工程量的计算规定，除另有说明外，所有清单项目的工程量应以实体工程量为准，并以完成后的净值计算。

工程数量的有效位数应遵守下列规定。

（1）以 t 为单位的，应保留三位小数，第四位四舍五入。

（2）以 $m^3$、$m^2$、m 为单位的，应保留两位小数，第三位四舍五入。

（3）以"个"、"项"等为单位的，应取整数。

# 任务 6.2　电气安装工程工程量清单项目设置及工程量计算规则

电气安装工程中，包括强电和弱电，工程量清单项目名称、项目编码、工程内容、工程量计算方法等规定如下。计算工程量时，按照设计图纸以实际数量计算，不考虑长度的预留及安装时的损耗。

## 1. 变压器安装（030201）

（1）油浸电力变压器（030201001）

工程内容：基础型钢制作、安装；本体安装；干燥；网门及铁构件制作、安装；刷（喷）油漆。

工程量计算：按不同名称、型号、容量（kV·A），以油浸电力变压器的数量计算。计量单位：台。

（2）干式变压器（030201002）

工程内容：基础型钢制作、安装；本体安装；干燥；端子箱（汇控箱）安装；刷（喷）油漆。

工程量计算：按不同名称、型号、容量（kV·A），以干式变压器的数量计算。计量单位：台。

（3）整流变压器（030201003）

工程内容：基础型钢制作、安装；本体安装；油过滤；干燥；网门及铁构件制作、安装；刷（喷）油漆。

工程量计算：按不同名称、型号、规格、容量（kV·A），以整流变压器的数量计算。计量单位：台。

（4）自耦变压器（030201004）

工程内容：基础型钢制作、安装；本体安装；油过滤；干燥；网门及铁构件制作、安装；刷（喷）油漆。

工程量计算：按不同名称、型号、规格、容量（kV·A），以自耦式变压器的数量计算。计量单位：台。

（5）带负荷调压变压器（030201005）

工程内容：基础型钢制作、安装；本体安装；油过滤；干燥；网门及铁构件制作、安装；刷（喷）油漆。

工程量计算：按不同名称、型号、规格、容量（kV·A），以带负荷调压变压器的数量计算。计量单位：台。

（6）电炉变压器（030201006）

工程内容：基础型钢制作、安装；本体安装；刷油漆。

工程量计算：按不同名称、型号、容量（kV·A），以电炉变压器的数量计算。计量单位：台。

（7）消弧线圈（030201007）

工程内容：基础型钢制作、安装；本体安装；油过滤；干燥；刷油漆。

工程量计算：按不同名称、型号、容量（kV·A），以消弧线圈的数量计算。计量单位：台。

## 2. 配电装置安装（030202）

（1）油断路器（030202001）

工程内容：本体安装；油过滤；支架制作、安装或基础槽钢安装；刷油漆。

工程量计算：按不同名称、型号、容量（A），以油断路器的数量计算。计量单位：台。

（2）真空断路器（030202002）

工程内容：本体安装；支架制作、安装或基础槽钢安装；刷油漆。

工程量计算：按不同名称、型号、容量（A），以真空断路器的数量计算。计量单位：台。

（3）SF6断路器（030202003）

工程内容：本体安装；支架制作、安装或基础槽钢安装；刷油漆。

工程量计算：按不同名称、型号、容量（A），以SF6断路器的数量计算。计量单位：台。

（4）空气断路器（030202004）

工程内容：本体安装；支架制作、安装或基础槽钢安装；刷油漆。

工程量计算：按不同名称、型号、容量（A），以空气断路器的数量计算。计量单位：台。

（5）真空接触器（030202005）

工程内容：支架制作、安装；本体安装；刷油漆。

工程量计算：按不同名称、型号、容量（A），以真空断路器的数量计算。计量单位：台。

（6）隔离开关（030202006）

工程内容：支架制作、安装；本体安装；刷油漆。

工程量计算：按不同名称、型号、容量（A），以隔离开关的数量计算。计量单位：组。

（7）负荷开关（030202007）

工程内容：支架制作、安装；本体安装；刷油漆。

工程量计算：按不同名称、型号、容量（A），以负荷开关的数量计算。计量单位：组。

（8）互感器（030202008）

工程内容：安装；干燥。

工程量计算：按不同名称、型号、规格、类型，以互感器的数量计算。计量单位：台。

（9）高压熔断器（030202009）

工程内容：安装。

工程量计算：按不同名称、型号、规格，以高压断路器的数量计算。计量单位：组。

（10）避雷器（030202010）

工程内容：安装。

工程量计算：按不同名称、型号、规格、电压等级，以避雷器的数量计算。计量单位：组。

（11）干式电抗器（030202011）

工程内容：本体安装；干燥。

工程量计算：按不同名称、型号、规格、质量，以干式电抗器的数量计算。计量单位：台。

（12）油浸电抗器（030202012）

工程内容：本体安装；油过滤；干燥。

工程量计算：按不同名称、型号、容量（kV·A），以油浸电抗器的数量计算。计量单位：台。

（13）移相及串联电容器（030202013）

工程内容：安装。

工程量计算：按不同名称、型号、规格、质量，以移相及串联电容器的数量计算。计量单位：个。

（14）集合式并联电容器（030202014）

工程内容：安装。

工程量计算：按不同名称、型号、规格、质量，以集合式并联电容器的数量计算。计量

单位：个。

（15）并联补偿电容器组架（030202015）

工程内容：安装。

工程量计算：按不同名称、型号、规格、结构，以并联补偿电容器组架的数量计算。计量单位：台。

（16）交流滤波装置组架（030202016）

工程内容：安装。

工程量计算：按不同名称、型号、规格、回路，以交流滤波装置组架的数量计算。计量单位：台。

（17）高压成套配电柜（030202017）

工程内容：基础槽钢制作、安装；柜体安装；支持绝缘子、穿墙套管耐压试验及安装；穿通板制作、安装；母线桥安装；刷油漆。

工程量计算：按不同名称、型号、规格、母线设置方式、回路，以高压成套配电柜的数量计算。计量单位：台。

（18）组合型成套箱式变电站（030202018）

工程内容：基础浇筑；箱体安装；进箱母线安装；刷油漆。

工程量计算：按不同名称、型号、容量（kV·A），以组合型成套箱式变电站的数量计算。计量单位：台。

（19）环网柜（030202019）

工程内容：基础浇筑；箱体安装；进箱母线安装；刷油漆。

工程量计算：按不同名称、型号、容量（kV·A），以环网柜的数量计算。计量单位：台。

**3. 母线安装（030203）**

（1）软母线（030203001）

工程内容：绝缘子耐压试验及安装；软母线安装；跳线安装。

工程量计算：按不同型号、规格、数量（跨/三相），以软母线的单线长度计算。计量单位：m。

（2）组合软母线（030203002）

工程内容：绝缘子耐压试验及安装；母线安装；跳线安装；两端铁构件制作、安装及支持瓷瓶安装；油漆。

工程量计算：按不同型号、规格、数量（组/三相），以组合软母线的单线长度计算。计量单位：m。

（3）带形母线（030203003）

工程内容：支持绝缘子、穿墙套管的耐压试验、安装；穿通板制作、安装；母线安装；母线桥安装；引下线安装；伸缩节安装；过渡板安装；刷分相漆。

工程量计算：按不同型号、规格、材质，以带形母线的单线长度计算。计量单位：m。

（4）槽形母线（030203004）

工程内容：母线制作、安装；与发电机变压器连接；与断路器、隔离开关连接；刷分相漆。

工程量计算：按不同型号、规格，以槽形母线的单线长度计算。计量单位：m。

（5）共箱母线（030203005）

工程内容：安装；进、出分线箱安装；刷（喷）油漆。

工程量计算：按不同型号、规格，以共箱母线的长度计算。计量单位：m。

（6）低压封闭式插接母线槽（030203006）

工程内容：安装；进、出分线箱安装。

工程量计算：按不同型号、容量（A），以低压封闭式插接母线槽的长度计算。计量单位：m。

（7）重型母线（030203007）

工程内容：母线制作、安装；伸缩器及导板制作、安装；支承绝缘子安装；铁构件制作、安装。

工程量计算：按不同型号、容量（A），以重型母线的质量计算。计量单位：t。

### 4．控制设备及低压电器安装（030204）

（1）控制屏（030204001）

工程内容：基础槽钢制作；屏安装；端子板安装；焊、压接线端子；盘柜配线；小母线安装；屏边安装。

工程量计算：按不同名称、型号、规格，以控制屏的数量计算。计量单位：台。

（2）继电、信号屏（030204002）

工程内容：基础槽钢制作、安装；屏安装；端子板安装；焊、压接线端子；盘柜配线；小母线安装；屏边安装。

工程量计算：按不同名称、型号、规格，以继电、信号屏的数量计算。计量单位：台。

（3）模拟屏（030204003）

工程内容：基础槽钢制作、安装；屏安装；端子板安装；焊、压接线端子；盘柜配线；小母线安装；屏边安装。

工程量计算：按不同名称、型号、规格，以模拟屏的数量计算。计量单位：台。

（4）低压开关柜（030204004）

工程内容：基础槽钢制作、安装；柜安装；端子板安装；焊、压接线端子；盘柜配线；屏边安装。

工程量计算：按不同名称、型号、规格，以低压开关柜的数量计算。计量单位：台。

（5）配电（电源）屏（030204005）

工程内容：基础槽钢制作、安装；柜安装；端子板安装；焊、压接线端子；盘柜配线；屏边安装。

工程量计算：按不同名称、型号、规格，以配电（电源）屏的数量计算。计量单位：台。

（6）弱电控制返回屏（030204006）

工程内容：基础槽钢制作、安装；屏安装；端子板安装；焊、压接线端子；盘柜配线；小母线安装；屏边安装。

工程量计算：按不同名称、型号、规格，以弱电控制返回屏的数量计算。计量单位：台。

（7）箱式配电室（030204007）

工程内容：基础槽钢制作、安装；本体安装。

工程量计算：按不同名称、型号、规格、质量，以箱式配电室的数量计算。计量单位：套。

（8）硅整流柜（030204008）

工程内容：基础槽钢制作、安装；盘柜安装。

工程量计算：按不同名称、型号、容量（A），以硅整流柜的数量计算。计量单位：台。

（9）可控硅柜（030204009）

工程内容：基础槽钢制作、安装；盘柜安装。

工程量计算：按不同名称、型号、容量（kW），以可控硅柜的数量计算。计量单位：台。

（10）低压电容器柜（030204010）

工程内容：基础槽钢制作、安装；屏（柜）安装；端子板安装；焊、压接线端子；盘柜配线；小母线安装；屏边安装。

工程量计算：按不同名称、型号、规格，以低压电容器柜的数量计算。计量单位：台。

（11）自动调节励磁屏（030204011）

工程内容：基础槽钢制作、安装；屏（柜）安装；端子板安装；焊、压接线端子；盘柜配线；小母线安装；屏边安装。

工程量计算：按不同名称、型号、规格，以自动调节励磁屏的数量计算。计量单位：台。

（12）励磁灭磁屏（030204012）

工程内容：基础槽钢制作、安装；屏（柜）安装；端子板安装；焊、压接线端子；盘柜配线；小母线安装；屏边安装。

工程量计算：按不同名称、型号、规格，以励磁灭磁屏的数量计算。计量单位：台。

（13）蓄电池屏（柜）（030204013）

工程内容：基础槽钢制作、安装；屏（柜）安装；端子板安装；焊、压接线端子；盘柜配线；小母线安装；屏边安装。

工程量计算：按不同名称、型号、规格，以蓄电池屏（柜）的数量计算。计量单位：台。

（14）直流馈电屏（030204014）

工程内容：基础槽钢制作、安装；屏（柜）安装；端子板安装；焊、压接线端子；盘柜配线；小母线安装；屏边安装。

工程量计算：按不同名称、型号、规格，以直流馈电屏的数量计算。计量单位：台。

（15）事故照明切换屏（030204015）

工程内容：基础槽钢制作、安装；屏（柜）安装；端子板安装；焊、压接线端子；盘柜配线；小母线安装；屏边安装。

工程量计算：按不同名称、型号、规格，以事故照明切换屏的数量计算。计量单位：台。

（16）控制台（030204016）

工程内容：基础槽钢制作、安装；台（箱）安装；端子板安装；焊、压接线端子；盘柜配线；小母线安装。

工程量计算：按不同名称、型号、规格，以控制台的数量计算。计量单位：台。

（17）控制箱（030204017）

工程内容：基础型钢制作、安装；箱体安装。

工程量计算：按不同名称、型号、规格，以控制箱的数量计算。计量单位：台。

（18）配电箱（030204018）

工程内容：基础型钢制作、安装；箱体安装。

工程量计算：按不同名称、型号、规格，以配电箱的数量计算。计量单位：台。

（19）控制开关（030204019）

控制开关包括自动空气开关、刀型开关、铁壳开关、胶盖刀闸开关、组合控制开关、万能转换开关、漏电保护开关等。

工程内容：安装；焊压端子。

工程量计算：按不同名称、型号、规格，以控制开关的数量计算。计量单位：个。

（20）低压熔断器（030204020）

工程内容：安装；焊压端子。

工程量计算：按不同名称、型号、规格，以低压熔断器的数量计算。计量单位：个。

（21）限位开关（030204021）

工程内容：安装；焊压端子。

工程量计算：按不同名称、型号、规格，以限位开关的数量计算。计量单位：个。

（22）控制器（030204022）

工程内容：安装；焊压端子。

工程量计算：按不同名称、型号、规格，以控制器的数量计算。计量单位：台。

（23）接触器（030204023）

工程内容：安装；焊压端子。

工程量计算：按不同名称、型号、规格，以接触器的数量计算。计量单位：台。

（24）磁力启动器（030204024）

工程内容：安装；焊压端子。

工程量计算：按不同名称、型号、规格，以磁力启动器的数量计算。计量单位：台。

（25）Ｙ-△自耦减压启动器（030204025）

工程内容：安装；焊压端子。

工程量计算：按不同名称、型号、规格，以Ｙ-△自耦减压启动器的数量计算。计量单位：台。

（26）电磁铁（电磁制动器）（030204026）

工程内容：安装；焊压端子。

工程量计算：按不同名称、型号、规格，以电磁铁（电磁制动器）的数量计算。计量单位：台。

（27）快速自动开关（030204027）

工程内容：安装；焊压端子。

工程量计算：按不同名称、型号、规格，以快速自动开关的数量计算。计量单位：台。

（28）电阻器（030204028）

工程内容：安装；焊压端子。

工程量计算：按不同名称、型号、规格，以电阻器的数量计算。计量单位：台。

（29）油浸频敏变阻器（030204029）

工程内容：安装；焊压端子。

工程量计算：按不同名称、型号、规格，以油浸频敏变阻器的数量计算。计量单位：台。

（30）分流器（030204030）

工程内容：安装；焊压端子。

工程量计算：按不同名称、型号、容量（A），以分流器的数量计算。计量单位：台。

（31）小电器（030204031）

小电器包括按钮、照明用开关、插座、电笛、电铃、电风扇、水位电气信号装置、测量表计、继电器、电磁锁、屏上辅助设备、辅助电压互感器、小型安全变压器等。

工程内容：安装；焊压端子。

工程量计算：按不同名称、型号、规格，以小电器的数量计算。计量单位：个（套）。

### 5．蓄电池安装（030205）

蓄电池（030205001）

工程内容：防振支架安装；本体安装；充、放电。

工程量计算：按不同名称、型号、容量，以蓄电池的数量计算。计量单位：个。

### 6．电机检查接线及调试（030206）

（1）发电机（030206001）

工程内容：检查接线（包括接地）；干燥；调试。

工程量计算：按不同型号、容量（kW），以发电机的数量计算。计量单位：台。

（2）调相机（030206002）

工程内容：检查接线（包括接地）；干燥；调试。

工程量计算：按不同型号、容量（kW），以调相机的数量计算。计量单位：台。

（3）普通小型直流电动机（030206003）

工程内容：检查接线（包括接地）；干燥；系统调试。

工程量计算：按不同名称、型号、容量（kW）、类型，以普通小型直流电动机的数量计算。计量单位：台。

（4）可控硅调速直流电动机（030206004）

工程内容：检查接线（包括接地）；干燥；系统调试。

工程量计算：按不同名称、型号、容量（kW）、类型，以可控硅调速直流电动机的数量计算。计量单位：台。

（5）普通交流同步电动机（030206005）

工程内容：检查接线（包括接地）；干燥；系统调试。

工程量计算：按不同名称、型号、容量（kW）、启动方式，以普通交流同步电动机的数量计算。计量单位：台。

（6）低压交流异步电动机（030206006）

工程内容：检查接线（包括接地）；干燥；系统调试。

工程量计算：按不同名称、型号、类别、控制保护方式，以低压交流异步电动机的数量计算。计量单位：台。

（7）高压交流异步电动机（030206007）

工程内容：检查接线（包括接地）；干燥；系统调试。

工程量计算：按不同名称、型号、容量（kW）、保护类别，以高压交流异步电动机的数量计算。计量单位：台。

（8）交流变频调速电动机（030206008）

工程内容：检查接线（包括接地）；干燥；系统调试。

工程量计算：按不同名称、型号、容量（kW），以交流变频调速电动机的数量计算。计量单位：台。

（9）微型电机、电加热器（030206009）

工程内容：检查接线（包括接地）；干燥；系统调试。

工程量计算：按不同名称、型号、规格，以微型电机、电加热器的数量计算。计量单位：台。

（10）电动机组（030206010）

工程内容：检查接线（包括接地）；干燥；系统调试。

工程量计算：按不同名称、型号、电动机台数、连锁台数，以电动机组的数量计算。计量单位：组。

（11）备用励磁机组（030206011）

工程内容：检查接线（包括接地）；干燥；系统调试。

工程量计算：按不同名称、型号，以备用励磁机组的数量计算。计量单位：组。

（12）励磁电阻器（030206012）

工程内容：安装电阻器；检查接线；干燥。

工程量计算：按不同型号、规格，以励磁电阻器的数量计算。计量单位：台。

### 7．滑触线装置安装（030207）

滑触线（030207001）

工程内容：滑触线支架制作、安装、刷漆；滑触线安装；拉紧装置及挂式支持器制作、安装。

工程量计算：按不同名称、型号、规格、材质，以滑触线的单相长度计算。计量单位：m。

### 8．电缆安装（030208）

（1）电力电缆（030208001）

工程内容：揭（盖）盖板；电缆敷设；电缆头制作、安装；过路保护管敷设；防火堵洞；电缆防护；电缆防火隔板；电缆防火涂料。

工程量计算：按不同型号、规格、敷设方式，以电力电缆的长度计算。计量单位：m。

（2）控制电缆（030208002）

工程内容：揭（盖）盖板；电缆敷设；电缆头制作、安装；过路保护管敷设；防火堵洞；电缆防护；电缆防火隔板；电缆防火涂料。

工程量计算：按不同型号、规格、敷设方式，以控制电缆的长度计算。计量单位：m。

（3）电缆保护管（030208003）

工程内容：保护管敷设。

工程量计算：按不同材质、规格，以电缆保护管的长度计算。计量单位：m。

（4）电缆桥架（030208004）

工程内容：制作、除锈、刷漆；安装。

工程量计算：按不同型号、规格、材质、类型，以电缆桥架的长度计算。计量单位：m。

（5）电缆支架（030208005）

工程内容：制作、除锈、刷漆；安装。

工程量计算：按不同材质、规格，以电缆支架的质量计算。计量单位：t。

### 9.　防雷及接地装置（030209）

（1）接地装置（030209001）

工程内容：接地极（板）制作、安装；接地母线敷设；换土或化学处理；接地跨接线；构架接地。

工程量计算：按不同接地母线材质、规格，接地极材质、规格，以接地装置的长度计算。计量单位：m。

（2）避雷装置（030209002）

工程内容：避雷针（网）制作、安装；引进下线敷设，断接卡子制作、安装；拉线制作、安装；接地极（板、桩）制作、安装；极间连线；油漆（防腐）；换土或化学处理，钢铝窗接地；均压环敷设；柱主筋与圈梁焊接。

工程量计算：按不同受雷体名称、材质、规格、技术要求（安装部位），引下线材质、规格、技术要求（引下形式），接地板材质、规格、技术要求，接地母线材质、规格、技术要求，均压环材质、规格、技术要求，以避雷装置的数量计算。计量单位：项。

（3）半导体少长针消雷装置（030209003）

工程内容：安装。

工程量计算：按不同型号、高度，以半导体少长针消雷装置的数量计算。计量单位：套。

### 10.　10kV 以下架空配电线路（030210）

（1）电杆组合（030210001）

工程内容：工地运输；土（石）方挖填；底盘、拉线盘、卡盘安装；木电杆防腐；电杆组立；横担安装；拉线制作、安装。

工程量计算：按不同材质、规格、类型、地形，以电杆组立的数量计算。计量单位：根。

（2）导线架设（030210002）

工程内容：导线架设；导线跨越及进户线架设；进户横担安装。

工程量计算：按不同型号（材质）、规格、地形，以导线架设的长度计算。计量单位：km。

### 11.　电气调整试验（030211）

（1）电力变压器系统（030211001）

工程内容：系统调试。

工程量计算：按不同型号、容量（kV·A），以电力变压器系统的数量计算。计量单位：系统。

（2）送配电装置系统（030211002）

工程内容：系统调试。

工程量计算：按不同型号、电压等级（kV），以送配电装置系统的数量计算。计量单位：系统。

（3）特殊保护装置（030211003）

工程内容：调试。

工程量计算：按不同类型，以特殊保护装置的数量计算。计量单位：系统。

（4）自动投入装置（030211004）

工程内容：调试。

工程量计算：按不同类型，以自动投入装置的数量计算。计量单位：套。

（5）中央信号装置、事故照明切换装置、不间断电源（030211005）

工程内容：调试。

工程量计算：按不同类型，以中央信号装置、事故照明切换装置、不间断电源的系统数量计算。计量单位：系统。

（6）母线（030211006）

工程内容：调试。

工程量计算：按不同电压等级，以母线的数量计算。计量单位：段。

（7）避雷器、电容器（030211007）

工程内容：调试。

工程量计算：按不同电压等级，以避雷器、电容器的数量计算。计量单位：组。

（8）接地装置（030211008）

工程内容：接地电阻测试。

工程量计算：按不同类型，以接地装置的系统数量计算。计量单位：系统。

（9）电抗器、消弧线圈、电除尘器（030211009）

工程内容：调试。

工程量计算：按不同名称、型号、规格，以电抗器、消弧线圈、电除尘器的数量计算。计量单位：台。

（10）硅整流设备、可控硅整流装置（030211010）

工程内容：调试。

工程量计算：按不同名称、型号、电流（A），以硅整流设备、可控硅整流装置的数量计算。计量单位：台。

### 12．配管、配线（030212）

（1）电气配管（030212001）

工程内容：挖沟槽；钢索架设（拉紧装置安装）；支架制作、安装；电线管路敷设；接线盒（箱）、灯头盒、开关盒、插座盒安装；防腐油漆；接地。

工程量计算：按不同名称、材质、规格、配置形式及部位，以电气配管的长度计算。计量单位：m。不扣除管路中间接线箱（盒）、灯头盒、开关盒所占长度。

（2）线槽（030212002）

工程内容：安装；油漆。

工程量计算：按不同材质、规格，以线槽的长度计算。计量单位：m。

（3）电气配线（030212003）

工程内容：支持体（夹板、绝缘子、槽板等）安装；支架制作、安装；钢索架设（拉紧装置安装）；配线；管内穿线。

工程量计算：按不同配线形式，导线型号、材质、规格，敷设部位或线制，以电气配线的单线长度计算。计量单位：m。

### 13．照明器具安装（030213）

（1）普通吸顶灯及其他灯具（030213001）

普通吸顶灯及其他灯具包括圆球吸顶灯、半圆球吸顶灯、方形吸顶灯、软线吊灯、吊链灯、防水吊灯、壁灯等。

工程内容：支架制作、安装；组装；油漆。

工程量计算：按不同名称、型号、规格，以普通吸顶灯及其他灯具的数量计算。计量单位：套。

（2）工厂灯（030213002）

工厂灯包括工厂罩灯、防水灯、防尘灯、碘钨灯、投光灯、混光灯、高度标志灯、密闭灯等。

工程内容：支架制作、安装；油漆。

工程量计算：按不同名称、型号、规格、安装形式及高度，以工厂灯的数量计算。计量单位：套。

（3）装饰灯（030213003）

装饰灯包括吊式艺术装饰灯、吸顶式艺术装饰灯、荧光艺术装饰灯、几何型组合艺术装饰灯、标志灯、诱导装饰灯、水下艺术装饰灯、点光源艺术灯、歌舞厅灯具、草坪灯具等。

工程内容：支架制作、安装。

工程量计算：按不同名称、型号、规格、安装高度，以装饰灯的数量计算。计量单位：套。

（4）荧光灯（030213004）

工程内容：安装。

工程量计算：按不同名称、型号、规格、安装形式，以荧光灯的数量计算。计量单位：套。

（5）医疗专用灯（030213005）

医疗专用灯包括病号指示灯、病房暗脚灯、紫外线杀菌灯、无影灯等。

工程内容：安装。

工程量计算：按不同名称、型号、规格，以医疗专用灯的数量计算。计量单位：套。

（6）一般路灯（030213006）

工程内容：基础制作、安装；立灯杆；灯座安装；灯架安装；引下线支架制作、安装；焊压接线端子；铁构件制作、安装；除锈、刷漆；灯杆编号；接地。

工程量计算：按不同名称、型号、灯杆材质及高度，灯架形式及臂长，灯杆形式（单、双），以一般路灯的数量计算。计量单位：套。

（7）广场灯（030213007）

工程内容：基础浇筑（包括土石方）；立灯杆；灯座安装；灯架安装；引下线支架制作、安装；焊压接线端子；铁构件制作、安装；除锈、刷漆；灯杆编号；接地。

工程量计算：按不同灯杆的材质及高度、灯架的型号、灯头数量、基础形式及规格，以广场灯的数量计算。计量单位：套。

（8）高杆灯（030213008）

工程内容：基础浇筑（包括土石方）；立灯杆；灯架安装；引下线支架制作、安装；焊压接线端子；铁构件制作、安装；除锈、刷漆；灯杆编号；升降机构接线调试；接地。

工程量计算：按不同灯杆高度、灯架形式（成套或组装、固定或升降）、灯头数量、基础形式及规格，以高杆灯的数量计算。计量单位：套。

（9）桥栏杆灯（030213009）

工程内容：支架、铁构件制作、安装、油漆；灯具安装。

工程量计算：按不同名称、型号、规格、安装形式，以桥栏杆灯的数量计算。计量单位：套。

（10）地道涵洞灯（030213010）

工程内容：支架、铁构件制作、安装、油漆；灯具安装。

工程量计算：按不同名称、型号、规格、安装形式，以地道涵洞灯的数量计算。计量单位：套。

## 14. 火灾自动报警系统（030705）

（1）点型探测器（030705001）

工程内容：探头安装；底座安装；校接线；探测器调试。

工程量计算：按不同名称、多线制、总线制、类型，以点型探测器的数量计算。计量单位：只。

（2）线型探测器（030705002）

工程内容：探测器安装；控制模块安装；报警终端安装；校接线；系统调试。

工程量计算：按不同安装方式，以线型探测器的数量计算。计量单位：只。

（3）按钮（030705003）

工程内容：安装；校接线；调试。

工程量计算：按不同规格，以按钮的数量计算。计量单位：只。

（4）模块（接口）（030705004）

工程内容：安装；调试。

工程量计算：按不同名称、输出形式，以模块（接口）的数量计算。计量单位：只。

（5）报警控制器（030705005）

工程内容：本体安装；消防报警备用电源；校接线；调试。

工程量计算：按不同多线制、总线制、安装方式、控制点数量，以报警控制器的数量计算。计量单位：台。

（6）联动控制器（030705006）

联动控制器的工程内容及工程量计算同报警控制器。

（7）报警联动一体机（030705007）

报警联动一体机的工程内容及工程量计算同报警控制器。

（8）重复显示器（030705008）

工程内容：安装；调试。

工程量计算：按不同多线制、总线制，以重复显示器的数量计算。计量单位：台。

（9）报警装置（030705009）

工程内容：安装；调试。

工程量计算：按不同形式，以报警装置的数量计算。计量单位：台。

（10）远程控制器（030705010）

工程内容：安装；调试。

工程量计算：按不同控制回路，以远程控制器的数量计算。计量单位：台。

### 15. 消防系统调试（030706）

（1）自动报警系统装置调试（030706001）

工程内容：系统装置调试。

工程量计算：按不同点数，以自动报警系统装置的数量计算。计量单位：系统。点数按多线制、总线制报警器的点数计算。

（2）水灭火系统控制装置调试（030706002）

工程内容：系统装置调试。

工程量计算：按不同点数，以水灭火系统控制装置的数量计算。计量单位：系统。点数按多线制、总线制联动控制器的点数计算。

（3）防火控制系统装置调试（030706003）

工程内容：系统装置调试。

工程量计算：按不同名称、类型，以防火控制系统装置的数量计算。计量单位：处。

（4）气体灭火系统装置调试（030706004）

工程内容：模拟喷气试验；备用灭火器储存容器切换操作试验。

工程量计算：按不同试验容器规格，以调试、检验和验收所消耗的试验容器总数计算。计量单位：个。

## 任务6.3 工程量清单的格式

工程量清单由下列内容组成：封面、填表须知、总说明、分部分项工程量清单、措施项目清单、其他项目清单、零星工作项目表等。工程量清单应由招标人填写。下面分别介绍。

### 1. 工程量清单的封面

工程量清单的封面格式如图6-2所示。

### 2. 工程量清单填表须知

工程量清单填表须知的格式如图6-3所示。填表须知除了以下内容外，招标人可根据具体情况进行补充。

```
工程报建号：_____

_____工程


              工程量清单


招  标  人：_____（单位盖章）

法定代表人：_____（签字盖章）

编  制  人：_____（签字并盖执业专用章）

编 制 单 位：_____（单位盖章）

编 制 日 期：_____
```

图 6-2  工程量清单封面格式

```
              填 表 须 知

 1.工程量清单及其计价格式中所有要求签字、盖章的地方，必须由规
定的单位和人员签字、盖章。

 2.工程量清单及其计价格式中的任何内容不得随意删除或涂改。

 3.工程量清单计价格式中列明的所有需要填报的单价和合价，投标人均应
填报，未填报的单价合价，视为此项费用已包含在工程量清单的其他单价
和合价中。

 4.金额（价格）均应以_____币表示。
```

图 6-3  工程量清单填表须知格式

### 3．总说明

工程量清单的总说明应按下列内容填写。

（1）工程概况：建设规模、工程特征、计划工期、施工现场实际情况、交通运输情况、自然地理条件、环境保护要求等。

（2）工程招标和分包范围。

（3）工程量清单编制依据。

（4）工程质量、材料、施工等的特殊要求。

（5）招标人自行采购材料的名称、规格型号、数量等。

（6）预留金、自行采购材料的金额数量。

（7）其他需说明的问题。

### 4．分部分项工程量清单

分部分项工程量清单的格式如表 6-1 所示。

表 6-1　分部分项工程量清单

| 序　号 | 项 目 编 号 | 项 目 名 称 | 计 量 单 位 | 工 程 数 量 |
|---|---|---|---|---|
|  |  |  |  |  |
|  |  |  |  |  |
|  |  |  |  |  |

## 5．措施项目清单

措施项目清单的格式如表 6-2 所示。

表 6-2　措施项目清单

工程名称：　　　　　　　　　　　　　　　　　第 页 共 页

| 序　号 | 项 目 名 称 | 金　额（元） |
|---|---|---|
|  |  |  |
|  |  |  |
|  |  |  |
|  |  |  |

## 6．其他项目清单

其他项目清单的格式如表 6-3 所示。

表 6-3　其他项目清单

工程名称：　　　　　　　　　　　　　　　　　第 页 共 页

| 序　号 | 项 目 名 称 | 金　额（元） |
|---|---|---|
| 1 | 招标人部分 |  |
| 1.1 |  |  |
| 2 | 投标人部分 |  |
| 2.1 |  |  |

## 7．零星工作项目表

零星工作项目表如表 6-4 所示。

表 6-4　零星工作项目表

工程名称：　　　　　　　　　　　　　　　　　第 页 共 页

| 序　号 | 名　称 | 计 量 单 位 | 数　量 |
|---|---|---|---|
| 1 | 人工 |  |  |
| 1.1 | 高级技术工人 | 工　日 |  |
| 1.2 | 技术工人 | 工　日 |  |
| 1.3 | 普工 | 工　日 |  |
| 2 | 材料 |  |  |
| 2.1 | 管材 | kg |  |
| 2.2 | 型材 | kg |  |

续表

| 序　号 | 名　称 | 计　量　单　位 | 数　量 |
|---|---|---|---|
| 2.3 | 其他 | kg | |
| 3 | 机械 | | |
| 3.1 | | | |

## 任务 6.4　工程量清单的编制方法

分部分项工程量清单是不可调整的闭口清单，投标人对招标文件提供的分部分项工程量清单必须逐一计价，对清单所列内容不允许作任何变动和更改。如果投标人认为清单内容有不妥或遗漏的地方，只能通过质疑的方式向清单编制人提出，由清单编制人统一修改更正，并将修正后的工程量清单发给所有投标人。

措施项目清单为可调整的清单，投标人对招标文件中所列的措施项目清单，可根据企业自身的特点作适当的变更。投标人要对拟建工程可能发生的措施项目和措施费用作通盘考虑，清单计价一经报出，即被认为是包含了所有应该发生的措施项目的全部费用。如果投标人报出的清单中没有列项，而施工中又必须发生的措施项目，招标人有权认为该费用已经综合在分部分项工程量清单的综合单价中。将来在施工过程中该措施项目发生时，投标人不得以任何借口提出索赔或调整。

其他项目清单由招标人部分、投标人部分组成。招标人填写的内容随招标文件发给投标人，投标人不得对招标人部分所列项目、数量、金额等内容进行改动。由投标人填写的零星工作项目表中，招标人填写的项目与数量，投标人也不得随意更改，而且必须进行报价。如果不报价，招标人有权认为投标人就未报价内容已经包含在其他已报价内容中，要无偿为自己服务。当投标人认为招标人所列项目不全时，可自行增加列项并确定其工程量及报价。

### 1. 分部分项工程量清单的编制

编制分部分项工程量清单时，要依据《建设工程工程量清单计价规范》、工程设计文件、招标文件、有关的工程施工规范与工程验收规范、拟采用的施工组织设计和施工技术方案等资料进行。

分部分项工程量清单的具体编制步骤如下。

（1）参阅招标文件和设计文件，按一定顺序读取设计图纸中所包含的工程项目名称，对照计价规范所规定的清单项目名称，以及用于描述项目名称的项目特征，确定具体的分部分项工程名称。项目名称以工程实体而命名，项目特征是对项目的准确描述，按不同的工程部位、施工工艺、材料的型号和规格等分别列项。

（2）对照清单项目设置规则设置项目编码。项目编码的前9位取自计价规范中同项目名称所对应的编码，后3位自001起按顺序设置。

（3）按照计价规范中所规定的计量单位确定分部分项工程的计量单位。

（4）按照计价规范中所规定的工程量计算规则，读取设计图纸中的相关数据，计算出工程数量。

（5）参考计价规范中列出的工程内容，组合该分部分项工程量清单的综合工程内容。

【案例6-1】　列出某工程的工程量清单

某拟建工程有油浸式电力变压器 4 台，设备型号为 SL1-1000kV·A/10kV，根据工程设计图纸计算得知需过滤绝缘油共 0.71t，制作基础槽钢共 80kg。

在工程量清单项目设置及工程量计算规则中查得以下信息。

项目名称：油浸电力变压器

项目特征：SL6-1000kV·A/10kV

项目编码：030201001001

计量单位：台

工程数量：4

工作内容：变压器本体安装；变压器干燥处理；绝缘油过滤 0.71t；基础槽钢制作安装 80kg。

依据上述分析，可列出分步分项工程量清单，如表6-5所示。

表6-5　分部分项工程量清单

工程名称：

| 序　号 | 项目编号 | 项目名称 | 计量单位 | 工程数量 |
|---|---|---|---|---|
| 1 | 030201001001 | 油浸式电力变压器 SL1-1000/10<br>变压器本体安装<br>变压器干燥处理<br>绝缘油过滤 0.71t<br>基础槽钢制作安装 80kg | 台 | 4 |

【案例6-2】　列出某建筑防雷与接地装置工程量清单

某建筑防雷及接地装置如图 6-4 所示，根据设计图纸，列出工程量清单。

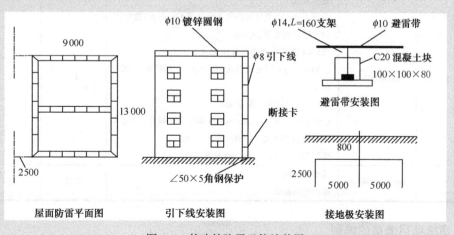

图6-4　某建筑防雷及接地装置

**提示**：①接地电阻<20Ω；②金属件必须镀锌处理；③接地极与接地母线电焊连接，焊接处刷红丹漆一遍、沥青漆两遍；④断接卡距地1.3m，自断接卡子起，用−25×4扁钢做接地母线，接至接地极；⑤接地极用∠50×5角钢，距墙边2.5m，埋深0.8m。

识读设计说明及设计图纸后知，该防雷与接地装置工程包含接地极（∠50×5，L=2.5m角钢共6根）、接地母线（−25×4镀锌扁钢30.6m）、引下线（φ8镀锌圆钢24.6m）、混凝土块避雷带（φ10镀锌圆钢53m）、混凝土块制作（C20 100mm×100mm×80mm，含φ14镀锌圆钢支撑架，L=160mm，共60块）、断接卡制作安装2处、保护角钢（∠50×5）4m、接地电阻测试等工程内容。

在工程量清单项目设置及工程量计算规则中查得以下信息。

项目名称：避雷装置

项目特征：混凝土块φ10镀锌圆钢避雷网装置53m；φ8镀锌圆钢引下线沿建筑物引下24.6m；−25×4镀锌扁钢接地母线30.6m；∠50×5，L=2.5m镀锌角钢接地极6根；断接卡子制作安装2处；∠50×5镀锌保护角钢4m；C20 100mm×100mm×80mm混凝土块制作60块（含净14镀锌圆钢支撑架，L=160mm）；焊接处刷红丹漆一遍、沥青漆两遍。

项目编码：030209002001

计量单位：项

工程数量：1

该项目名称综合了避雷网制作安装、引下线敷设、断接卡子制作安装、接地母线敷设、接地极制作安装、镀锌保护角钢制作安装、混凝土块制作安装、焊接处刷红丹漆一遍沥青漆两遍等工作内容。

根据上述分析可列出该分部分项工程量清单，如表6-6所示。

**表6-6 分部分项工程量清单**

工程名称：　　　　　　　　　　　　　　　　　　　　　　第　页 共　页

| 序号 | 项目编码 | 项目名称 | 计量单位 | 工程数量 |
|---|---|---|---|---|
| 1 | 030209002001 | 避雷装置<br>混凝土块φ10镀锌圆钢避雷网装置53mm φ8镀锌圆钢沿建筑物引下24.6 m<br>−25×4镀锌扁钢接地母线30.6 m<br>∠50×5，L=2.5m镀锌角钢接地极6根断接卡子制作2处<br>∠50×5镀锌保护角钢4m<br>C20 100mm×100mm×80mm混凝土块制作（含φ14镀锌圆钢支撑架，L=160mm）60块<br>焊接处刷红丹漆一遍、沥青漆两遍 | 项 | 1 |
| 2 | 030211008001 | 接地装置调试<br>接地电阻测试 | 系统 | 2 |

### 2. 措施项目清单的编制

措施项目清单的编制，主要依据拟建工程的施工组织设计、施工技术方案、相关的工程施工与验收规范、招标文件、设计文件等资料。

编制措施项目清单时，可按如下步骤进行。

（1）参考拟建工程的施工组织设计，确定环境保护、文明施工、材料二次搬运等项目。

（2）参阅施工技术方案，确定夜间施工、脚手架、垂直运输机械、大型吊装机械的进出及安装、拆卸等项目。

（3）参阅电气装置安装工程施工与验收规范，确定施工技术方案中没有表述，但在施工过程中必须发生的技术措施。

（4）考虑招标文件中提出的某些在施工过程中需通过一定的技术措施才能实现的要求，以及设计文件中一些不足以写进技术方案的但是要通过一定的技术措施才能实现的内容等。

编制措施项目清单时，可参考表 6-7 所列的常见措施项目及列项条件，根据工程实际情况进行编制。

表 6-7  常见措施项目及列项条件

| 序　号 | 措施项目名称 | 措施项目发生的条件 |
|---|---|---|
| 1 | 环境保护 | 正常情况下都要发生 |
| 2 | 文明施工 | |
| 3 | 安全施工 | |
| 4 | 临时设施 | |
| 5 | 材料二次搬运 | |
| 6 | 脚手架 | |
| 7 | 已完工程及设备保护 | |
| 8 | 夜间施工 | 有夜间连续施工的要求或夜间需赶工 |
| 9 | 垂直运输机械 | 施工方案中有垂直运输机械的内容，施工高度超过 5m 的工程 |
| 10 | 现场施工围栏 | 按照招标文件及施工组织设计的要求，有需要隔离施工的内容 |

### 3．其他项目清单的编制

其他项目清单的编制，分为招标人部分和投标人部分，可按表 6-8 所列内容填写。

表 6-8  其他项目清单

工程名称：　　　　　　　　　　　　　　　　　　　　　　　第 页 共 页

| 序　号 | 项 目 名 称 | 金　额（元） |
|---|---|---|
| 1 | 招标人部分 | |
| 1.1 | 预留金 | |
| 1.2 | 材料购置费 | |
| 1.3 | 其他 | |
| | 小计 | |
| 2 | 投标人部分 | |
| 2.1 | 总包服务费 | |
| 2.2 | 零星工作费 | |
| 2.3 | 其他 | |
| | 小计 | |
| | 合计 | |

1）招标人部分

（1）预留金：预留金是考虑到可能发生的工程量变更而预留的金额。工程量变更主要指工程量清单的漏项，或因计算错误而引起的工程量的增加，以及施工过程中由于设计变更而引起的工程量的增加；在施工过程中，应业主的要求，并由设计或监理工程师出具的工程变更增加的工程量。

预留金的计算，应根据设计文件的深度、设计质量的高低、拟建工程的成熟程度来确定其额度。对于设计深度深、设计质量高、已经成熟的工程设计，一般预留工程总造价的 3%～5%。而在初步设计阶段，工程设计不成熟的，至少应预留工程总造价的 10%～15%。

预留金作为工程造价的组成部分计入工程总价中，但预留金是否支付及支付的额度，都必须经过监理工程师的批准。

（2）材料购置费：是指在招标文件中规定的，由招标人采购的拟建工程材料费。材料购置费可按下式计算：

$$材料购置费=\Sigma（招标人所供材料量\times到场单价）+采购保管费$$

预留金和材料购置费由清单编制人根据招标人的要求及工程的实际情况计算出金额并填写在表格中。

招标人部分还可根据实际情况增加其他列项。比如，指定分包工程费，由于某分项工程的专业性较强，需要由专业队伍施工，即可增加指定分包工程费这项费用。具体金额可向专业施工队伍询价取得。

2）投标人部分

投标人部分的清单内容设置，除总包服务费只需简单列项外，零星工作费必须量化，并在零星工作项目表中详细列出，其格式参见表 6-4。

零星工作项目表中的工、料、机计量，要根据工程的复杂程度、工程设计质量的高低、工程项目设计的成熟程度来确定其数量。一般工程中，零星人工按工程人工消耗总量的 1% 取值；零星材料主要是辅材的消耗，按不同材料类别列项；零星机械可参考各施工单位工程机械消耗的种类，按机械消耗总量的 1% 取值。

### 4．工程量清单计价

在工程招投标中，采用工程量清单计价方式，是国际通行的做法。所谓工程量清单计价，是指根据招标文件及招标文件所提供的工程量清单，按照市场价格及施工企业自身的特点，计算出完成招标文件所规定的所有工程项目所需要的费用。

采用工程量清单计价具有深远的意义，有利于降低工程造价、促进施工企业提高竞争能力、保证工程质量，同时还可增加工程招标、投标的透明度。

1）工程量清单计价的特点

（1）彻底放开价格

工程消耗量中的人工、材料、机械的价格及利润、管理费等全面放开，由市场的供求关系自行确定其价格，实行量价分离。

（2）市场有序竞争形成价格

工程的承包价格，在投标企业自主报价的基础上，引入竞争机制，对投标企业的报价

进行合理评定，在保证工程质量与工期的前提下，以合理低价者中标。这里所指的合理低价，应不低于工程成本价，以防止投标企业恶意竞标，施工时又偷工减料，使工程质量得不到保证。

（3）统一计价规则

采用工程量清单计价，必须遵守《建设工程工程量清单计价规范》的规定，按照统一的工程量计算规则、统一的工程量清单设置规则、统一的计价办法进行，使工程计价规范化。这些计价规则是强制性的，建设各方都应遵守。

（4）企业自主报价

投标企业根据自身的技术特长、材料采购渠道和管理水平等，制订企业自身的定额，或者参考造价管理部门颁发的建设工程消耗量定额，按照招标人提供的工程量清单自主报价。

（5）有效控制消耗量

通过由政府发布统一的社会平均消耗量作为指导性的标准，为施工企业提供一个社会平均尺度，避免随意扩大或减少工程消耗量，从而达到控制工程质量及工程造价的目的。

2）工程量清单计价与定额计价的比较

（1）项目设置不同

定额计价时，工程项目按综合定额中的子目来设置，其工程量按相应的工程量计算规则计算并独立计价。

工程量清单计价时，工程项目设置综合了各子项目工作的内容及施工程序，清单项目工程量按主项工程量计算规则计算，并综合了各子项目工作内容的工程量。各子项目工作内容的费用，按相应的计量方法折算成价格并入该清单项目的综合单价中。

（2）费用组成不同

定额计价时，工程费用由直接费、间接费、规费、利润、税金等组成。工程量清单计价时，工程费用由清单项目费、规费、税金等组成，定额计价中的直接费、间接费（包括管理费）、利润等以综合单价的形式包含在清单项目费中。

虽然工程量清单计价实行由市场竞争形成价格，但《全国统一安装工程预算定额》仍然有用，它向招投标双方提供了现阶段单位工程消耗量的社会平均尺度，作为控制工程消耗量、编制标底及投标报价的参照标准。

（3）计价模式不同

定额计价是我国长期以来所用的计价模式，其基本特点是"价格=定额+费用+文件规定"，并作为法定性的依据强制执行。无论工程招标编制标底还是投标报价，均以此为唯一的依据，承、发包双方共用一本定额和费用标准确定标底价和投标报价，一旦定额价与市场价脱节就影响到计价的准确性。定额计价是建立在以政府定价为主导的计划经济管理基础上的价格管理模式，它所体现的是政府对工程价格的直接管理和调控。随着市场经济的发展，曾提出过"控制量、指导价、竞争费"、"量价分离"、"以市场竞争形成价格"等多种改革方案，但由于没有对定额管理方式及计价模式进行根本的改变，以至于未能真正体现量价分离，以市场竞争形成价格。

工程量清单计价属于全面成本管理的范畴，其基本特点是"统一计价规则，有效控制消耗量，彻底放开价格，正确引导企业自主报价、市场有序竞争形成价格"。工程量清单计价跳出了传统的定额计价模式，建立起一种全新的计价模式，依靠市场和企业的实力通过竞争形成价格，使业主通过企业报价可直观地了解工程项目的造价。

（4）计算方法不同

定额计价采用工、料、机单价法进行计算，当定额单价与市场价有差异时，需按工程承一发包双方约定的价格与定额价对比，进行价差调整。

工程量清单计价采用综合单价法进行计算，不存在价差调整。工、料、机价格由施工企业根据市场价格及自身实力自行确定。

### 3）工程量清单计价的编制方法

采用工程量清单计价时，工程造价由分部分项工程量清单费、措施项目费、其他项目费、规费（行政事业性收费）、税金等部分组成。

工程量清单计价，按其作用不同可分为标底和投标报价。标底是由招标人编制的，作为衡量工程建设成本、进行评标的参考依据。投标报价是由施工企业编制的，反映该企业承建工程所需的全部费用。无论标底编制还是投标报价编制，都应按照相同的格式进行。

工程量清单计价格式应随招标文件发给投标人。电气安装工程工程量清单计价格式的内容包括封面、投标总价、工程项目总价表、单位工程费汇总表、分部分项工程清单项目费汇总表、分部分项工程量清单计价表、措施项目清单计价表、其他项目清单计价表、零星工作项目计价表、安装工程设备价格明细表、主要材料价格明细表、分部分项工程量清单综合单价分析表、措施项目费分析表等部分，各部分的内容及格式如下。

（1）封面

工程量清单计价封面格式如图 6-5 所示。

```
_____工程

        工程量清单报价表

投 标 人：_____（单位签字盖章）
法定代表人：_____（签字盖章）
造价工程师
及注册证号：_____（签字盖执业专用章）
编 制 时 间：_____
```

图 6-5　工程量清单计价封面格式

（2）投标总价

投标总价的格式如图 6-6 所示。

（3）工程项目总价表

工程项目总价表汇总了大型工程中各单项工程的造价，如土建工程、安装工程、装饰工程等。

投 标 总 价

建 设 单 位：_____
工 程 名 称：_____
投标总价（小写）：_____
　　　　（大写）：_____
投 标 人：_____（单位签字盖章）
法 定 代 表 人：_____（签字盖章）
编 制 时 间：_____

图 6-6　工程量清单投标总价格式

（4）单位工程费汇总表

单位工程费汇总表汇总了分部分项工程量清单项目费、措施项目费、其他项目费、行政事业性收费（又叫规费）、税金等费用。该表反映了工程总造价及总造价中各组成部分的费用。单位工程费汇总表的格式如表 6-9 所示。

**表 6-9　单位工程费汇总表**

工程名称：　　　　　　　　　　　　　　　　　　　　　　　　　　　　　　　　第　页　共　页

| 代　码 | 费 用 名 称 | 计 算 工 式 | 费　率（%） | 金　额（元） |
|---|---|---|---|---|
| A | 工程量清单项目费 | QDF | | |
| B | 措施项目费 | | | |
| C | 其他项目费 | DLF | | |
| D | 行政事业性收费 | | | |
| | 社会保险费 | RGF | 3.58 | |
| | 住房公积金 | RGF | 0.43 | |
| | 工程定额测定费 | A+B+C | 0.10 | |
| | 危险作业意外伤害保险费 | A+B+C | 0.11 | |
| | 工程排污费 | A+B+C | 0.06 | |
| | 工伤保险费 | A+B+C | 0.04 | |
| | 防洪工程维护费 | A+B+C | 0.18 | |
| E | 不含税工程造价 | A+B+C+D | 100.00 | |
| F | 税金 | E | 3.41 | |
| | 含税工程造价 | E+F | 100.00 | |

法人代表：　　　　　　　编制单位：　　　　　　　编制日期：　　　　　　　年　月　日

表 6-9 中"费率"按照黑龙江省建筑安装工程费用计取，"金额"栏中的数据等于"计算公式"栏中的数据乘以"费率"栏中对应数据。需要注意的是，不同省市、地区的行政事业性收费（即规费）的费用项目及计算公式、对应的费率等都有所不同，实际使用时，应按照工程所在地的建委或建设工程造价管理机构的有关规定进行计算。

（5）分部分项工程量清单项目费汇总表

该表汇总了各分部工程的清单项目费，如电气安装工程中的电缆敷设、配电箱和荧光灯具安装等。其格式如表 6-10 所示。

（6）分部分项工程量清单计价表

分部分项工程量清单计价表由标底编制人或投标人按照招标文件提供的分部分项工程量清单，逐项进行计价。表中的序号、项目编码、项目名称、计量单位、工程数量必须按分部分项工程量清单中的相应内容填写。其格式如表 6-11 所示。

### 表 6-10　分部分项工程量清单项目费汇总表

工程名称：　　　　　　　　　　　　　　　　　　　　　　第 页 共 页

| 序　号 | 名称及说明 | 合　价（元） | 备　注 |
|---|---|---|---|
| 1 | | | |
| 2 | | | |
| 3 | | | |
| 4 | | | |
| 5 | | | |
| | | | |
| | | | |
| | | | |
| | 合　计 | | |

编制人：　　　　　　编制证：　　　　　　编制日期：　　　　年 月 日

### 表 6-11　分部分项工程量清单计价表

工程名称：　　　　　　　　　　　　　　　　　　　　　　第 页 共 页

| 序　号 | 项目编码 | 项目名称 | 计量单位 | 工程数量 | 金额（元） | | 备　注 |
|---|---|---|---|---|---|---|---|
| | | | | | 综合单价 | 合价 | |
| 1 | | | | | | | |
| 2 | | | | | | | |
| 3 | | | | | | | |
| 4 | | | | | | | |
| 5 | | | | | | | |
| | | | | | | | |
| | | | | | | | |
| | | | | | | | |
| | | 合　计 | | | | | |

编制人：　　　　　　编制证：　　　　　　编制日期：　　　　年 月 日

（7）措施项目清单计价表

措施项目清单计价表是按照招标文件提供的措施项目清单及施工单位补充的措施项

目，逐项进行计价的表格。表中的序号、项目名称必须按措施项目清单中的相应内容填写，如表 6-12 所示。

（8）其他项目清单计价表

其他项目清单计价表是按照招标文件提供的其他项目清单及施工单位补充的项目，逐项进行计价的表格。表中的序号、项目名称必须按其他项目清单（见表 6-8）中的相应内容填写。

表 6-12　措施项目清单计价表

工程名称：　　　　　　　　　　　　　　　　　　　　　　　　　　　第 页 共 页

| 序　号 | 项 目 编 码 | 项 目 名 称 | 单　位 | 合　价（元） | 备　注 |
|---|---|---|---|---|---|
| 1 | | 脚手架费 | 宗 | | |
| 2 | | 临时设施费 | 宗 | | |
| 3 | | 文明施工费 | 宗 | | |
| 4 | | 工程保险费 | 宗 | | |
| 5 | | 工程保修费 | 宗 | | |
| 6 | | 预算包干费 | 宗 | | |
| | | | | | |
| | | 合　计 | | | |

编制人：　　　　　　编制证：　　　　　　编制日期：　　　　　年 月 日

（9）零星工作项目计价表

零星工作项目计价表是按照招标文件提供的零星工作项目及施工单位补充的项目，逐项进行计价的表格，如表 6-13 所示。表中的人工、材料、机械等的名称、计量单位和相应数量应按零星工作项目表中相应的内容填写，工程竣工后零星工作费应按实际完成的工程量所需费用结算。

表 6-13　零星工作项目计价表

工程名称：　　　　　　　　　　　　　　　　　　　　　　　　　　　第 页 共 页

| 序　号 | 名　称 | 计 量 单 位 | 数　量 | 金　额（元） | |
|---|---|---|---|---|---|
| | | | | 综合单价 | 合　价 |
| 1 | 人工 | | | | |
| 1.1 | 高级技术工人 | 工　日 | | | |
| 1.2 | 技术工人 | 工　日 | | | |
| 1.3 | 普工 | 工　日 | | | |
| 2 | 材料 | | | | |
| 2.1 | 管材 | kg | | | |
| 2.2 | 型材 | kg | | | |
| 2.3 | 其他 | kg | | | |
| 3 | 机械 | | | | |
| 3.1 | | | | | |
| | 合　计 | | | | |

编制人：　　　　　　编制证：　　　　　　编制日期：　　　　　年 月 日

（10）安装工程设备价格表

安装工程设备价格表的格式如表 6-14 所示。

（11）主要材料价格明细表

主要材料价格明细表的格式和表 6-15 相同。

### 表 6-14　安装工程设备价格表

工程名称：　　　　　　　　　　　　　　　　　　　　　　　　　　　　　　　第 页 共 页

| 序　号 | 设备编码 | 名称、规格、型号 | 单　位 | 编制价（元） | 产　地 | 厂　家 | 备　注 |
|---|---|---|---|---|---|---|---|
|  |  |  |  |  |  |  |  |
|  |  |  |  |  |  |  |  |
|  |  |  |  |  |  |  |  |
|  |  |  |  |  |  |  |  |
|  |  |  |  |  |  |  |  |
|  |  |  |  |  |  |  |  |
|  |  |  |  |  |  |  |  |
|  |  |  |  |  |  |  |  |
|  |  |  |  |  |  |  |  |

编制人：　　　　　　　　　编制证：　　　　　　　　　编制日期：　　　　　　　　年 月 日

（12）综合单价分析表

综合单价分析表反映了工程量清单计价时综合单价的计算依据，其格式如表 6-15 所示。

### 表 6-15　综合单价分析表

工程名称：　　　　　　　　　　　　　　　　　　　　　　　　　　　　　　　第 页 共 页

| 清单编码 | 项目名称 | 计量单位 | 工程数量 | 综合单价（元） | | | | | |
|---|---|---|---|---|---|---|---|---|---|
|  |  |  |  | 人工费 | 材料费 | 机械费 | 管理费 | 利润 | 合价 |
|  |  |  |  |  |  |  |  |  |  |
|  |  |  |  |  |  |  |  |  |  |
|  |  |  |  |  |  |  |  |  |  |
| 定额编号 | 合　计 |  |  |  |  |  |  |  |  |
|  |  |  |  |  |  |  |  |  |  |

编制人：　　　　　　　　　编制证：　　　　　　　　　编制日期：　　　　　　　　年 月 日

（13）措施项目费分析表

措施项目费分析表的格式如表 6-16 所示。

### 表 6-16　措施项目费分析表

工程名称：　　　　　　　　　　　　　　　　　　　　　　　　　　　　　　　第 页 共 页

| 序　号 | 措施项目名称 | 单　位 | 数　量 | 金　额（元） | | | | | |
|---|---|---|---|---|---|---|---|---|---|
|  |  |  |  | 人工费 | 材料费 | 机械费 | 管理费 | 利润 | 小价 |
|  |  |  |  |  |  |  |  |  |  |
|  |  |  |  |  |  |  |  |  |  |
|  |  |  |  |  |  |  |  |  |  |

| 序　号 | 措施项目名称 | 单　位 | 数　量 | 金　额（元） | | | | | |
|---|---|---|---|---|---|---|---|---|---|
| | | | | 人工费 | 材料费 | 机械费 | 管理费 | 利润 | 小价 |
| | | | | | | | | | |
| | | | | | | | | | |
| | | | | | | | | | |
| | 合　计 | | | | | | | | |

编制人：　　　　　　　编制证：　　　　　　　编制日期：　　　　　年　月　日

## 任务 6.5　综合单价的确定

综合单价是指完成工程量清单中一个计量单位的工程项目所需的人工费、材料费、机械使用费、管理费、利润的总和及一定的风险费用。在工程量清单计价中，综合单价的准确程度直接影响到工程计价的准确性。对于投标企业，合理计算综合单价，可以降低投标报价的风险。

综合单价应根据招标文件、施工图纸、图纸会审纪要、工程技术规范、质量标准、工程量清单等，按照施工企业内部定额或参照国家及省市有关工程消耗量定额、材料指导价格等计算得出。

具体计算综合单价时，可按如下步骤进行。

（1）根据工程量清单项目所对应的项目特征及工作内容，分别套取对应的预算定额子目得到工、料、机的消耗量指标，或者套用企业内部定额得到相应消耗量。

（2）按照市场价格计算出完成相应工作内容所需的工、料、机费用及管理费、利润。其中管理费和利润依据施工企业的实际情况按系数计算，一般情况下当不考虑风险时，电气安装工程的管理费包括现场管理费和企业管理费，可按人工费的 22%～26% 计取，利润可按人工费的 50% 计取。

（3）合计得到完成该清单项目所规定的所有工作内容的总费用，用总费用除以该清单项目的工程数量，即得该清单项目的综合单价。

【案例 6-3】　计算某工程量清单综合单价

根据本情境任务中【案例 6-1】所列的工程量清单，分析计算该清单项目的综合单价。

该清单项目包括 4 台油浸式变压器的本体安装和干燥、绝缘油过滤共 0.71t、基础槽钢制作安装共 80kg，计算综合单价时，应首先计算出完成所有工作内容的总费用，再除以 4 即得到安装 1 台油浸式变压器的综合单价。

假设清单所列变压器的市场价为 150 000.00 元/台，槽钢的市场价为 3 500.00 元/吨，经计算得槽钢的单位长度质量为 15kg/m。

该例管理费按人工费的 50% 计取，利润按人工费的 35% 计取。计算管理费和利润时，可对各子目按系数分别计算，合计后除以清单工程数量；也可以在计算出综合工、料、机费后，再按系数计算管理费和利润。分析计算得该清单项目的综合单价如表 6-17 所示。

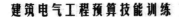

**表 6-17　分部分项工程量清单综合单价分析表**

工程名称：　　　　　　　　　　　　　　　　　　　　　　　　　　　　　　　　　　第　页　共　页

| 序号 | 清单编码 | 项目名称 | 计量单位 | 工程数量 | 综合单价（元） | | | | | |
|---|---|---|---|---|---|---|---|---|---|---|
| | | | | | 人工费 | 材料费 | 机械使用费 | 管理费 | 利润 | 合价 |
| 1 | 030201001001 | 油浸电力变压器 SL4-1000kV·A/10 kV | 台 | 1 | 721.07 | 150 948.48 | 477.80 | 360.54 | 252.37 | 152 760.26 |
| | 定额编号 | 合计 | 台 | 4 | 2 884.29 | 603 793.92 | 1 911.21 | | | |
| | 2-1-3 | 油浸电力变压器安装 10 kV/容量 1000 kV·A 以下 | 台 | 4 | 356.75 | 185.19 | 380.32 | | | |
| | | 油浸电力变压器 SL4- 1000 kV·A/10 kV | 台 | 4 | | 150 000.00 | | | | |
| | 2-1-25 | 电力变压器干燥 10kV/容量 1000 kV·A 以下 | 台 | 4 | 345.66 | 654.49 | 42.87 | | | |
| | 2-1-30 | 变压器油过滤 | t | 0.71 | 58.26 | 181.67 | 277.12 | | | |
| | 2-4-121 | 基础槽钢制作安装 | 10m | 0.533 | 62.44 | 49.19 | 40.71 | | | |
| | 010099 | 槽钢 | t | 0.08 | | 3 500.00 | | | | |

编制人：　　　　　　　　　编制证：　　　　　　　　　　　编制日期：　　　　　　年 月 日

## 【案例 6-4】　计算某建筑防雷与接地装置工程量清单综合单价

　　根据本情境任务中【案例 6-2】所列的工程量清单，分析计算该清单项目的综合单价。

　　根据计算出的工程量清单，按照广州地区的消耗量标准及市场价格，计算该防雷与接地装置工程中避雷装置项目的综合单价，如表 6-18 所示。其中管理费按人工费的 36.345% 计算，利润按人工费的 30% 计算。

　　计算出综合单价后，即可按照表 6-11 的格式，顺序填写分部分项工程量清单计价表，合计得出分部分项工程量清单项目费。

　　分部分项工程量清单综合单价分析表，是按照招标文件的要求编制的，必须按照计价规范中规定的格式填写，项目名称及工作内容必须与工程量清单一致。

**表 6-18　分部分项工程量清单综合单价分析表**

工程名称：　　　　　　　　　　　　　　　　　　　　　　　　　　　　　　　　　　第　页　共　页

| 序号 | 清单编码 | 项目名称 | 计量单位 | 工程数量 | 综合单价（元） | | | | | |
|---|---|---|---|---|---|---|---|---|---|---|
| | | | | | 人工费 | 材料费 | 机械使用费 | 管理费 | 利润 | 合价 |
| 1 | 030209002001 | 避雷装置 | 项 | 1 | 392.35 | 266.82 | 189.13 | 143.38 | 117.70 | 1 109.38 |
| | 定额编号 | 合计 | 项 | 1 | 392.35 | 266.82 | 189.13 | 143.38 | 117.70 | |
| | 2-9-61 | 避雷网沿混凝土块敷设 | 10m | 5.30 | 85.81 | 49.87 | 56.07 | 31.16 | 25.74 | |

续表

| 序号 | 清单编码 | 项目名称 | 计量单位 | 工程数量 | 综合单价（元） | | | | | |
|---|---|---|---|---|---|---|---|---|---|---|
| | | | | | 人工费 | 材料费 | 机械使用费 | 管理费 | 利润 | 合价 |
| 1 | 2-9-63 | 避雷网混凝土块制作 | 10块 | 6.00 | 48.60 | 57.54 | | 17.64 | 14.58 | |
| | 2-9-58 | 避雷引下线沿建筑、构筑物引下 | 10m | 2.46 | 39.83 | 24.30 | 50.06 | 14.46 | 11.95 | |
| | B000042 | 引下线φ8镀锌圆钢 | m | 24.60 | | 29.52 | | | | |
| | 2-9-60 | 避雷引下线断接卡子 | 10套 | 0.20 | 12.67 | 5.14 | 0.12 | 4.61 | 3.80 | |
| | 7-6-3 | 接地极（板）制作安装∠50×5镀锌角钢 | 根 | 6.00 | 34.32 | 10.92 | 72.90 | 13.86 | 10.30 | |
| | 2-9-10 | 户外接地母线敷设截面200mm²内 | 10m | 3.06 | 164.26 | 4.22 | 9.89 | 59.70 | 49.28 | |
| | B000040 | 接地母线-25×4镀锌扁钢 | m | 30.60 | | 45.90 | | | | |
| | 11-2-1 | 管道刷油红丹防锈漆第一遍 | 10m² | 0.58 | 2.26 | 0.59 | | 0.64 | 0.68 | |
| | 11-2-16 | 管道刷油沥青漆第一遍 | 10m² | 0.58 | 2.34 | 0.73 | | 0.67 | 0.70 | |
| | 11-2-17 | 管道刷油沥青漆第二遍 | 10m² | 0.58 | 2.26 | 0.65 | | 0.64 | 0.68 | |
| | Z100147 | 煤焦油沥清漆L01-17 | kg | 1.43 | | 8.60 | | | | |
| | Z100147 | 煤焦油沥清漆L01-17 | kg | 1.67 | | 10.02 | | | | |
| | Z100013 | 醇酸防锈漆G53-1 | kg | 0.85 | | 6.82 | | | | |
| | | ∠50×5镀锌保护角钢 | m | 4.00 | | 12.00 | | | | |
| 2 | 030211008001 | 接地装置调试 | 系统 | 1 | 68.99 | 1.86 | 110.88 | 25.07 | 20.70 | 227.50 |
| | 定额编号 | 合计 | 系统 | 2 | 137.98 | 3.72 | 221.76 | 50.14 | 41.4 | |
| | 2-14-48 | 接地电阻测试 | 系统 | 2 | 68.99 | 1.86 | 110.88 | 25.07 | 20.70 | |

# 任务 6.6　某商贸中心工程量清单计价编制

　　根据某商贸中心的电气施工图纸，按施工企业的实际情况编制投标报价标书。工程量清单由甲方随招标文件提供，工程图纸略。投标单位具有一级施工资质，施工经验较丰富，施

工管理水平较高，拥有先进的施工机具。投标报价时管理费按人工费的45%计算，利润按人工费的25%计算。

工程量清单及投标报价标书如图6-7和表6-19～表6-26所示。

投 标 总 价

建设单位：＿＿＿＿＿＿＿＿（单位盖章）

工程名称：商贸中心电气安装工程

投标总价（小写）：1 023 475.23 元

（大写）：壹佰零贰万叁仟肆佰柒拾伍元贰角叁分

投 标 人：＿＿＿＿＿＿＿＿（单位盖章）

法定代表：＿＿＿＿＿＿＿＿（签字盖章）

编制日期：＿＿＿＿＿＿

图 6-7  投标报价标书

表 6-19  单位工程费汇总表

工程名称：商贸中心电气安装工程

| 序　　号 | 项 目 名 称 | 金　　额/元 |
|---|---|---|
| 1 | 分部分项工程费 | 759 677.93 |
| 2 | 措施项目费 | 16 500.00 |
| 3 | 其他项目费 | 171 746.05 |
| 4 | 规费 | 41 801.61 |
| 4.1 | 社会保险费 | 23 776.43 |
| 4.2 | 住房公积金 | 6 839.68 |
| 4.3 | 工程定额测定费 | 647.92 |
| 4.4 | 建筑企业管理费 | 1 895.85 |
| 4.5 | 工程排污费 | 3 791.70 |
| 4.6 | 施工噪声排污费 | 1 706.26 |
| 4.7 | 防洪工程维护费 | 2 843.77 |
| 5 | 不含税工程造价 | 989 725.59 |
| 6 | 税金 | 33 749.64 |
| | 含税工程造价 | 1 023 475.23 |

表 6-20 分部分项工程清单项目费汇总表

工程名称：商贸中心电气安装工程

| 序 号 | 名 称 及 说 明 | 合 价/元 | 备 注 |
|---|---|---|---|
| 1 | 动力、照明电气安装工程 | 505 296.68 | |
| 2 | 火灾自动报警系统 | 254 381.25 | |
| | | | |
| | | | |
| | | | |
| | | | |
| | | | |
| | | | |
| | | | |
| | | | |
| | | | |
| | 合 计 | 759 677.93 | |

表 6-21 分部分项工程量清单

工程名称：商贸中心电气安装工程

| 序 号 | 项目编码 | 项 目 名 称 | 计量单位 | 工程数量 | 金 额（元） | |
|---|---|---|---|---|---|---|
| | | | | | 综合单位 | 合 价 |
| 一 | 0302 | 动力、照明电气安装工程 | | | | |
| 1 | 030204004001 | 低压开关柜<br>1. 基础槽钢制作、安装<br>2. 柜安装<br>3. 端子板安装<br>4. 焊、压接线端子 | 台 | 12.00 | 6 120.75 | 73 448.76 |
| 2 | 030204010001 | 低压电容器柜<br>1. 基础槽钢制作、安装<br>2. 柜安装<br>3. 端子板安装<br>4. 焊、压接线端子<br>5. 屏边安装 | 台 | 2.00 | 2 739.75 | 2 739.75 |
| 3 | 030204018001 | 落地式动力配电箱<br>1. 基础型钢制作、安装<br>2. 箱体安装 | 台 | 8.00 | 1 403.38 | 11 227.04 |
| 4 | 030204018002 | 照明配电箱<br>箱体安装 | 台 | 24.00 | 338.57 | 8 125.68 |
| 5 | 030204018003 | 小型配电箱<br>箱体安装 | 台 | 278.00 | 157.14 | 43 684.92 |

续表

| 序 号 | 项目编码 | 项目名称 | 计量单位 | 工程数量 | 金 额（元） | |
|---|---|---|---|---|---|---|
| | | | | | 综合单位 | 合 价 |
| 6 | 030203003001 | 带形母线 TMY125×10<br>1. 支持绝缘子、穿墙套管的耐压试验、安装<br>2. 穿通板制作、安装<br>3. 母线安装<br>4. 引下线安装<br>5. 刷分相漆 | m | 98.00 | 310.28 | 30 407.44 |
| 7 | 030203003002 | 带形母线 TMY50×5<br>1. 支持绝缘子、穿墙套管的耐压试验、安装<br>2. 穿通板制作、安装<br>3. 母线安装<br>4. 母线桥安装<br>5. 引下线安装<br>6. 刷分相漆 | m | 156.00 | 20.68 | 3 226.08 |
| 8 | 030208001001 | 电力电缆 ZRRVV-4×35+1×16<br>1. 揭（盖）盖板<br>2. 电缆敷设<br>3. 电缆头制作、安装<br>4. 过路保护管敷设<br>5. 防火堵洞<br>6. 电缆防护<br>7. 电缆防火隔板<br>8. 电缆防火涂料 | m | 372.00 | 92.28 | 34 328.16 |
| 9 | 030208001002 | 电力电缆 ZRVV-4×16+1×10<br>1. 电缆敷设<br>2. 电缆头制作、安装<br>3. 过路保护管敷设<br>4. 防火堵洞<br>5. 电缆防护 | m | 560.00 | 48.11 | 26 941.60 |
| 10 | 030208001003 | 电力电缆 ZRVV-4×10+1×6<br>1. 电缆敷设<br>2. 过路保护管敷设<br>3. 防火堵洞<br>4. 电缆防护 | m | 1 250.00 | 30.69 | 38 362.50 |
| 11 | 030208005001 | 电缆支架制作、安装<br>1. 制作、除锈、刷油<br>2. 安装 | t | 2.00 | 7 411.96 | 14 823.92 |

| 序　号 | 项目编码 | 项 目 名 称 | 计量单位 | 工程数量 | 金　额（元） | |
|---|---|---|---|---|---|---|
| | | | | | 综 合 单 位 | 合 价 |
| 12 | 030209001001 | 接地母线敷设<br>1. 接地母线敷设<br>2. 接地跨接线<br>3. 构架接地 | 项 | 1.00 | 4 491.47 | 4 491.47 |
| 13 | 030212001001 | 钢架配管 DN32<br>1. 支架制作、安装<br>2. 电线管路敷设<br>3. 接线盒（箱）、灯头盒、开关盒、插座盒安装<br>4. 防腐油漆<br>5. 接地 | m | 153.00 | 42.61 | 6 519.33 |
| 14 | 030212001002 | 钢架配管 DN25<br>1. 支架制作、安装<br>2. 电线管路敷设<br>3. 接地盒（箱）、灯头盒、开关盒、插座盒安装<br>4. 防腐油漆<br>5. 接地 | m | 250.00 | 41.89 | 10 472.50 |
| 15 | 030212001003 | 钢架配管 DN25<br>1. 支架制作、安装<br>2. 电线管路敷设<br>3. 接线盒（箱）、灯头盒、开关盒、插座盒安装<br>4. 防腐油漆<br>5. 接地 | m | 336.00 | 41.48 | 13 937.28 |
| 16 | 030212001004 | 电线管暗埋 DN32<br>1. 支架制作、安装<br>2. 电线管路敷设<br>3. 接线盒（箱）、灯头盒、开关盒、插座盒安装<br>4. 接地 | m | 80.00 | 6.65 | 532.00 |
| 17 | 030212001005 | 电线管暗埋 DN25<br>1. 支架制作、安装<br>2. 电线管路敷设<br>3. 接线盒（箱）、灯头盒、开关盒、插座盒安装<br>4. 接地 | m | 345.00 | 6.11 | 2 107.96 |

| 序　号 | 项目编码 | 项目名称 | 计量单位 | 工程数量 | 金　额（元） | |
|---|---|---|---|---|---|---|
| | | | | | 综合单位 | 合　价 |
| 18 | 031212001006 | 电线管暗埋 DN15<br>1. 支架制作、安装<br>2. 电线管路敷设<br>3. 接线盒（箱）、灯头盒、开关盒、插座盒安装<br>4. 接地 | m | 2 890.00 | 6.45 | 18 640.50 |
| 19 | 030212003001 | 管内穿线 BV-10<br>管内穿线 | m | 850.00 | 2.35 | 1 997.50 |
| 20 | 030212003002 | 管内穿线 BV-6<br>管内穿线 | m | 1 100.00 | 1.70 | 1 870.00 |
| 21 | 030212003003 | 管内穿线 BV-2.5<br>管内穿线 | m | 3 678.00 | 1.23 | 4 523.94 |
| 22 | 030212003004 | 管内穿线 BV-1.5<br>管内穿线 | m | 6 135.00 | 1.18 | 7 239.30 |
| 23 | 030213001001 | 圆球吸顶灯 $\phi300$<br>1.支架制作、安装<br>2. 组装<br>3. 油漆 | 套 | 85.00 | 111.15 | 9 447.75 |
| 24 | 030213001002 | 方形吸顶灯安装<br>1. 支架制作、安装<br>2. 组装<br>3. 油漆 | 套 | 176.00 | 70.18 | 12 351.68 |
| 25 | 030213001003 | 壁灯安装<br>1. 支架制作、安装<br>2. 组装<br>3. 油漆 | 套 | 62.00 | 84.47 | 5 237.14 |
| 26 | 030213003001 | 装饰灯 $\phi700$ 吸顶<br>1. 支架制作、安装<br>2. 安装 | 套 | 38.00 | 356.62 | 13 551.56 |
| 27 | 030213003002 | 装饰灯 $\phi800$ 吊顶<br>1. 支架制作、安装<br>2. 安装 | 套 | 8.00 | 1 341.37 | 10 730.93 |
| 28 | 030213003003 | 疏散指示灯<br>1. 支架制作、安装<br>2. 安装 | 套 | 72.00 | 86.04 | 6 194.88 |
| 29 | 030213004001 | 吊链式荧光灯 YG2-1<br>安装 | 套 | 180.00 | 43.69 | 7 864.20 |

| 序号 | 项目编码 | 项目名称 | 计量单位 | 工程数量 | 金　额（元） | |
|---|---|---|---|---|---|---|
| | | | | | 综合单位 | 合　价 |
| 30 | 030213004002 | 吊链式荧光灯 YG2-2<br>安装 | 套 | 286.00 | 58.40 | 16 702.40 |
| 31 | 030213004003 | 吊链式荧光灯 YG2-3<br>安装 | 套 | 32.00 | 84.58 | 16 702.40 |
| 32 | 030213002001 | 直杆式防水防尘灯<br>1. 支架制作、安装<br>2. 安装 | 套 | 18.00 | 89.53 | 1 611.54 |
| 33 | 030204031001 | 三联暗开关（单控）86<br>系列<br>1. 安装<br>2. 焊压端子 | 个 | 315.00 | 16.18 | 5 096.70 |
| 34 | 030204031002 | 双联暗开关（单控）86<br>系列<br>1. 安装<br>2. 焊压端子 | 个 | 193.00 | 11.67 | 2 252.31 |
| 35 | 030204031003 | 单联暗开关（单控）86<br>系列<br>1. 安装<br>2. 焊压端子 | 个 | 126.00 | 9.38 | 1 181.88 |
| 36 | 030204031004 | 单相二、三孔暗插座<br>200V6A<br>1. 安装<br>2. 焊压端子 | 个 | 385.00 | 10.32 | 3 973.20 |
| 37 | 030204031005 | 单相三孔暗插座<br>200V15A<br>1. 安装<br>2. 焊压端子 | 个 | 21.00 | 12.32 | 258.72 |
| 38 | 030211002001 | 送配电装置系统<br>系统调试 | 系统 | 75.00 | 468.58 | 36 493.50 |
| 39 | 030211004001 | 补偿电容器柜调试<br>调试 | 套 | 2.00 | 4 767.02 | 9 534.04 |
| 40 | 030211008001 | 接地装置<br>接地电阻测试 | 系统 | 2.00 | 230.02 | 460.04 |
| | | 小计 | | | | 505 296.68 |
| 二 | 0307 | 火灾自动报警系统 | | | | |
| 1 | 030705001001 | 智能型感烟探测器<br>JTY-LZ-ZM1551<br>1. 探头安装<br>2. 底座安装<br>3. 校接线<br>4. 探测器调试 | 只 | 800.00 | 149.97 | 119 976.00 |

| 序号 | 项目编码 | 项目名称 | 计量单位 | 工程数量 | 综合单位 | 合价 |
|---|---|---|---|---|---|---|
| 2 | 030705001002 | 智能型感烟探测器 JTY-BD-ZM1551<br>1. 探头安装<br>2. 底座安装<br>3. 校接线<br>4. 探测器调试 | 只 | 63.00 | 204.97 | 12 913.11 |
| 3 | 030705001003 | 普通感烟探测器<br>1. 探头安装<br>2. 底座安装<br>3. 校接线<br>4. 探测器调试 | 只 | 326.00 | 104.26 | 33 988.76 |
| 4 | 030705003001 | 手动报警按钮<br>1. 安装<br>2. 校接线<br>3. 调试 | 只 | 60.00 | 65.40 | 3 924.00 |
| 5 | 030705009001 | 声光报警盒<br>1. 安装<br>2. 调试 | 台 | 84.00 | 137.30 | 11 533.20 |
| 6 | 030705005001 | 报警控制器<br>1. 本体安装<br>2. 消防报警备用电源<br>3. 校接线<br>4. 调试 | 台 | 1.00 | 1 518.64 | 1 518.64 |
| 7 | 030705008001 | 重复显示器<br>1. 安装<br>2. 调试 | 台 | 12.00 | 793.82 | 9 525.84 |
| 8 | 030705004001 | 输入模块JSM-M500M<br>1. 安装<br>2. 调试 | 台 | 12.00 | 190.73 | 17 928.62 |
| 9 | 030705004002 | 输出模块KM-M500C<br>1. 安装<br>2. 调试 | 台 | 136.00 | 212.73 | 28 931.28 |
| 10 | 030706001001 | 自动报警系统装置调试系统装置调试 | 系统 | 1.00 | 14 141.80 | 14 141.80 |
| | | 小计 | | | | 254 381.25 |
| | | 合计 | | | | 759.677.93 |

表6-22　措施项目清单计价表

工程名称：商贸中心电气安装工程

| 序　　号 | 项 目 名 称 | 金　额/元 |
|---|---|---|
| 1 | 环境保护 | 2 500.00 |
| 2 | 文明施工 | 1 000.00 |
| 3 | 安全施工 | 1 500.00 |
| 4 | 临时设施 | 3 500.00 |
| 5 | 脚手架搭拆费 | 8 000.00 |
| | 小计 | 16 500.00 |
| | 合计 | 16 500.00 |

表6-23　其他项目清单计价表

工程名称：商贸中心电气安装工程

| 序　　号 | 项 目 名 称 | 金　额/元 |
|---|---|---|
| 1 | 招标人部分 | |
| 1.1 | 预留金 | 35 000.00 |
| 1.2 | 材料购置费 | 128 500.00 |
| | 小计 | 163 500.00 |
| 2 | 投标人部分 | |
| 2.1 | 总承包服务费 | |
| 2.2 | 零星工作项目 | 8 246.05 |
| 2.3 | 其他费用 | |
| | 小计 | 8 246.05 |
| | 合计 | 171 746.05 |

表6-24　零星工作项目计价表

工程名称：商贸中心电气安装工程

| 序　　号 | 名　　称 | 计 量 单 位 | 数　　量 | 金　额/元 综合单价 | 金　额/元 合　价 |
|---|---|---|---|---|---|
| 1 | 人工 | | | | |
| 1.1 | 高级技术工人 | 工　日 | 50.00 | 75.00 | 3 750.00 |
| | 技术工人 | 工　日 | 35.00 | 30.00 | 1 050.00 |
| | 零工 | 工　日 | 36.00 | 20.00 | 720.00 |
| | 小计 | | | | 5 520.00 |
| 2 | 材料 | | | | |
| 2.1 | 电焊条 | kg | 15.00 | 5.50 | 82.50 |
| | 型材 | kg | 160.00 | 3.40 | 544.00 |

| 序　号 | 名　　称 | 计量单位 | 数　量 | 综合单价 | 合　价 |
|---|---|---|---|---|---|
| | | | | 金　额/元 | |
| | 小计 | | | | 626.50 |
| 3 | 机械 | | | | |
| 3.1 | 5t 汽车起重机 | 台班 | 4.00 | 300.00 | 1 200.00 |
| | 交流电焊机 | 台班 | 15.00 | 60.00 | 900.00 |
| | 小计 | | | | 2 100.00 |
| | 合计 | | | | 8 246.50 |

表 6-25　分部分项目工程量清单综合单价分析表

工程名称：商贸中心电气安装工程

| 序号 | 项目编码 | 项目名称 | 工程内容 | 人工费 | 材料费 | 机械使用费 | 管理费 | 利润 | 综合单价/元 |
|---|---|---|---|---|---|---|---|---|---|
| | | | | 综合单价组成/元 | | | | | |
| 1 | 030204004001 | 低压开关柜 | 低压开关柜安装 | 63.89 | 20.01 | 49.11 | 28.75 | 15.97 | 6 120.73 |
| | | | 低压开关柜 | | 5 800.00 | | | | |
| | | | 基础槽钢制作、安装 | 7.26 | 5.26 | 4.30 | 3.27 | 1.82 | |
| | | | 槽钢 | | 113.87 | | | | |
| | | | 手工除中锈 | 1.04 | 0.40 | | 0.47 | 0.26 | |
| | | | 红丹防锈漆第一遍 | 0.29 | 0.08 | | 0.13 | 0.07 | |
| | | | 红丹防锈漆第二遍 | 0.28 | 0.07 | | 0.12 | 0.07 | |
| | | | 醇酸防锈漆 G53-1 | | 1.84 | | | | |
| | | | 醇酸防锈漆 G53-1 | | 2.10 | | | | |
| | | | 小计 | 72.75 | 5 943.63 | 53.41 | 32.74 | 18.19 | |
| 2 | 030204010001 | 低压电容器柜 | 电容器柜安装 | 63.89 | 20.04 | 49.11 | 28.75 | 15.97 | 2 739.75 |
| | | | 低压电容器柜 | | 2 500.00 | | | | |
| | | | 基础槽钢制作、安装 | 7.14 | 5.17 | 4.23 | 3.21 | 1.78 | |
| | | | 槽钢 | | 28.00 | | | | |
| | | | 屏边安装 | 5.46 | 3.20 | | 2.46 | 1.36 | |
| | | | 小计 | 76.49 | 2 556.38 | 53.34 | 34.42 | 19.12 | |

续表

| 序号 | 项目编码 | 项目名称 | 工程内容 | 综合单价组成/元 | | | | | 综合单价/元 |
|---|---|---|---|---|---|---|---|---|---|
| | | | | 人工费 | 材料费 | 机械使用费 | 管理费 | 利润 | |
| 3 | | 落地式动力配电箱 | 箱体安装 | 63.89 | 20.01 | 49.34 | 28.75 | 15.97 | 1 403.38 |
| | | | 落地式动力配电箱 | | 1 200.00 | | | | |
| | | | 基础型钢制作、安装 | 5.36 | 3.88 | 3.18 | 2.41 | 1.34 | |
| | | | 槽钢 | | 8.40 | | | | |
| | | | 红丹防锈漆第一遍 | 0.31 | 0.09 | | 0.14 | 0.08 | |
| | | | 红丹防锈漆第二遍 | 0.03 | 0.01 | | 0.01 | 0.01 | |
| | | | 醇酸防锈漆G53-1 | | 0.20 | | | | |
| | | | 醇酸防锈漆G53-1 | | 0.22 | | | | |
| | | | 小计 | 69.59 | 1 232.81 | 52.29 | 31.31 | 17.40 | |
| 4 | 030204018002 | 照明配电箱 | 箱体安装 | 31.68 | 28.71 | | 14.26 | 7.92 | 338.57 |
| | | | 照明配电箱XRM-16 | | 256.00 | | | | |
| 5 | 030204018003 | 小型配电箱 | 箱体安装 | 26.40 | 26.26 | | 11.88 | 6.60 | 157.14 |
| | | | 小型配电箱 | | 86.00 | | | | |
| | | | 小计 | 26.40 | 112.26 | | 11.88 | 6.60 | |
| 6 | 030203003001 | 带形母线 | 母线安装 | 5.77 | 10.62 | 11.39 | 2.60 | 1.44 | 310.38 |
| | | | 铜母线TMY125×10 | | 125.00 | | | | |
| | | | 母线桥安装 | 28.51 | 11.52 | 10.97 | 12.83 | 7.13 | |
| | | | 扁钢-25～40 | | 8.25 | | | | |
| | | | 圆钢（综合） | | 2.16 | | | | |
| | | | 角钢（综合） | | 29.81 | | | | |
| | | | 母线桥安装 | 18.53 | 2.41 | 8.37 | 8.34 | 4.63 | |
| | | | 小计 | 52.81 | 189.77 | 30.73 | 23.77 | 13.20 | |
| 7 | 030203003002 | 带形母线 | 母线安装 | 3.22 | 6.47 | 7.07 | 1.45 | 0.81 | 20.68 |
| | | | 母线桥安装 | 0.30 | 0.12 | 0.12 | 0.14 | 0.08 | |
| | | | 扁钢-25～40 | | 0.09 | | | | |
| | | | 圆钢（综合） | | 0.02 | | | | |
| | | | 角钢（综合） | | 0.33 | | | | |
| | | | 母线桥安装 | 0.20 | 0.03 | 0.09 | 0.09 | 0.05 | |
| | | | 小计 | 3.72 | 7.06 | 7.28 | 1.68 | 0.94 | |

| 序号 | 项目编码 | 项目名称 | 工程内容 | 综合单价组成/元 | | | | | 综合单价/元 |
|---|---|---|---|---|---|---|---|---|---|
| | | | | 人工费 | 材料费 | 机械使用费 | 管理费 | 利润 | |
| 8 | 030208001001 | 电力电缆 ZRVV4×34+1×16 | 揭（盖）盖板 | 0.04 | | | 0.02 | 0.01 | 92.28 |
| | | | 电缆敷设 | 1.24 | 0.88 | 0.05 | 0.56 | 0.31 | |
| | | | 电缆 ZRRVV-4×35+1×16 | | 86.00 | | | | |
| | | | 电缆头制作、安装 | 0.34 | 1.38 | | 0.15 | 0.08 | |
| | | | 户内热缩式电缆终端头 35~400mm² | | 0.05 | | | | |
| | | | 防火堵洞 | 0.13 | 0.11 | | 0.06 | 0.03 | |
| | | | 超高增加费 | 0.44 | | | 0.20 | 0.11 | |
| | | | 高层建筑增加费 | 0.05 | | | 0.02 | 0.01 | |
| | | | 小计 | 2.24 | 88.42 | 0.05 | 1.01 | 0.56 | |
| 9 | 030208001002 | 电力电缆 ZRVV-4×16+1×10 | 电缆敷设 | 2.23 | 0.96 | 0.36 | 1.00 | 0.56 | 48.11 |
| | | | 电缆 ZRVV-4×16+1×10 | | 38.00 | | | | |
| | | | 电缆头制作、安装 | 0.93 | 2.74 | | 0.42 | 0.23 | |
| | | | 户电热缩式电缆终端头 35~400mm² | | 0.11 | | | | |
| | | | 防火堵洞 | 0.17 | 0.13 | | 0.07 | 0.04 | |
| | | | 高层建筑增加费 | 0.09 | | | 0.04 | 0.02 | |
| | | | 小计 | 3.42 | 41.94 | 0.36 | 1.53 | 0.85 | |
| 10 | 030208001003 | 电力电缆 ZRVV-4×10+×6 | 电缆敷设 | 2.23 | 0.96 | 0.36 | 1.00 | 0.56 | 30.69 |
| | | | 电缆 ZRVV-4×10+1×6 | | 25.00 | | | | |
| | | | 防火堵洞 | 0.17 | 0.13 | | 0.07 | 0.04 | |
| | | | 高层建筑增加费 | 0.09 | | | 0.04 | 0.02 | |
| | | | 小计 | 2.49 | 26.10 | 0.36 | 1.12 | 0.62 | |
| 11 | 030208005001 | 电缆支架制作、安装 | 制作、除锈、刷油 | 1 900.80 | 768.00 | 731.10 | 855.36 | 475.20 | 7411.96 |
| | | | 扁钢-25~40 | | 550.00 | | | | |
| | | | 圆钢（综合） | | 144.00 | | | | |
| | | | 角钢（综合） | | 1 987.50 | | | | |
| | | | 安装 | | | | | | |
| | | | 小计 | 1 900.80 | 3 449.50 | 731.10 | 855.36 | 475.20 | |

| 序号 | 项目编码 | 项目名称 | 工程内容 | 综合单价组成/元 | | | | | 综合单价/元 |
|---|---|---|---|---|---|---|---|---|---|
| | | | | 人工费 | 材料费 | 机械使用费 | 管理费 | 利润 | |
| 12 | 030209001001 | 接地母线敷设 | 接地母线敷设 | 602.75 | 289.50 | 224.00 | 271.24 | 150.69 | 4 491.47 |
| | | | 接地母线 40×4 | | | | | | |
| | | | 接地母线敷设 | 1 157.28 | 555.84 | 430.08 | 520.78 | 289.32 | |
| | | | 接地母线 25×4 | | | | | | |
| | | | 小计 | 1 760.03 | 845.34 | 654.08 | 792.01 | 440.01 | |
| 13 | 030212001001 | 钢架配管 DN32 | 支架制作、安装 | 8.45 | 3.41 | 3.25 | 3.80 | 2.11 | 42.61 |
| | | | 扁钢－25～40 | | 2.74 | | | | |
| | | | 圆钢（综合） | | 0.69 | | | | |
| | | | 角钢（综合） | | 10.00 | | | | |
| | | | 电线管路敷设 | 1.96 | 1.34 | 0.37 | 0.88 | 0.49 | |
| | | | 电线管 DN32 | | 2.99 | | | | |
| | | | 高层建筑增加费 | 0.08 | | | 0.04 | 0.02 | |
| | | | 小计 | 10.48 | 21.17 | 3.62 | 4.72 | 2.62 | |
| 14 | 030212001002 | 钢架配管 DN25 | 支架制作、安装 | 8.45 | 3.41 | 3.25 | 3.80 | 2.11 | 41.89 |
| | | | 扁网－25～40 | | 2.74 | | | | |
| | | | 圆钢（综合） | | 0.69 | | | | |
| | | | 角钢（综合） | | 10.00 | | | | |
| | | | 电线管路敷设 | 1.96 | 1.34 | 0.37 | 0.88 | 0.49 | |
| | | | 电线管 DN25 | | 2.27 | | | | |
| | | | 高层建筑增加费 | 0.08 | | | 0.04 | 0.02 | |
| | | | 小计 | 10.48 | 20.45 | 3.62 | 4.72 | 2.62 | |
| 15 | 030212001003 | 钢架配管 DN15 | 支架制作、安装 | 8.45 | 3.41 | 3.25 | 3.80 | 2.11 | |
| | | | 扁钢－25～40 | | 2.74 | | | | |
| | | | 圆钢（综合） | | 0.69 | | | | |
| | | | 角钢（综合） | | 10.00 | | | | |
| | | | 电线管路敷设 | 1.96 | 1.34 | 0.37 | 0.88 | 0.49 | |
| | | | 电线管 DN15 | | 1.85 | | | | |
| | | | 高层建筑增加费 | 0.08 | | | 0.04 | 0.02 | |
| | | | 小计 | 10.48 | 20.04 | 3.62 | 4.72 | 2.62 | |

续表

| 序号 | 项目编码 | 项目名称 | 工程内容 | 综合单价组成/元 | | | | | 综合单价/元 |
|---|---|---|---|---|---|---|---|---|---|
| | | | | 人工费 | 材料费 | 机械使用费 | 管理费 | 利润 | |
| 16 | 030212001004 | 电线管暗埋 DN32 | 电线管路敷设 | 1.40 | 0.58 | 0.37 | 0.63 | 0.35 | 6.65 |
| | | | 电线管 DN32 | | 2.88 | | | | |
| | | | 接线盒（箱）、灯头盒、开关盒、插座盒安装 | 0.09 | 0.07 | | 0.04 | 0.02 | |
| | | | 接线盒 | | 0.21 | | | | |
| | | | 高层建筑增加费 | 0.00 | | | 0.00 | 0.00 | |
| | | | 小计 | 1.49 | 3.74 | 0.37 | 0.67 | 0.37 | |
| 17 | 030212001005 | 电线管暗埋 DN25 | 电线管路敷设 | 1.32 | 0.43 | 0.37 | 0.59 | 0.33 | 6.11 |
| | | | 电线管 DN25 | | 2.58 | | | | |
| | | | 接线盒（箱）、灯头盒、开关盒、插座盒安装 | 0.10 | 0.09 | | 0.04 | 0.02 | |
| | | | 接线盒 | | 0.24 | | | | |
| | | | 高层建筑增加费 | 0.00 | | | 0.00 | 0.00 | |
| | | | 小计 | 1.42 | 3.34 | 0.37 | 0.63 | 0.35 | |
| 18 | 030212001006 | 电线管暗埋 DN15 | 电线管路敷设 | 0.91 | 0.30 | 0.41 | 0.41 | 0.23 | 6.45 |
| | | | 电线管 DN15 | | 2.01 | | | | |
| | | | 接线盒（箱）、灯头盒、开关盒、插座盒安装 | 0.42 | 0.37 | | 0.19 | 0.10 | |
| | | | 接线盒 | | 1.02 | | | | |
| | | | 高层建筑增加费 | 0.05 | | | 0.02 | 0.01 | |
| | | | 小计 | 1.38 | 3.69 | 0.41 | 0.62 | 0.35 | |
| 19 | | 管内穿线 BV-10 | 管内穿线 | 0.16 | 0.26 | | 0.07 | | 2.35 |
| | | | 绝缘导线 BV-10 | | 1.82 | | | | |
| | | | 小计 | 0.16 | 2.08 | | 0.07 | 0.04 | |
| 20 | 030212003002 | 管内穿线 BV-6 | 管内穿线 | 0.13 | 0.22 | | 0.06 | | 1.70 |
| | | | 绝缘导线 BV-6 | | 1.25 | | | | |
| | | | 小计 | 0.13 | 1.47 | | 0.06 | 0.04 | |
| 21 | 030212003003 | 管内穿线 BV-2.5 | 管内穿线 | 0.17 | 0.15 | | 0.07 | | 1.23 |
| | | | 绝缘导线 BV-2.5 | | 0.80 | | | | |
| | | | 小计 | 0.17 | 0.95 | | 0.07 | 0.04 | |

续表

| 序号 | 项目编码 | 项目名称 | 工程内容 | 综合单价组成/元 | | | | | 综合单价/元 |
|---|---|---|---|---|---|---|---|---|---|
| | | | | 人工费 | 材料费 | 机械使用费 | 管理费 | 利润 | |
| 22 | 030212003004 | 管内穿线 BV-1.5 | 管内穿线 | 0.14 | 0.15 | | 0.07 | | 1.18 |
| | | | 绝缘导线 BV-1.5 | | 0.75 | | | | |
| | | | 小计 | 0.17 | 0.90 | | 0.07 | 0.04 | |
| 23 | 030213001001 | 圆球吸顶灯 φ300 | 组装 | 3.61 | 6.04 | | 1.62 | 0.90 | 111.15 |
| | | | 成套灯具 | | 98.98 | | | | |
| | | | 小计 | 3.61 | 105.02 | | 1.62 | 0.90 | |
| 24 | 030213001002 | 方形吸顶灯安装 | 组装 | 3.61 | 1.42 | | 162 | 0.90 | 70.18 |
| | | | 成套灯具 | | 62.62 | | | | |
| | | | 小计 | 3.61 | 64.04 | | 1.62 | 0.90 | |
| 25 | 030213001003 | 壁灯安装 | 组装 | 3.38 | 2.98 | | 1.52 | 0.84 | 84.47 |
| | | | 成套灯具 | | 75.75 | | | | |
| | | | 小计 | 3.38 | 78.73 | | 1.52 | 0.84 | |
| 26 | 030213003001 | 装饰灯φ300吸顶 | 安装 | 65.51 | 17.03 | 0.98 | 29.48 | 16.38 | 356.62 |
| | | | 成套灯具 | | 227.25 | | | | |
| | | | 小计 | 65.51 | 244.28 | 0.98 | | 16.38 | |
| 27 | 030213003002 | 装饰灯φ800吊式 | 安装 | 65.51 | 17.03 | 0.98 | 29.48 | 16.38 | 1 341.37 |
| | | | 成套灯具 | | 1 212.00 | | | | |
| | | | 小计 | 65.51 | 1 229.03 | 0.98 | 29.48 | 16.38 | |
| 28 | 030213003003 | 疏散指示灯 | 安装 | 4.28 | 2.01 | | 1.92 | 1.07 | 86.04 |
| | | | 成套灯具 | | 76.76 | | | | |
| | | | 小计 | 4.28 | 78.77 | | 1.92 | 1.07 | |
| 29 | 030213004001 | 吊链式荧光灯 YG2-1 | 安装 | 3.63 | 5.20 | | 1.63 | 0.91 | 43.69 |
| | | | 成套灯具 YG2-1 | | 32.32 | | | | |
| | | | 小计 | 3.63 | 37.52 | | 1.63 | 0.91 | |
| 30 | 030213004003 | 吊链式荧光灯 YG2-2 | 安装 | 4.56 | 5.20 | | 2.05 | 1.14 | 58.40 |
| | | | 成套灯具 YG2-2 | | 45.45 | | | | |
| | | | 小计 | 4.56 | 50.65 | | 2.05 | 1.14 | |
| 31 | 030213004003 | 吊链式荧光灯 YG6-3 | 安装 | 5.10 | 5.20 | | 2.30 | 1.28 | 84.58 |
| | | | 成套灯具 YG6-3 | | 70.70 | | | | |
| | | | 小计 | 5.10 | 75.90 | | 2.30 | 1.28 | |
| 32 | 030213002001 | 直杆式防水防尘灯 | 安装 | 4.95 | 1.33 | | 2.23 | 1.24 | 89.53 |
| | | | 成套灯具 | | 79.79 | | | | |
| | | | 小计 | 4.95 | 81.15 | | 2.23 | 1.24 | |

| 序号 | 项目编码 | 项目名称 | 工程内容 | 综合单价组成/元 | | | | | 综合单价/元 |
| --- | --- | --- | --- | --- | --- | --- | --- | --- | --- |
| | | | | 人工费 | 材料费 | 机械使用费 | 管理费 | 利润 | |
| 33 | 030204031001 | 三联暗开关（单控）86系列 | 安装 | 1.50 | 0.58 | | 0.67 | 0.37 | 16.18 |
| | | | 照明开关86系列220V3A | | 13.06 | | | | |
| | | | 小计 | 1.50 | 16.64 | | 0.67 | 0.37 | |
| 34 | 030204031002 | 双联暗开关（单控）86系列 | 安装 | 1.50 | 0.46 | | 0.67 | 0.37 | 11.67 |
| | | | 照明开关86系列220V3A | | 8.67 | | | | |
| | | | 小计 | 1.50 | 9.13 | | 0.67 | 0.37 | |
| 35 | 030204031003 | 单联暗开关（单控）86系列 | 安装 | 1.43 | 0.33 | | 0.64 | 0.36 | 9.38 |
| | | | 照明开关86系列220V3A | | 6.63 | | | | |
| | | | 小计 | 1.43 | 6.96 | | 0.64 | 0.36 | |
| 36 | 030204031004 | 单相二、三孔暗插座220V6A | 安装 | 1.60 | 0.59 | | 0.73 | | |
| | | | 单相二、三孔暗插座220V6A | | 7.00 | | | | |
| | | | 小计 | 1.60 | 7.59 | | 0.73 | 0.40 | |
| 37 | 030204031005 | 单相三孔暗插座220V15A | 安装 | 1.60 | 0.59 | | 0.73 | | 12.32 |
| | | | 单相三孔暗插座220V15A | | 9.00 | | | | |
| | | | 小计 | 1.60 | 9.59 | | 0.73 | 0.40 | |
| 38 | 030211002001 | 送配电装置系统 | 系统调试 | 176.00 | 4.64 | 182.74 | 79.20 | 44.00 | 486.58 |
| | | | 小计 | 176.00 | 4.64 | 182.74 | 79.20 | 44.00 | |
| 39 | 030211004001 | 补偿电容器柜调试 | 调试 | 1 073.60 | 28.33 | 2 913.57 | 483.12 | 268.40 | 4 767.02 |
| | | | 小计 | 1 073.60 | 28.33 | 2 912.57 | 483.12 | 268.40 | |
| 40 | 030211008001 | 接地装置 | 接地电阻测试 | 68.99 | 1.86 | 110.88 | 31.05 | 17.25 | 230.02 |
| | | | 小计 | 68.99 | 1.86 | 110.88 | 31.05 | 17.25 | |
| 1 | 030705001001 | 智能型感烟探测器JTY-LZ-ZM1551 | 安装 | 10.47 | 5.00 | 2.17 | 3.67 | | 149.97 |
| | | | 智能型感烟探测器JTY-LZ-ZM1551 | | 125.00 | | | | |
| | | | 小计 | 10.47 | 130.00 | 2.17 | 4.71 | 2.62 | |
| 2 | 030705001002 | 智能型感温探测器JTW-BD-ZM5551 | 安装 | 10.47 | 5.00 | 2.17 | 3.67 | | 204.97 |
| | | | 智能型感温探测器JTW-BD-ZM5551 | | 180.00 | | | | |
| | | | 小计 | 10.47 | 185.00 | 2.17 | 4.71 | 2.62 | |

续表

| 序号 | 项目编码 | 项目名称 | 工程内容 | 综合单价组成/元 | | | | | 综合单价/元 |
| --- | --- | --- | --- | --- | --- | --- | --- | --- | --- |
| | | | | 人工费 | 材料费 | 机械使用费 | 管理费 | 利润 | |
| 3 | 030705001003 | 普通感烟探测器 | 安装 | 5.10 | 4.74 | 0.85 | 2.30 | 1.28 | 104.26 |
| | | | 普通感烟探测器 | | 90.00 | | | | |
| | | | 小计 | 5.10 | 94.74 | 0.85 | 2.60 | 1.28 | |
| 4 | 030705003001 | 手动报警按钮 | 安装 | 7.57 | 5.18 | 1.35 | 3.41 | 1.89 | 65.40 |
| | | | 手动报警按钮 | | 46.00 | | | | |
| | | | 小计 | 7.57 | 51.18 | 1.35 | 3.41 | 1.89 | |
| 5 | 030705009001 | 声光报警盒 | 安装 | 10.74 | 3.03 | 1.01 | 4.83 | 2.69 | 137.30 |
| | | | 声光报警盒 | | 115.00 | | | | |
| | | | 小计 | 10.74 | 118.03 | 1.01 | 4.83 | 2.69 | |
| 6 | 030705005001 | 报警控制器 | 本体安装 | 390.72 | 123.07 | 711.05 | 175.82 | 97.68 | 1 518.64 |
| | | | 消防报警备用电源 | 8.80 | 4.57 | 0.77 | 3.96 | 2.20 | |
| | | | 小计 | 399.52 | 127.64 | 711.82 | 179.78 | 99.88 | |
| 7 | 030705008001 | 重复显示器 | 安装 | 136.75 | 18.32 | 58.02 | 61.54 | 34.19 | 793.82 |
| | | | 重复显示器 | | 485.00 | | | | |
| | | | 小计 | 136.75 | 503.32 | 58.02 | 61.54 | 34.19 | |
| 8 | 030705004001 | 输入模块 JSM-M500M | 安装 | 16.02 | 5.38 | 2.12 | 7.21 | 4.01 | 190.73 |
| | | | 输入模块 JSM-M500M | | 156.00 | | | | |
| | | | 小计 | 16.02 | 161.38 | 2.12 | 7.21 | 4.01 | |
| 9 | 030705004002 | 输出模块 KM-M500C | 安装 | 16.02 | 5.38 | 2.12 | 7.21 | 4.01 | 212.73 |
| | | | 输出模块 KM-M500C | | 178.00 | | | | |
| | | | 小计 | 16.02 | 183.38 | 2.21 | 7.21 | 4.01 | |
| 10 | 030706001001 | 自动报警系统装置调试 | 系统装置调试 | 2 895.02 | 2 368.17 | 6 852.09 | 1 302.76 | 723.76 | 14 141.80 |
| | | | 小计 | 2 895.02 | 2 368.17 | 6 852.09 | 1 302.76 | 723.76 | |

表 6-26　主要材料价格表

工程名称：商贸中心电气安装工程

| 序号 | 材料编码 | 材料名称 | 规格、型号 | 单位 | 单　价/元 |
|---|---|---|---|---|---|
| 1 | | 低压开关柜 | | 台 | 5 800.00 |
| 2 | | 低压电容器柜 | | 台 | 2 500.00 |
| 3 | | 落地式动力配电箱 | | 台 | 1 200.00 |
| 4 | | 照明配电箱 | XRM-16 | 台 | 256.00 |
| 5 | | 小型配电箱 | | 台 | 86.00 |
| 6 | | 铜母线 | TMY125×10 | m | 125.00 |
| 7 | | 绝缘导线 | BV-10 | m | 1.82 |
| 8 | | 绝缘导线 | BV-6 | m | 1.25 |
| 9 | | 绝缘导线 | BV-2.5 | m | 0.80 |
| 10 | | 绝缘导线 | BV-1.5 | m | 0.75 |
| 11 | | 单相二、三孔暗插座 | 220V6A | 个 | 7.00 |
| 12 | | 单相三孔暗插座 | 220V15A | 个 | 9.00 |
| 13 | | 智能型感烟探测器 | JTY-LZ-ZM1551 | 只 | 125.00 |
| 14 | | 智能型感温探测器 | JTW-BD-AM5551 | 只 | 180.00 |
| 15 | | 普通感烟探测器 | | 只 | 90.00 |
| 16 | | 手动报警按钮 | | 只 | 46.00 |
| 17 | | 声光报警盒 | | 只 | 115.00 |
| 18 | | 重复显示器 | | 台 | 485.00 |
| 19 | | 输入模块 | JSM-M500M | 只 | 156.00 |
| 20 | | 输出模块 | KM-M500C | 只 | 178.00 |

# 任务 6.7　工程量清单计价软件的使用

### 1. 软件概述

工程造价管理的相关工作长久以来一直以工作量巨大、计算烦琐而著称，纯手工工作的效率非常低，而且容易出错。所以，为了提高工作效率、降低劳动强度、提升管理质量，使用信息技术来参与工程造价的计算和工程造价的管理工作就成为我国造价行业和相关信息技术行业一个不断追求的目标。近期，伴随网络技术的不断发展，我国已经出现了为工程造价及其相关管理活动提供信息和服务的网站；同时，随着用户业务需求的扩展，还出现了为造价行业用户提供的造价管理系列产品。

经过时间与实践的验证，在工程造价行业内软件的作用越来越大。它不但满足造价行业的需求，还将推动造价行业的发展，把与造价行业关联的工作紧密地结合起来，逐渐走向规范化和标准化。

工程量清单计价规范的推出规范了造价行业，也提高了软件的技术要求，清单计价软件

完全满足报价需求，不断简化使用者的操作步骤，并且与招投标市场相接轨，结合《中华人民共和国招标投标法》，按照各地造价行业招标文件确定的评标标准和方法，开发电子评标平台。

目前电子评标在一些地域已开始试运行，经过验证，电子评标的确实现了公开、公平、公正和诚信的评标原则。

神机软件是比较有代表性的一款，它已完全实现了以下评标过程。

（1）评标信息的录入：基本概况、评委信息、投标单位信息的完整和全面。

（2）数据导入：招标数据、标底数据、投标数据的导入简单快捷。

（3）评标办法：采用综合评标法和合理低价评标办法的模式。

（4）评分标准设定：投标总价、清单项目的综合单价、措施项目费、技术标等分值设置。

（5）得分：自动根据设置和评委的评判得出分数。

（6）汇总推荐：根据得分自动汇总分数并推荐出中标单位。

（7）公布中标：在中标候选单位中根据评标办法得出中标单位，并打印输出中标结果和过程。

除此以外软件还增加了各种数据库连接接口，支持各种评标数据的转换，增强了拓展性，实现了工程造价行业的微机电算化管理。

**2．招标人部分工程量清单编制**

工程量清单的编制包括三项内容：分部分项工程量清单编制、措施项目工程量清单编制、其他项目工程量清单编制。

1）分部分项工程量清单项目的编制

步骤1：在"套定额"插页中，项目编号一栏中输入"1"回车，软件自动弹出"工程量清单项目"，只需逐级展开，在所需9位清单项目编号前方框内打对号，单击"确定"按钮即可。

步骤2：填写项目特征。

步骤3：分别输入清单工程量，在计算公式栏输入实际的工程量回车即可。

步骤4：单击右键使用"清单自动编码"功能来实现清单后=位顺序码的自动排列。

**【案例6-5】** 030204018001 配电箱入户配电箱（500mm×650mm×200mm）。

在套定额窗口项目编号一列中输入"1"回车，弹出清单指引，在这里可以看到分部分项实体工程包含的所有清单项目，只要依次展开所需章节前的加号，在选定项目前的方框中打勾即可。展开电气设备安装工程前的加号，展开"配电装置安装"前的加号，在"配电箱"前的方框中打勾。这时套定额窗口会自动显示此清单，把鼠标放在套定额窗口清单编码这一行的任何位置后，单击含量窗口中的"项目特征"，根据实际情况填写。最后在计算公式一栏填入实际的清单工程量后回车，此条清单项目编制完毕。

2）措施项目清单的编制

措施项目清单包括三部分：定额措施项目，一般措施项目，其他措施项目。

步骤1：在项目编号一栏中输入"2"回车，这时弹出窗口中包括安装一般措施项目、安装定额措施项目和安装其他措施项目。首先将"安装一般措施项目"前的加号展开，在措施项目清单中，含有（此项必选）的项目一定要选，然后相应地勾选其他所需要的项目。如在"环境保护，安全文明施工，临时设施，夜间施工，二次搬运，已完工程及设备保护"前勾选，单击确认。其次将"安装定额措施项目"前的加号展开。本工程需勾选"定额措施项目"（此项必选）及"现场施工围栏"。

步骤2：在所选的措施中，只需在计算公式一栏中输入"1"回车即可。

【案例6-6】 以某小区1号住宅楼为例，介绍工程量清单的编制方法，招标工程量清单如表6-27～表6-30所示。

表6-27 分部分项工程量清单

工程名称：小区住宅1号楼 第1页 共1页

| 序 号 | 项目编码 | 项目名称 | 计量单位 | 工程数量 | 金额/元 | |
|---|---|---|---|---|---|---|
| | | | | | 综合单价 | 价格 |
| 1 | 030204018001 | 配电箱入户配电箱（500mm×650mm×200mm） | 台 | 1 | 1 621.05 | 1 621.05 |
| 2 | 030204018002 | 配电箱集中电表箱（11表） | 台 | 1 | 4 541.49 | 4 541.49 |
| 3 | 030204018003 | 配电箱车库电表开关箱（4表） | 台 | 1 | 1 909.99 | 1 909.99 |
| 4 | 030204018004 | 配电箱户配电箱（280mm×210mm×140mm） | 台 | 20 | 357.94 | 7 158.8 |
| 5 | 030204018005 | 配电箱车库户配电箱（280mm×210mm×140mm） | 台 | 4 | 257.94 | 1 031.76 |
| 6 | 030204018006 | 电力分线箱（400mm×200mm×60mm） | 台 | 4 | 91.74 | 366.96 |
| 7 | 030212001001 | 电气配管镀锌钢管暗敷设 SC100 | m | 6.2 | 60.05 | 372.31 |
| 8 | 030212001002 | 电气配管镀锌钢管暗敷设 SC50 | m | 1 | 27.21 | 27.21 |
| 9 | 030212001003 | 电气配管镀锌钢管暗敷设 SC70 | m | 9.1 | 32.1 | 292.11 |
| 10 | 030212001004 | 电气配管镀锌钢管暗敷设 SC25 | m | 120 | 14.08 | 1 689.6 |
| 11 | 030212001005 | 电气配管镀锌钢管暗敷设 SC20 | m | 786 | 10.11 | 7 945.45 |
| 12 | 030212001006 | 电气配管镀锌钢管暗敷设 SC15 | m | 15.7 | 8.1 | 126.77 |
| 13 | 030212001007 | 电气配管暗敷设 PVC25 | m | 228 | 5.73 | 1 306.44 |
| 14 | 030212001008 | 电气配管暗敷设 PVC20 | m | 1 474 | 4.59 | 6 764.37 |
| 15 | 030212001009 | 电气配管暗敷设 PVC15 | m | 786 | 4.03 | 3 167.18 |
| 16 | 030212003001 | 电气配线管内穿线 BV-50 | m | 49.2 | 11.8 | 580.56 |
| 17 | 030212003002 | 电气配线管内穿线 BV-25 | m | 12.3 | 6.48 | 79.7 |
| 18 | 030212003003 | 电气配线管内穿线 BV-10 | m | 1 142 | 3.11 | 3 553.02 |
| 19 | 030212003004 | 电气配线管内穿线 BV-4 | m | 4 700 | 1.25 | 5 874.98 |
| 20 | 030212003005 | 电气配线管内穿线 BV-2.5 | m | 2 033 | 1.13 | 2 297.8 |
| 21 | 030213001001 | 座灯头 40W | 套 | 150 | 5.86 | 879 |
| 22 | 030213001002 | 声控座灯头 25W | 套 | 11 | 13.13 | 144.43 |
| 23 | 030213001003 | 吸顶灯 40W | 套 | 4 | 27.42 | 109.68 |
| 24 | 030213002001 | 车库灯 40W | 套 | 8 | 42.67 | 341.36 |
| 25 | 030204031001 | 单联单控暗开关安装 | 套 | 60 | 5.95 | 357 |
| 26 | 030204031002 | 三联单控暗开关安装 | 套 | 10 | 8.09 | 80.9 |
| 27 | 030204031003 | 双联单控暗开关安装 | 套 | 34 | 6.18 | 210.12 |

学习情境6　工程量清单计价与投标书编制

续表

| 序号 | 项目编码 | 项目名称 | 计量单位 | 工程数量 | 综合单价 | 价格 |
|---|---|---|---|---|---|---|
| 28 | 030204031004 | 单相五孔暗插座安装 | 套 | 256 | 8.06 | 2 063.36 |
| 29 | 030204031005 | 单相防溅五孔暗插座安装 | 套 | 110 | 9.11 | 1 002.1 |
| 30 | 030209001010 | 接地装置镀锌角钢接地极L50×5×2500安装，普通士户外接地母线敷设镀锌扁钢-40×4 | 项 | 1 | 466.97 | 466.97 |
| 31 | 030209001011 | 等电位接地装置总等电位箱（MEB）安装、厕所局部等电位箱安装、等电位连接镀锌扁钢-40×4敷设，卫生间局部等电位连接，金属管道抱箍连接 | 项 | 1 | 2 232.07 | 2 232.07 |
| 32 | 030209001012 | 避雷装置避雷网镀锌圆钢$\phi$10敷设、避雷针制作安装，利用构造柱主筋引下、利用地圈梁钢筋焊接成接地网，接地测试箱暗装，$\phi$12引出墙外1m | 项 | 1 | 26 751.48 | 26 751.48 |
| 33 | 030211008013 | 接地安装测试 | 系统 | 1 | 149.1 | 149.1 |
| 34 | 030212001010 | 电气配管镀锌钢管暗敷设SC50 | m | 21.1 | 27.22 | 574.34 |
| 35 | 030212001011 | 电气配管镀锌钢管暗敷设SC20 | m | 5.4 | 11.11 | 59.99 |
| 36 | 030212001012 | 电气配管镀锌钢管暗敷设SC15 | m | 12.2 | 8.07 | 98.45 |
| 37 | 030212001013 | 电气配管暗敷设PVC20 | m | 21.6 | 409.94 | 8 854.7 |

表6-28　措施项目清单

工程名称：小区住宅1号楼　　第1页　共1页

| 序　号 | 项　目　名　称 |
|---|---|
|  | 一般施工项目（安装） |
| a1.1 | 环境保护 |
| a1.2 | 安全文明施工 |
| a1.3 | 临时设施 |
| a1.4 | 夜间施工 |
| a1.5 | 二次搬运 |
| a1.6 | 已完工程及设备保护 |
| a1.7 | 冬季施工费 |

表6-29　其他项目清单

工程名称：小区住宅1号楼　　第1页　共1页

| 序　号 | 项　目　名　称 |
|---|---|
|  | 招标人部分 |
| （1） | 预留金 |
| （2） | 材料购置费 |
|  | 小计 |
|  | 投标人部分 |
| （1） | 总承包服务费 |

247

**续表**

| 序　号 | 项 目 名 称 |
|---|---|
| （2） | 零星工作费 |
| （3） | 其他 |
| | 小计 |

**表 6-30　零星工作项目计价表**

工程名称：小区住宅 1 号楼　　　　　　　　　　　　　　　　第 1 页　共 1 页

| 序　号 | 名　称 | 计价单位 | 数　量 | 金　额/元 | |
|---|---|---|---|---|---|
| | | | | 综 合 单 价 | 价　格 |
| 1 | 人工 | | | | |
| 2 | 材料 | | | | |
| 3 | 机械 | | | | |
| | 小计 | | | | |
| | 合计 | | | | |

投标人：　　　（盖章）

法定代表人或委托代理人：

（签字或盖章）

### 3. 投标人部分工程量清单编制

（1）建筑工程费用构成如图 6-8 所示。

（2）编制工程量清单投标报价。

首先编制单位工程工程量清单报价，然后通过"工程（项目）管理"工具实现单位工程造价汇总单项工程造价、单项工程造价汇总工程项目总价。单位工程工程量清单报价主要操作流程图如图 6-9 所示。

（3）工程量清单软件的使用方法。

① 新建工程造价库。单击"工程造价"菜单下的新建按钮，在弹出的"新建（工程造价）"对话框中输入新建工程文件名"小区住宅 1 号楼"。

② 选择工程模板。在"工程信息"插页，选择"安装电气清单模板.gcs"并打开。

③ 设置价格信息。在编制工程量清单标底或投标报价前，应先设置人材机价格信息。"黑龙江省工程量清单"软件中已提供了黑龙江省第一期指导价格。如果有需要，还可在网上下载最新的材料价格。

④ 设置费率。在"动态费率"窗口，用户可根据需要调整各个分部的"管理费率和利润费率"值，进行不平衡报价。

⑤ 编制分部分项工程量清单项目，步骤如下。

步骤 1：在"套定额"插页中，在项目编号一栏中输入"1"回车，软件自动弹出"工程量清单项目"，逐级展开，在所需 9 位清单项目编号前方框内打对号，单击"√确认"按钮。

步骤 2：将光标放在清单项目编码中回车，在弹出的指引中选取所需的消耗量定额。

步骤3：分别输入清单工程量和定额工程量即可。

步骤4：单击右键使用"清单自动编号"功能来实现清单后三位顺序码的自动排列。

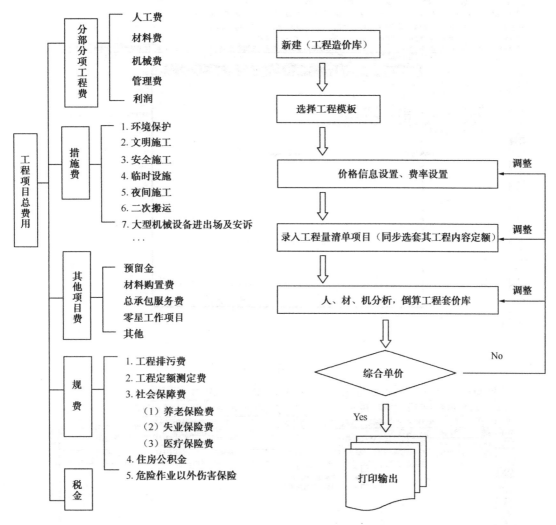

图 6-8　建筑工程费用构成　　　　图 6-9　单位工程工程量清单报价主要操作流程图

⑥ 措施项目费的编制。措施项目费是为完成工程施工而发生于施工前和施工过程中非工程实体项目的费用。

措施项目费包括以下内容：①定额措施项目费，②一般措施项目费，③其他措施项目费。

系统在其清单报价编制过程中，对于定额措施项目费的编制同分部分项工程量清单项目（实体项目）费的编制。一般措施项目费报价时，在套价窗口直接选择一般措施项目，自动完成该项目报价，其他措施项目费可结合定额完成。

在项目标号中输入"2"并回车，这时会弹出对话框，措施项目分为一般措施项目和定额措施项目。措施清单项目的录入如图 6-10 所示。需要哪项措施项目就将其前面的加号展开，一般措施项目中"（此项必选）"项一定要选，然后相应地勾选所需要的项目。本工程需要在"环境保护，安全文明施工，临时设施，夜间施工，二次搬运，已完工工程及设备保护"前

勾选，然后单击"确认"按钮。措施项目清单指引如图 6-11 所示。

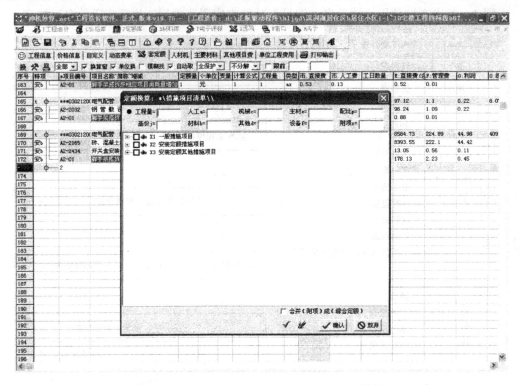

图 6-10 措施清单项目的录入

图 6-11 措施项目清单指引

最后在计算公式中输入"1"并回车。措施项目工程量的录入如图 6-12 所示。

⑦ 其他项目费中的"零星工作项目费"编制。其他项目费中的"零星工作项目费"编制在"套定额"插页中完成，即在×××零星工作项目费清单项目下一行编辑一条新定额（补充定额），在其含量窗口中编辑人材机消耗量项目及其含量，从而完成零星工作项目费组价。

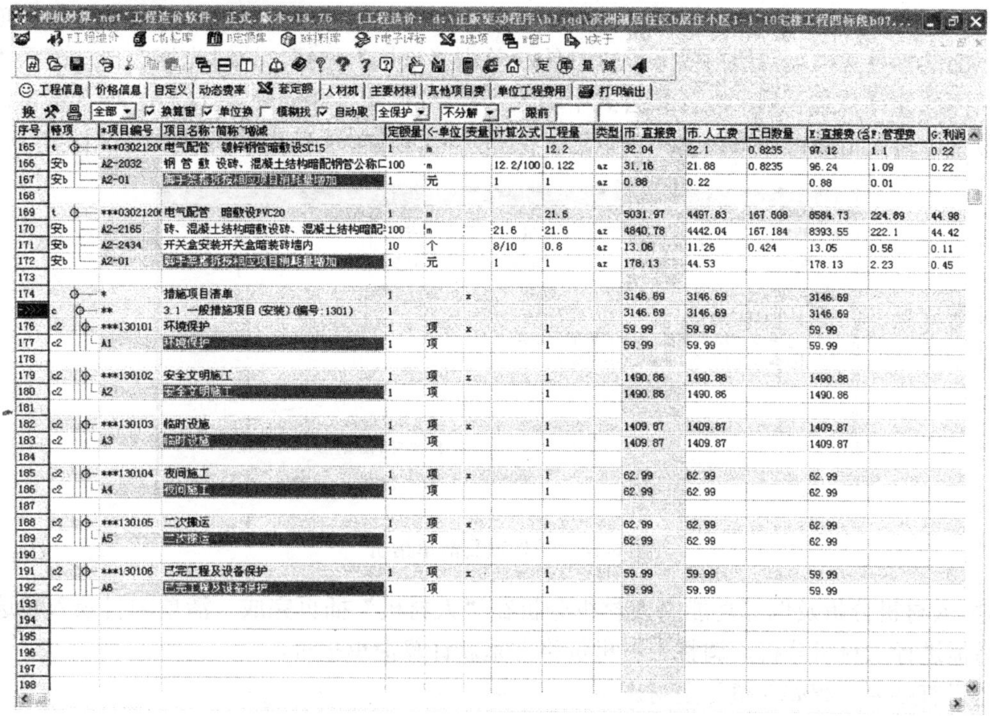

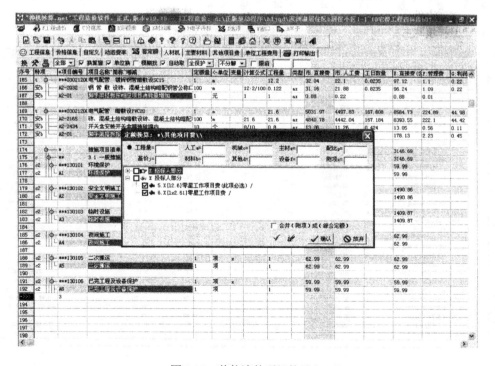

图 6-12 措施项目工程量的录入

在项目标号中输入"3"并回车，这时会弹出窗口。清单项目的录入如图 6-13 所示。

图 6-13 其他清单项目的录入

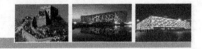

其他项目费分招标人和投标人部分，需要哪一部分把哪一部分前的加号展开，在此项必选和下面的零星工作项目费前的方框内打钩，单击“确认”按钮。这时光标会自动落入“三星”后面的计算公式一列，在计算公式中输入“1”并回车，相应地在 1x2.61 项含量窗口的市场单价中输入市场价即可。套完项以后，单击计算。其他项目清单指引如图 6-14 所示。

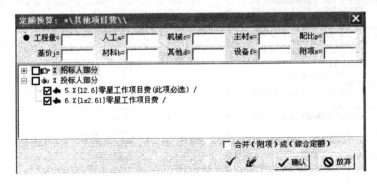

图 6-14　其他项目清单指引

⑧ 人材机分析及倒算功能。人材机分析在“人材机”插页完成。清单项目录入和选套定额后需进行人材机分析，调整人材机价格并重新计算清单报价。

这里有必要介绍如何填写主材。

当涉及定额里有主材时，可以在含量窗口中填写市场单价（针对于一条主材），如图 6-15 所示。

| 序号 | 特材 | *编号 | 名称\|型号 | 简称 | <-单位 | 数量SL | 送审SS | a价差 | b价差 | c价差 | d大材 | 原价Y | 定额价D | 预算价U | 市场价S | 系数XS | 比重BZ | 损耗HA | 定额合价DH | 市场合价 |
|---|---|---|---|---|---|---|---|---|---|---|---|---|---|---|---|---|---|---|---|---|
| 92 | | 01124009 | E半硬塑料管PVC25 | | m | 241.68 | | 1 | | | | | 2.42 | | 2.42 | | | | 584.87 | 584.87 |
| 93 | | 01124010 | E套接管PVC20 | | m | 7.309 | | 1 | | | | | 1.53 | | 1.53 | | | | 11.18 | 11.18 |
| 94 | | 01124010 | E套接管PVC25 | | m | 34.52 | | 1 | | | | | 2.42 | | 2.42 | | | | 83.54 | 83.54 |
| 95 | | 01124010 | E套接管PVC32 | | m | 2.736 | | 1 | | | | | 4.39 | | 4.39 | | | | 12.01 | 12.01 |
| 96 | | 01124017 | E单相防溅五孔暗插座 | | 套 | 112.2 | | 1 | | | | | 5.14 | | 5.14 | | | | 576.71 | 576.71 |
| 97 | | 01124017 | E单相五孔暗插座 | | 套 | 261.12 | | 1 | | | | | 4.11 | | 4.11 | | | | 1073.2 | 1073.2 |
| 98 | | 01124024 | E车库灯40W | | 套 | 8.08 | | 1 | | | | | 30 | | 30 | | | | 242.4 | 242.4 |
| 99 | | 01124024 | E声控座灯头25W | | 套 | 11.11 | | 1 | | | | | 9.28 | | 9.28 | | | | 103.1 | 103.1 |
| 100 | | 01124024 | E吸顶灯40W | | 套 | 4.04 | | 1 | | | | | 15.41 | | 15.41 | | | | 62.26 | 62.26 |
| 101 | | 01124024 | E座灯头40W | | 套 | 151.5 | | 1 | | | | | 2.08 | | 2.08 | | | | 315.12 | 315.12 |
| 102 | | 01124036 | E铜芯绝缘导线BV-10 | | m | 1199.625 | | 1 | | | | | 2.57 | | 3.08 | | | | 3083.04 | 3694.85 |
| 103 | | 01124036 | E铜芯绝缘导线BV-2.5 | | m | 2358.86 | | 1 | | | | | 0.62 | | 0.74 | | | | 1462.49 | 1745.56 |
| 104 | | 01124036 | E铜芯绝缘导线BV-25 | | m | 12.915 | | 1 | | | | | 5.65 | | 6.78 | | | | 72.97 | 87.56 |
| 105 | | 01124036 | E铜芯绝缘导线BV-4 | | m | 5170 | | 1 | | | | | 0.82 | | 0.98 | | | | 4239.4 | 5066.6 |
| 106 | | 01124036 | E铜芯绝缘导线BV-50 | | m | 51.66 | | 1 | | | | | 10.28 | | 12.34 | | | | 531.06 | 637.48 |
| 107 | | 01124038 | E暗装开关盒 | | 套 | 432.48 | | 1 | | | | | 1.13 | | 1.13 | | | | 488.7 | 488.7 |
| 108 | | 01124038 | E暗装铁开关盒 | | 套 | 57.12 | | 1 | | | | | 1.5 | | 1.5 | | | | 85.68 | 85.68 |
| 109 | | 01124081 | E镀锌扁钢-40*4 | | m | 43.05 | | 1 | | | | | 4.81 | | 4.81 | | | | 207.07 | 207.07 |
| 110 | | 01124081 | E镀锌圆钢Φ12 | | m | 10.5 | | | | | | | 3.39 | | 3.39 | | | | 35.6 | 35.6 |
| 111 | | 01124082 | E接地测试箱 | | 套 | 5 | | | | | | | 47.5 | | 47.5 | | | | 237.5 | 237.5 |
| 112 | | 01124083 | E厕所等电位连接端子箱 | | 台 | 18 | | | | | | | 60 | | 60 | | | | 1080 | 1080 |
| 113 | | 01124083 | E总等电位连接端子箱 | | 台 | 1 | | | | | | | 120 | | 120 | | | | 120 | 120 |
| 114 | | 01124103 | E暗装接线盒 | | 套 | 176.46 | | | | | | | 1.23 | | 1.23 | | | | 217.05 | 217.05 |
| 115 | | 01185512 | E镀锌钢管 \|SC15mm | | m | 28.737 | | 1 | | | | | 5.18 | | 6.22 | | | | 148.86 | 178.74 |
| 116 | | 01185513 | E镀锌钢管 \|SC20mm | | m | 815.039 | | 1 | | | | | 6.73 | | 8.08 | | | | 5485.21 | 6585.52 |
| 117 | | 01185514 | E镀锌钢管 \|SC25mm | | m | 123.6 | | 1 | | | | | 10 | | 12 | | | | 1236 | 1483.2 |
| 118 | | 01185517 | E镀锌钢管 \|SC50mm | | m | 22.763 | | 1 | | | | | 19.86 | | 23.83 | | | | 452.07 | 542.44 |
| 119 | | 01185518 | E镀锌钢管 \|SC70mm | | m | 9.373 | | 1 | | | | | 22.38 | | 26.86 | | | | 209.77 | 251.76 |
| 120 | | 01185520 | E镀锌钢管 \|SC100mm | | m | 6.386 | | 1 | | | | | 45.34 | | 54.41 | | | | 289.54 | 347.46 |
| 121 | | 01190003 | E镀锌角钢L50*5 | | m | 7.86 | | | | | | | 14.39 | | 17.27 | | | | 113.11 | 135.74 |
| 122 | | 01190004 | E镀锌圆钢Φ10 | | m | 1582.35 | | | | | | | 2.35 | | 2.35 | | | | 3718.52 | 3718.52 |
| 123 | | 01270445 | E避雷针Φ10 | | 根 | 6 | | | | | | | 5 | | 5 | | | | 30 | 30 |

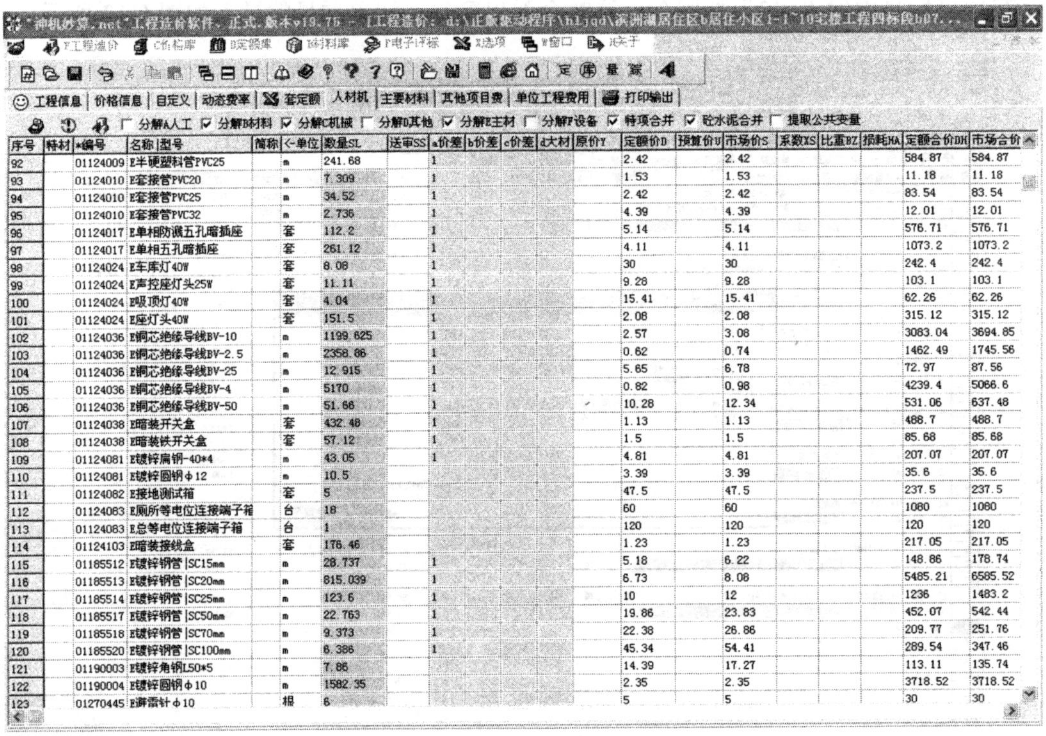

图 6-15　在人才机页面填写主材价格

如果所有的主材都要填写价格，也可以用最简便的方法进行操作，当套完定额时单击计算。在人材机页面里统一在市场单价中填写价格，然后单击"倒算"按钮 ⟲，则所有的主材价格全都自动转入到套定额中。

⑨ 取定主要材料。提取主要材料的方法有两种。

方法一：对需要提取的主要材料，在"人材机"窗口做上相应的标志，如在"a 价差"列做上标志"1"，然后到"主要材料"窗口单击"提取"按钮 ⟲。

方法二：进入"主要材料"插页，在任意位置单击右键，选取"（手工）选择价差（项目）"命令，在弹出对话框中勾选相应的主要材料，也可以全部选择。

⑩ 单位工程费表的编制。在取费页面中单击"选择费率"按钮 ⟲ 选择相应的税率，然后单击"确认"按钮。也可以直接在相应费率处进行改写，改写后单击"计算"按钮重新计算即可。单位工程费用页面如图6-16所示。

⑪ 打印输出。编制完成的工程量清单报价，可在"打印输出"插页预览和打印，打印输出页面如图6-17所示。该页面预设了《建设工程工程量清单计价规范》中要求的所有表格，包括"工程项目总价表"、"单项工程费汇总表"、"单位工程费汇总表"、"分部分项工程量清单计价表"、"措施费项目清单计价表"、"其他项目清单计价表"、"零星工作项目计价表"、"分部分项工程清单综合单价分析表"、"措施项目分析表"、"人工、材料、机械数量及价格表"、"主要清单项目工料机单价分析表"等，具体表格如某小区1号住宅楼工程量清单实例所示。系统、提供自主选择预览、打印范围功能，可灵活预览和打印输出。

注意：打印本插页的所有计算表时，应正确选择打印目标。其中在打印"零星工作项目"时，需在左侧窗口选中"其他项目费"，然后单击"打印"按钮。

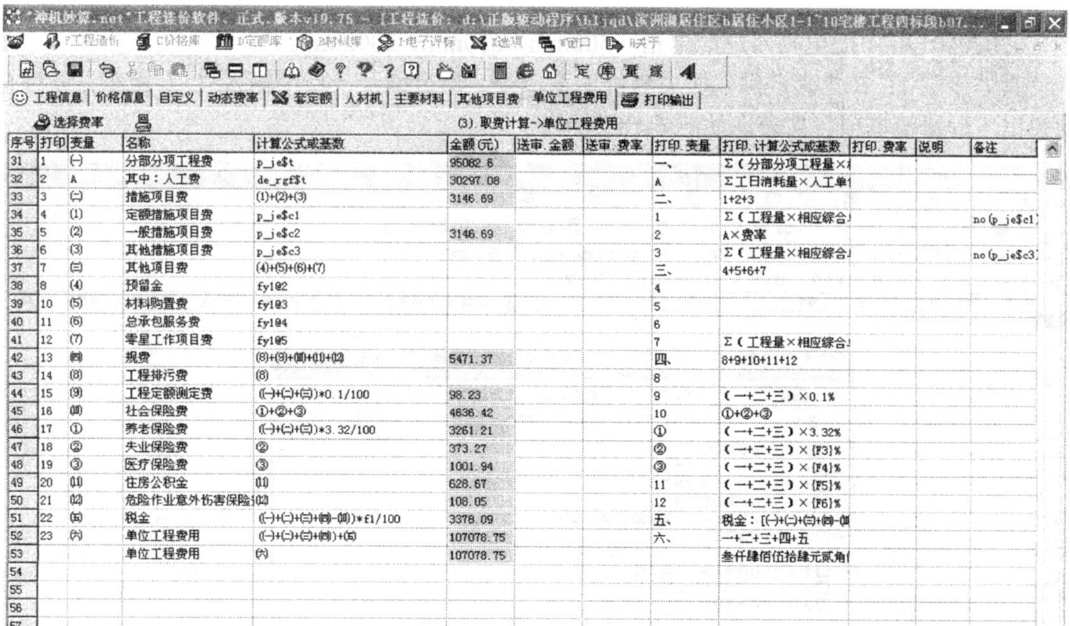

图6-16 单位工程费用页面

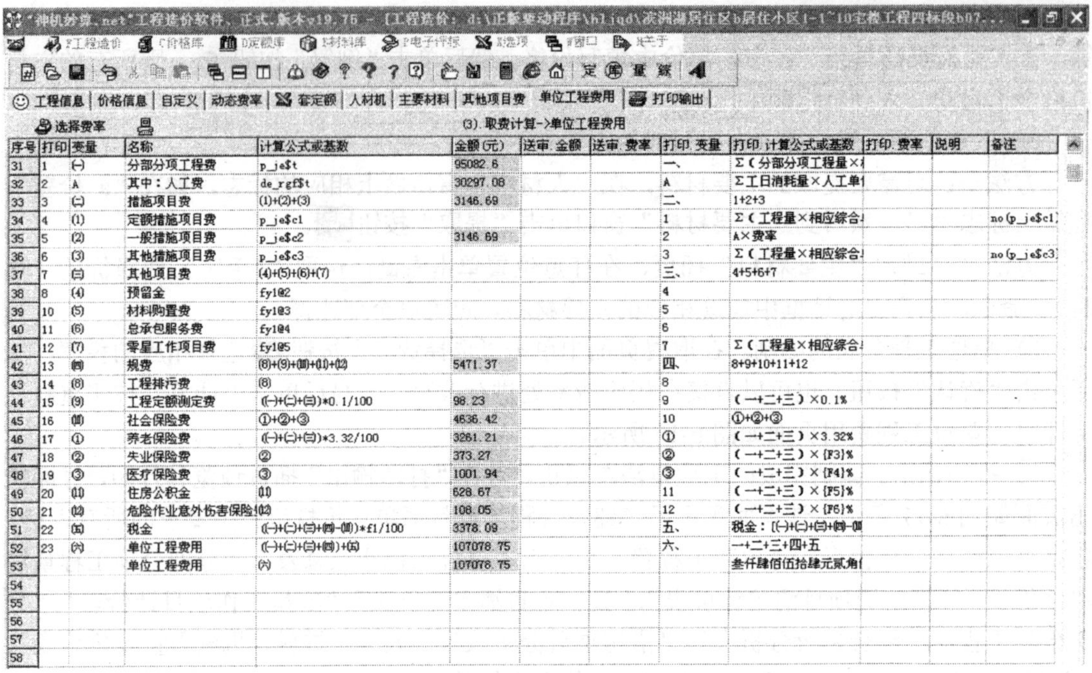

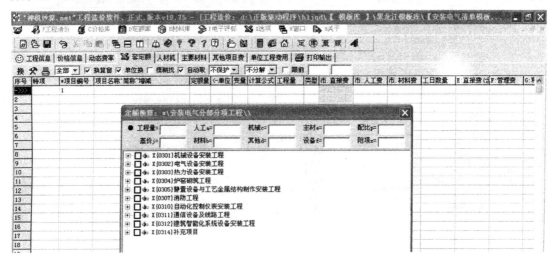

图 6-17　打印输出页面

## 任务 6.8　编制配电箱工程量清单项目编码

030204018001 配电箱入户配电箱（500mm×650mm×200mm）。

具体步骤 1：在"套定额"插页套价库窗口中，项目编号一栏中输入"1"回车，软件自动弹出工程量清单项目列表，如图 6-18 所示。

图 6-18　工程量清单项目列表

逐级展开节点，找到 030204018，在蓝色节点前的清单项目编号方框内打对号，然后单击"√确认"按钮，清单项目即可录入到"套价库"窗口中。在计算公式栏内输入实际工程量"1"并回车，具体的工程量清单项目列表如图 6-19 所示。

图 6-19　具体工程量清单项目列表

当多次套用一条清单项目时，可以采用复制、粘贴的快捷方式进行操作。具体操作如下：先选中要复制的定额项目，按键盘中的 F3 键（复制一行），然后在空白行单击鼠标左键，按键盘中的 F4 键（粘贴一行），若有更多此定额项目可继续按 F4 键粘贴。

具体步骤 2：针对招标人给的清单进行报价。

先把窗口上的"全保护"改成"不保护"，光标放在第一条"030204018"处，按回车键，软件自动弹出清单指引窗口。用户可根据需要勾选相应的消耗量定额"4-332"、"4-418"、"4-420"（在蓝色节点定额号前的方框内打钩），确认即可。然后在计算公式栏内输入实际工程量，按回车键（清单项目编码会由 9 位国标码扩展成 12 位清单编码），如图 6-20 所示。

| 序号 | 特项 | *项目编号 | 项目名称 简称 增减 | 定额量 | <单位 | 变量 | 计算公式 | 工程量 | 类型 |
|---|---|---|---|---|---|---|---|---|---|
| 1 | | @ | （直接费）合计 | | | | | | |
| 2 | | | | | | | | | |
| 3 | ◇ | * | 分部分项清单项目 | 1 | | | | | |
| 4 | t | ***030204018001 | 配电箱　入户配电箱(500*650*200) | | 台 | | | 1 | |
| 5 | 安b | A2-332 | 成套配电箱安装悬挂、嵌入式（半周长 1.5m以内） | 1 | 台 | | | 1 | az |
| 6 | 安b | A2-420 | 压铜接线端子导线截面（35mm2以内） | 10 | 个 | | 4/10 | 0.4 | az |
| 7 | 安b | A2-418 | 压铜接线端子导线截面（16mm2以内） | 10 | 个 | | 1/10 | 0.1 | az |

图 6-20　清单项目的国际编号

**具体步骤3：计取脚手架和超高费。**

在电气工程中计取脚手架搭拆费和超高费与传统套价中不同的是：脚手架搭拆费和超高费等费用必须分摊到每一条清单项目中。

在定额库列表中把安装实体消耗部分前面的加号展开，双击所要打开章节的名称，如电气设备，这时定额子目就会显示电气设备的具体内容。定额库列表与定额子目如图6-21所示。

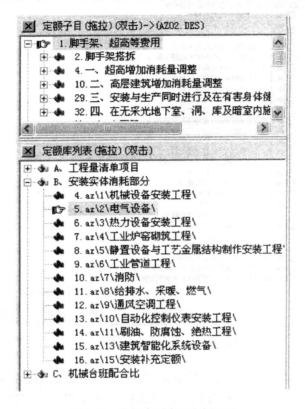

图 6-21　定额库列表与定额子目

方法一：把脚手架、超高等费用前面的加号展开，下面就是具体的项目，例如，有脚手架搭拆，就把脚手架这一项拖拉或双击到定额的下方。

方法二：直接在项目编号里输入"2-01"，回车即可，脚手架搭拆费示意图如图 6-22所示。

| 序号 | 特项 | *项目编号 | 项目名称"简称"增减 | 定额量 | <-单位 | 变量 | 计算公式 | 工程量 | 类型 | 市.直接费 |
|---|---|---|---|---|---|---|---|---|---|---|
| 1 | | @ | （直接费）合计 | | | | | | | 49050.86 |
| 2 | | | | | | | | | | |
| 3 | ◇ | * | 分部分项清单项目 | 1 | | | | | | 45208.24 |
| 4 | t | ***030204018001 | 配电箱　入户配电箱（500*650*200） | 1 | 台 | | | 1 | | 116.85 |
| 5 | 安b | A2-332 | 成套配电箱安装悬挂、嵌入式（半周长 1.5m以内） | 1 | 台 | | 1 | 1 | az | 83.41 |
| 6 | 安b | A2-420 | 压铜接线端子导线截面（35mm2以内） | 10 | 个 | | 4/10 | 0.4 | az | 26.18 |
| 7 | 安b | A2-418 | 压铜接线端子导线截面（16mm2以内） | 10 | 个 | | 1/10 | 0.1 | az | 4.49 |
| 8 | 安b | A2-01 | 脚手架搭拆按相应项目消耗量增加 | 1 | 元 | | 1 | 1 | az | 2.77 |

图 6-22　脚手架搭拆费示意图

具体步骤4：清单（重新）自动编号。

当套完所有的清单项目后，单击鼠标右键选择清单（重新）自动编号，然后单击"确认"按钮，这样所套清单项目编码的后三位数字会自动进行排序。清单（重新）自动编号示意图如图6-23所示。

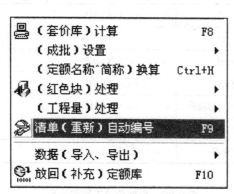

图6-23　清单（重新）自动编号

注意：如果清单项目编码的后三位序位编码与自动排序的序位码不符，可手工进行改动。如图6-9所示。

## 任务 6.9　编制某住宅楼工程量清单

以下是某小区 1 号住宅楼实际工程的所有表格，如表 6-31～表 6-34 所示。

### 表 6-31　单位工程费用汇总表

工程名称：小区住宅 1 号楼 　　　　　　　　　　　　　　　　　　　　　　　第 1 页共 1 页

| 序　　号 | 项 目 工 程 | 计算公式或基数 | 金　　额/元 |
|---|---|---|---|
| 一 | 分部分项工程费 | Σ（分部分项工程量×相应综合单价） | 95 082.6 |
| A | 其中：人工费 | Σ工日消耗量×人工单价 | 30 297.08 |
| 二 | 措施项目费 | 1+2+3 | 3 842.62 |
| 1 | 定额措施项目费 | Σ（工程量×相应综合单价） | |
| 2 | 一般措施项目费 | A×费率 | 3 842.62 |
| 3 | 其他措施项目费 | Σ（工程量×相应综合单价） | |
| 三 | 其他项目费 | 4+5+6+7 | |
| 4 | 预留金 | | |
| 5 | 材料购置费 | | |
| 6 | 总承包服务费 | | |
| 7 | 零星工作项目费 | Σ（工程量×相应综合单价） | |
| 四 | 规费 | 8+9+10+11+12 | 5 510.15 |
| 8 | 工程排污费 | | |
| 9 | 工程定额测定费 | （一+二+三）×0.1% | 98.93 |
| 10 | 社会保险费 | ①+②+③ | 4 669.28 |
| ① | 养老保险费 | （一+二+三）×3.32% | 3 284.32 |
| ② | 失业保险费 | （一+二+三）×0.38% | 375.92 |
| ③ | 医疗保险费 | （一+二+三）×1.02% | 1 009.04 |
| 11 | 住房公积金 | （一+二+三）×0.64% | 633.12 |
| 12 | 危险作业意外伤害保险费 | （一+二+三）×0.11% | 108.82 |
| 五 | 税金 | （一+二+三+四-10）×税率 3.41% | 3 402.02 |
| 六 | 单位工程费用 | 一+二+三+四+五 | 107 837.39 |

### 表 6-32　分部分项工程量清单

工程名称：小区住宅 1 号楼 　　　　　　　　　　　　　　　　　　　　　　　第 1 页　共 1 页

| 序号 | 项 目 编 码 | 项 目 名 称 | 计量单位 | 工程数量 | 金额/元 | |
|---|---|---|---|---|---|---|
| | | | | | 综合单价 | 价格 |
| 1 | 030204018001 | 配电箱入户配电箱（500mm×650mm×200mm） | 台 | 1 | 1 621.05 | 1 621.05 |

| 序号 | 项目编码 | 项目名称 | 计量单位 | 工程数量 | 金额/元 综合单价 | 金额/元 价格 |
|---|---|---|---|---|---|---|
| 2 | 030204018002 | 配电箱集中电表箱（11表） | 台 | 1 | 4 541.49 | 4 541.49 |
| 3 | 030204018003 | 配电箱车库电表开关箱（4表） | 台 | 1 | 1 909.99 | 1 909.99 |
| 4 | 030204018004 | 配电箱户配电箱（280mm×210mm×140mm） | 台 | 20 | 357.94 | 7 158.8 |
| 5 | 030204018005 | 配电箱车库户配电箱（280mm×210mm×140mm） | 台 | 4 | 257.94 | 1 031.76 |
| 6 | 030204018006 | 电力分线箱（400mm×200mm×60mm） | 台 | 4 | 91.74 | 366.96 |
| 7 | 030212001001 | 电气配管镀锌钢管暗敷设 SC100 | m | 6.2 | 60.05 | 372.31 |
| 8 | 030212001002 | 电气配管镀锌钢管暗敷设 SC50 | m | 1 | 27.21 | 27.21 |
| 9 | 030212001003 | 电气配管镀锌钢管暗敷设 SC70 | m | 9.1 | 32.1 | 292.11 |
| 10 | 030212001004 | 电气配管镀锌钢管暗敷设 SC25 | m | 120 | 14.08 | 1 689.6 |
| 11 | 030212001005 | 电气配管镀锌钢管暗敷设 SC20 | m | 786 | 10.11 | 7 945.45 |
| 12 | 030212001006 | 电气配管镀锌钢管暗敷设 SC15 | m | 15.7 | 8.1 | 126.77 |
| 13 | 030212001007 | 电气配管暗敷设 PVC25 | m | 228 | 5.73 | 1 306.44 |
| 14 | 030212001008 | 电气配管暗敷设 PVC20 | m | 1 474 | 4.59 | 6 764.37 |
| 15 | 030212001009 | 电气配管暗敷设 PVC15 | m | 786 | 4.03 | 3 167.18 |
| 16 | 030212003001 | 电气配线管内穿线 BV-50 | m | 49.2 | 11.8 | 580.56 |
| 17 | 030212003002 | 电气配线管内穿线 BV-25 | m | 12.3 | 6.48 | 79.7 |
| 18 | 030212003003 | 电气配线管内穿线 BV-10 | m | 1 142 | 3.11 | 3 553.02 |
| 19 | 030212003004 | 电气配线管内穿线 BV-4 | m | 4 700 | 1.25 | 5 874.98 |
| 20 | 030212003005 | 电气配线管内穿线 BV-2.5 | m | 2 033 | 1.13 | 2 297.8 |
| 21 | 030213001001 | 座灯头 40W | 套 | 150 | 5.86 | 879 |
| 22 | 030213001002 | 声控座灯头 25W | 套 | 11 | 13.13 | 144.43 |
| 23 | 030213001003 | 吸顶灯 40W | 套 | 4 | 27.42 | 109.68 |
| 24 | 030213002001 | 车库灯 40W | 套 | 8 | 42.67 | 341.36 |
| 25 | 030204031001 | 单联单控暗开关安装 | 套 | 60 | 5.95 | 357 |
| 26 | 030204031002 | 三联单控暗开关安装 | 套 | 10 | 8.09 | 80.9 |
| 27 | 030204031003 | 双联单控暗开关安装 | 套 | 34 | 6.18 | 210.12 |
| 28 | 030204031004 | 单相五孔暗插座安装 | 套 | 256 | 8.06 | 2 063.36 |
| 29 | 030204031005 | 单相防溅五孔暗插座安装 | 套 | 110 | 9.11 | 1 002.1 |
| 30 | 030209001010 | 接地装置镀锌角钢接地极 L50×5×2500 安装，普通土户外接地母线敷设镀锌扁钢-40×4 | 项 | 1 | 466.97 | 466.97 |
| 31 | 030209001011 | 等电位接地装置总等电位箱（MEB）安装、厕所局部等电位箱安装、等电位连接镀锌扁钢-40×4 敷设，卫生间局部等电位连接，金属管道抱箍连接 | 项 | 1 | 2 232.07 | 2 232.07 |

| 序号 | 项 目 编 码 | 项 目 名 称 | 计量单位 | 工程数量 | 金额/元 综合单价 | 金额/元 价格 |
|------|------------|------------|----------|----------|----------|----------|
| 32 | 030209001012 | 避雷装置避雷网镀锌圆钢$\phi$10敷设、避雷针制作安装、利用构造柱主筋引下、利用地圈梁钢筋焊接成接地网，接地测试箱暗装，$\phi$12引出墙外1m | 项 | 1 | 26 751.48 | 26 751.48 |
| 33 | 030211008013 | 接地安装测试 | 系统 | 1 | 149.1 | 149.1 |
| 34 | 030212001010 | 电气配管镀锌钢管暗敷设 SC50 | m | 21.1 | 27.22 | 574.34 |
| 35 | 030212001011 | 电气配管镀锌钢管暗敷设 SC20 | m | 5.4 | 11.11 | 59.99 |
| 36 | 030212001012 | 电气配管镀锌钢管暗敷设 SC15 | m | 12.2 | 8.07 | 98.45 |
| 37 | 030212001013 | 电气配管暗敷设 PVC20 | m | 21.6 | 409.94 | 8 854.7 |

表 6-33 措施项目清单计价表

工程名称：小区住宅1号楼　　　　　　　　　　　　　第1页共1页

| 序　　号 | 项 目 名 称 | 金　额/元 |
|----------|------------|-----------|
| 1 | 环境保护 | 59.99 |
| 2 | 安全文明施工 | 1 490.86 |
| 3 | 临时设施 | 1 409.87 |
| 4 | 夜间施工 | 62.99 |
| 5 | 二次搬运 | 62.99 |
| 6 | 已完工程及设备保护 | 59.99 |
| 7 | 冬期施工费 | 695.93 |
| | 合计 | 3 842.62 |

表 6-34 其他项目清单计价表

工程名称：小区住宅1号楼　　　　　　　　　　　　　第1页共1页

| 序　　号 | 项 目 名 称 | 金　额/元 |
|----------|------------|-----------|
| 1 | 招投标部分 | |
| | （1）预留金 | |
| | （2）材料购置费 | |
| | 小计 | 100 000 |
| 2 | 投标人部分 | |
| | （1）总承包服务费 | |
| | （2）零星工作费 | |
| | （3）其他 | |
| | 小计 | 100 000 |
| | 合计 | 100 000 |

# 任务 6.10　工程量清单投标报价书编制

知识分布网络

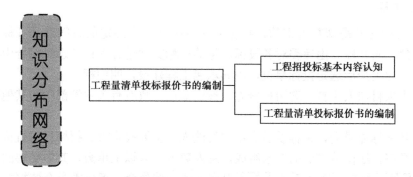

## 6.10.1　工程招投标基本内容认知

### 1. 招标

所谓招标，是指建设单位将拟建工程的条件、标准、要求等信息在公开媒体上登出，寻找符合条件的施工单位。建设项目招标可采取公开招标、邀请招标和议标的方式进行。公开招标应同时在一家以上的全国性报刊上刊登招标通告，邀请潜在的有关单位参加投标；邀请招标，应向有资格的三家以上的有关单位发出招标邀请书，邀请其参加投标；议标主要是通过一对一的协商谈判方式确立中标单位，参加议标的单位不得少于两家。

招标公告或者招标邀请书应包含招标人的名称和地址、招标项目的内容、规模、资金来源、实施地点和工期、对投标人的资质等级的要求、获取招标文件或者资格预审文件的地点和时间、对招标文件或者资格预审文件收取的费用等内容。

招标文件是招标人根据施工招标项目的特点和需要而编制出的文件。招标文件一般包括投标邀请书、投标人须知、合同主要条款、投标文件格式、工程量清单、技术条款、设计图样、评标标准和方法、投标辅助材料等内容。

国家重点建筑安装工程项目和各省、市人民政府确定的地方重点建筑安装工程项目，以及全部使用国有资金投资或者国有资金投资控股的建筑安装工程项目，应当公开招标，招标时采用工程量清单方式进行。

### 2. 投标

所谓投标，是指施工单位按照招标文件的要求进行报价，并提供其他所需资料，以取得对该工程的承包权。

参加建筑安装工程投标的单位，须满足以下条件：具有招标文件要求的资质证书，并为独立的法人实体；承担过类似建设项目的相关工作，并有良好的工作业绩和履约记录；财务状况良好，没有处于财产被接管、破产或其他关、停、并、转状态；在最近三年内没有与骗取合同有关以及其他经济方面的严重违法行为；近几年有较好的安全施工记录，投标当年内没有发生重大质量和特大安全事故等。

投标人按照招标文件的要求编制投标文件，在招标人规定的时间内将投标文件密封送达投标地点。投标文件一般包括投标函、投标报价、施工组织设计、商务和技术偏差表等内容。

投标人根据招标文件所述的项目实际情况，拟在中标后将中标项目的部分非主体、非关键性工作进行分包的，应当在投标文件中加以说明。

### 3．开标、评标、中标

投标单位递交的投标文件是密封起来的，招标人在招标文件中约定的时间召开开标会议，当众拆开投标文件，叫开标。由评委对各投标单位的投标文件进行评议，选出符合中标条件的标书，叫评标。业主最后选定投标单位，由其承包工程建设，叫中标。

建设项目的开标由项目法人主持，邀请投资方、投标单位、政府有关主管部门和其他有关单位代表参加。

项目法人负责组建评标委员会，评标委员会由项目法人、主要投资方、招标代理机构的代表及受聘的技术、经济、法律等方面的专家组成，总人数为 5 人以上单数，其中受聘的专家不得少于 2/3。与投标单位有利害关系的人员不得进入评标委员会。评标委员会依据招标文件的要求对投标文件进行综合评审和比较，并按顺序向项目法人推荐 2～3 个中标候选单位。项目法人应从评标委员会推荐的中标候选单位中择优确定中标单位。

中标人确定后，招标人向中标人发出中标通知书。招标人和中标人应当自中标通知书发出之日起 30 天内，按照招标文件和中标人的投标文件订立书面合同。

### 4．标底的编制

标底是工程招标标底价格的简称。标底是招标人为了掌握工程造价，控制工程投资的主要依据，也作为评价投标单位的投标报价是否准确的依据。在以往的招投标工作中，标底价格起到了决定性的作用，但在实施工程量清单报价的情况下，标底价格的作用逐渐淡化，工程招投标转向由招标人按照国家统一的工程量计算规则计算出工程数量，由投标人自主报价，经评审以低价中标的工程造价管理模式。工程招投标可以无标底进行。

1）标底编制的原则

（1）遵循四统一原则

四统一原则是：项目编码统一、项目名称统一、计量单位统一、工程量计算规则统一。

（2）体现公开、公平、公正的原则

工程量清单下的标底价格应充分体现公开、公平、公正的原则，标底价格的确定，应由市场价值规律来确定，不能人为地盲目压低或抬高。

（3）遵循风险合理分担的原则

工程量清单下的招投标工作，招投标双方都存在风险，招标人承担工程量计算准确与否的风险，投标人承担工程报价是否合理的风险。因此在标底价格的编制过程中，编制人应充分考虑招投标双方风险可能发生的概率，在标底价格中予以体现。

（4）遵循市场形成价格的原则

工程量清单下的标底价格反映的是由市场形成的具有社会先进水平的生产要素的市场价格。

2）标底编制的依据

在编制标底时，应依据表 6-35 中的资料进行。

表 6-35　标底的编制依据

| 序　号 | 标底的编制依据内容 |
|---|---|
| 1 | 《建设工程工程量清单计价规范》 |
| 2 | 招标文件的商务条款 |
| 3 | 招标期间建筑安装材料及设备的市场价格 |
| 4 | 相关的工程施工规范和工程验收规范 |
| 5 | 工程项目所在地的劳动力市场价格 |
| 6 | 施工组织设计及施工技术方案 |
| 7 | 工程设计文件 |
| 8 | 施工现场地质、水文、气象及地面情况的资料 |
| 9 | 由招标方采购的材料、设备的到货计划 |
| 10 | 招标人制订的工期计划 |

3）标底编制的方法

标底价格由分部分项工程量清单费、措施项目清单费、其他项目清单费、规费（行政事业性收费）、税金等部分组成。

（1）分部分项工程量清单费

分部分项工程量清单费的计价有两种方法：预算定额调整法、工程成本测算法。

① 预算定额调整法，即对照清单项目所描述的项目特征及工作内容，套用相应的预算定额。对定额中的人工、材料、机械的消耗量指标，按社会先进水平进行调整；对定额中的人工、材料、机械的单价，按工程所在地的市场价格进行调整；对管理费和利润，按当地的费用定额系数，并考虑投标的竞争程度计算和调整。由此计算得出清单项目的综合单价，按规定的格式计算分部分项工程量清单费。

② 工程成本测算法，即根据施工经验和历史资料预测分部分项工程实际可能发生的人工、材料、机械的消耗量，按照市场价格计算相应的费用。

（2）措施项目清单费

措施项目清单标底价格主要依据施工组织设计和施工技术方案，采用成本预测法进行估算。

（3）其他项目清单费

对其他项目清单逐项进行计价，并按规定的方法计算规费和税金，汇总得到工程标底价格。

## 6.10.2　工程量清单投标报价程序与编制要点

投标报价是施工企业根据招标文件及工程量清单，按照本企业的现场施工技术力量、管理水平等编制出的工程造价。投标报价反映出施工企业承包该工程所需的全部费用，招标单位对各投标单位的报价进行评议，以合理低价者中标。

### 1．投标报价的程序

工程量清单下投标报价的程序如表 6-36 所示。

表6-36 投标报价的程序

| 序　　号 | 投标报价的程序内容 |
|---|---|
| 1 | 获取招标信息 |
| 2 | 准备资料，报名参加投标 |
| 3 | 提交资格预审资料 |
| 4 | 通过资格预审后得到招标文件 |
| 5 | 研究招标文件 |
| 6 | 准备与投标有关的所有资料 |
| 7 | 对招标人及工程场地进行实地考查 |
| 8 | 确定投标策略 |
| 9 | 核算工程量清单 |
| 10 | 编制施工组织设计及施工方案 |
| 11 | 计算施工方案工程量 |
| 12 | 采用多种方式进行询价 |
| 13 | 计算工程综合单价 |
| 14 | 按工程量清单计算工程成本价 |
| 15 | 分析报价决策，确定最终报价 |
| 16 | 编制投标文件 |
| 17 | 投送投标文件 |
| 18 | 参加开标会议 |

**2．投标报价的编制**

投标报价的编制工作，是投标人进行投标的实质性工作。编制投标报价时，必须按照工程量清单计价的格式及要求进行。编制的要点如下。

1）审核工程量清单并计算施工工程量

投标人在按照招标人提供的工程量清单报价时，应结合本企业的实情，把施工方案及施工工艺造成的工程增量以价格的形式包括在综合单价内。另外，投标人还应对措施项目中的工程量及施工方案工程量进行全面考虑，认真计算，避免因考虑不全而漏算，造成低价中标亏损。

2）编制施工组织设计及施工方案

施工组织设计及施工方案是招标人评标时考虑的主要因素之一，也是投标人计算施工工程量的依据，其内容主要有：项目概况、项目组织机构、项目保证措施、前期准备方案、施工现场平面布置、总进度计划和分部分项工程进度计划、分部分项的施工工艺及施工技术组织措施、主要施工机械配置、劳动力配置、主要材料保证措施、施工质量保证措施、安全文明施工措施、保证工期措施。

3）多方面询价

工程量清单下的价格是由投标人自主计算的，投标人在编制投标报价时，除了参考在日常工作中积累起来的人工、材料、机械台班的价格外，还应充分了解当地的材料市场价、当地的人工综合价、机械设备的租赁价、分部分项工程的分包价等。

4）计算投标报价，填写标书

按照工程量清单计价的方法计算各项清单费用，并按规定的格式填写表格。计算步骤如下。

（1）按照企业定额或《全国统一安装工程预算定额》的消耗量，以及人工、材料、机械的市场价格计算各清单项目的人工费、材料费、机械费，并以此为基础计算管理费、利润，进而计算出各分部分项工程清单项目的综合单价。

（2）根据工程量清单及现场因素计算各清单费用、规费、税金等，并合计汇总得到初步的投标报价。

（3）根据投标单位的投标策略进行全面分析、调整，得到最终的投标报价。

（4）按规定格式填写各项计价表格，装订形成投标标书。

### 3. 工程投标策略简介

投标的目的是争取中标，通过承包工程建设而盈利，因此，投标时除了应熟练掌握工程量清单计价方法外，还应掌握一定的投标报价策略及投标报价技巧，提高投标的中标率。

1）投标报价策略

投标时，根据投标人的经营状况和经营目标，既要考虑自身的优势和劣势，也要考虑竞争的激烈程度，还要分析投标项目的整体特点，按照工程类别、施工条件等确定投标策略。采用的投标策略主要有以下几条。

（1）生存型报价策略

如投标报价以克服生存危机为目标而争取中标时，可以不考虑其他因素，采取不盈利甚至赔本的报价策略，力争夺标。

（2）竞争型报价策略

投标报价以开拓市场、打开局面为目标，可以采用低盈利的竞争手段，在精确计算工程成本的基础上，充分估计各竞争对手的报价目标，用有竞争力的报价达到中标的目的。

（3）盈利型报价策略

施工企业充分发挥自身的优势，以实现最佳盈利为目标，对效益小的项目热情不高，对盈利大的项目充分投入，争取夺标。

2）投标报价技巧

投标报价时常用的技巧有以下几条。

（1）不平衡报价法

不平衡报价法是指在工程总价基本确定后，调整内部各工程项目的报价，既不提高总价、影响中标，又能在结算时得到更好的经济效益。具体操作时可采取如下方法。

① 能够早日结算的项目如前期措施费可报的较高，以利于资金周转，后期工程项目可适当报低。

② 经过工程量核算，预计今后工程量会增加的项目，适当提高单价，而工程量可能减少的项目，适当降低单价。

③ 对招标人要求采用包干报价的项目可高报，其余项目可适当降低。

④ 在议标时，投标人要求压低标价时应首先压低工程量少的项目单价，以表现有让利

的诚意。

⑤ 其他项目清单中的工日单价和机械台班单价可报高些。

采用不平衡报价法对投标人可降低一定的风险，但报价必须建立在对工程量清单进行仔细核对和分析的基础上，并把单价的增减控制在合理的范围内，以免引起招标人的反对而废标。

（2）多方案报价法

当招标文件允许投标人提建议方案，或者招标文件对工程范围不明确、条款不清楚、技术要求过于苛刻时，可在充分估计风险的基础上，进行多种方案报价。

（3）突然降价法

先按一般情况报价，到快要投标截止时，按已经计划好的方案，突然降价，以击败竞争对手。

（4）先亏后赢法

对大型分期建设的工程，第一期工程以成本价甚至亏本夺标，以获得招标人的信赖，在后期工程中赢回。

## 综合实训　某综合楼电气工程预算编制

### 1．实训目的

（1）明白某小区住宅电气预算综合训练的内容、程序及要求；

（2）学会策划过程；

（3）培养综合运用专业知识，解决实际工程技术问题的能力；

（4）培养查阅图书资料、产品手册和各种工具书的能力；

（5）培养工程预算及编写技术资料的能力；

（6）具有识读建筑电气平面图、电气系统图的能力；

（7）具有图纸会审的能力；

（8）具有工作过程的评价能力。

### 2．实训内容

（1）某小区智能化住宅，其功能包括：室内照明、室内消防、室内电话、有线电视、宽带、室外红外线监控、电子门。工程图纸可根据实际情况自行选择。

（2）根据施工图纸训练，编制小区住宅楼照明预算、消防预算及弱电预算。

（3）编写设计说明书。

### 3．实训设备

1）计算机

操作系统，Windows 2003；CPU，Pentium166，内存 256MB，硬盘空间，1 兆。

2）预算软件

（1）软件的安装

① 把加密锁插接在计算机的打印口上；

② 启动计算机，执行光盘中的"博丰 V3.0\diskl\setup.exe"文件，按照程序的提示，完成本系统的安装。

（2）软件启动

在"开始"菜单中启动。输入本系统默认密码，若用户第一次使用或没有更改原来的默认密码，即为"ABC"。用户可在系统里自己输入一个密码，密码的长度最多是 6 位，密码输入正确以后进入定额选择界面。此系统软件包括 7 类工程定额，如果选择电气工程，则单击"电气工程"前面的方框，然后单击下面的 4 个图标，指定下一步工作：预算建立、预算打开、最近预算打开、定额查阅。

（3）预算建立

在"开始"界面中单击"预算建立"按钮或在菜单"文件"中选取"新建"项目，可以进入下面的界面。确定文件的位置及名称，输入文件名后，单击"新建"按钮显示画面，录入工程相应内容。

（4）预算录入

跳至预算编制区，在空行上"定额编号"栏先输入定额编号，回车后，自动跳至"工程量"栏，输入工程量后再次回车，即可完成这条预算的录入。注意，这里的工程量是在工程量计算时得出的结果与定额单位换算过的数值。

（5）主材编辑

通常预算中需要在录入每条分项工程子目的同时，输入次子目的主材。可直接在工具条上单击符号太阳"主材处理"按钮，将主材添加到预算中。

（6）取费模板的调入

选择要使用的模板，然后单击"调入"按钮，模板调入以后，选中取费按钮，取费结果会立即显示出来。

### 4. 实训报告（实训成果）

（1）施工图预算

（2）工程量计算表

### 5. 实训记录与分析（见表 6-37 ~ 表 6-40）

表 6-37　工程量计算表

| 序　号 | 工程项目名称或代号 | 计　算　式 | 单　位 | 工　程　量 |
|---|---|---|---|---|
| | | | | |
| | | | | |
| | | | | |
| | | | | |
| | | | | |
| | | | | |
| | | | | |
| | | | | |
| | | | | |

| 序　　号 | 工程项目名称或代号 | 计　算　式 | 单　位 | 工　程　量 |
|---|---|---|---|---|
| | | | | |
| | | | | |
| | | | | |
| | | | | |
| | | | | |
| | | | | |

表 6-38　工程量汇总表

| 序　　号 | 定　额　编　号 | 分项工程名称 | 单　位 | 数　　量 |
|---|---|---|---|---|
| | | | | |
| | | | | |
| | | | | |
| | | | | |
| | | | | |
| | | | | |
| | | | | |
| | | | | |

表 6-39　主要材料费计算表

| 顺序号 | 定额编号 | 材料名称规格 | 工程量 | | 预算价值/元 | | 其　　中 | | | | | |
|---|---|---|---|---|---|---|---|---|---|---|---|---|
| | | | 定额单位 | 数量 | 定额单价 | 总价 | 人工费/元 | | 材料费/元 | | 机械费/元 | |
| | | | | | | | 单价 | 金额 | 单价 | 金额 | 单价 | 金额 |
| | | | | | | | | | | | | |
| | | | | | | | | | | | | |
| | | | | | | | | | | | | |
| | | | | | | | | | | | | |
| | | | | | | | | | | | | |
| | | | | | | | | | | | | |
| | | | | | | | | | | | | |
| | | | | | | | | | | | | |
| | | | | | | | | | | | | |
| | | | | | | | | | | | | |
| | | | | | | | | | | | | |
| | | | | | | | | | | | | |
| | | | | | | | | | | | | |

续表

| 顺序号 | 定额编号 | 材料名称规格 | 工程量 | | 预算价值/元 | | 其　中 | | | | | |
| | | | 定额单位 | 数量 | 定额单价 | 总价 | 人工费/元 | | 材料费/元 | | 机械费/元 | |
| | | | | | | | 单价 | 金额 | 单价 | 金额 | 单价 | 金额 |
| | | | | | | | | | | | | |
| | | | | | | | | | | | | |
| | | | | | | | | | | | | |
| | | | | | | | | | | | | |
| | | | | | | | | | | | | |

表6-40　消防设备费用表

| 序　号 | 设备名称及型号 | 单　价/元 | 数　量 | 合　计　金　额/元 |
| --- | --- | --- | --- | --- |
| | | | | |
| | | | | |
| | | | | |
| | | | | |
| | | | | |
| | | | | |
| | | | | |
| | | | | |
| | | | | |
| | | | | |
| | | | | |
| | | | | |
| | | | | |
| | | | | |
| | 设备总价 | | | |

## 6．考核方法

（1）设计答辩

通过质疑或答辩方式，考核学生在本次课程设计中对所学课程综合知识掌握情况和设计深度与水平。

（2）预算质量

考核课程设计质量：施工图预算应严格按编制要求完成，设计内容表达完整、字迹工整、文字说明简明扼要、文体规范、表达准确。

（3）设计方案

设计方案安排合理，预算定额、费用定额、材料价格选择合适，符合国家现行规范标准要求。

（4）实训状况考核

考核学生在综合实训过程中的态度、出勤、作风和纪律等方面的表现。

（5）成绩评定

根据以上几个方面的综合成绩（自评、互评和教师评价），由指导教师按等级记分制记分（优、良、中、及格、不及格），并单独记入学生成绩册。

**7．说明**

各学校可根据本校特点和要求适当选择实训题目、内容，调整时间。

施工图纸教师根据实际自行选择。

# 知识梳理与总结

工程量清单计价属于同国际接轨的新方法，为了确保相关工程技术人员熟练掌握该技术，本章从理论到案例进行了阐述。重点应掌握的内容归纳如下：

（1）工程量清单。是用来表现拟建工程的分部分项工程项目、措施项目、其他项目的名称和相应数量的明细清单，它包括分部分项工程量清单、措施项目清单、其他项目清单三部分。

工程量清单是招标文件的一部分，由招标人或招标人委托具有相应资质的中介机构编制。工程量清单必须按照规定的格式进行编写。工程量清单具有统一项目编码、统一项目名称、统一计量单位、统一工程量计算规则的特点。

（2）工程量清单计价。是工程招投标工作中常用的计价模式，也是国际通行的做法。工程量清单计价，是指根据招标文件及招标文件所提供的工程量清单，按照市场价格及施工企业自身的特点，计算出完成招标文件所规定的所有工程项目所需要的费用。工程量清单计价分为标底和投标报价两种形式，无论何种形式都必须按照工程量清单计价的规定格式进行填写。工程量清单计价费用包括分部分项工程费、措施项目费、其他项目费、规费、税金等部分。

（3）综合单价。是指完成工程量清单中一个计量单位的工程项目所需的人工费、材料费、机械使用费、管理费、利润的总和及一定的风险费用。综合单价应根据招标文件、施工图纸、图纸会审纪要、工程技术规范、质量标准、工程量清单等，按照施工企业内部定额或参照国家及省市有关工程消耗量定额、材料指导价格等计算得出。

（4）标底。是招标人为了掌握工程造价，控制工程投资，对投标单位的投标报价进行评价的依据。标底必须按照工程量清单计价的方法及格式进行编制。标底由招标人或招标人委托具有相应资质的中介机构编制。

（5）投标报价。是施工企业根据招标文件及工程量清单，按照本企业的现场施工技术力量、管理水平等编制出的工程造价。编制投标报价时，必须按照工程量清单计价的方法及格式进行。投标报价反映出施工企业承包该工程所需的全部费用，招标单位对各投标单位的报价进行评议，以合理低价者中标。

# 练习与思考题 5

### 1．填空题

（1）《计价规范》具有明显的_____性、_____性、_____性和实用性。

（2）工程量清单是表现拟建工程的_____项目、_____项目、其他项目名称及其相应工程数量的明细清单。

（3）在工程量清单计价中，综合单价的_____程度，直接影响到工程计价的准确性，对于投标企业，合理计算综合单价，可以降低_____报价的风险。

（4）编制投标报价时，既要考虑提高中标的概率，还要考虑中标后承包工程的_____。

（5）投标人根据招标文件所述的项目_____情况，拟在中标后将中标项目的部分非主体、非关键性工作进行_____的，应当在投标文件中加以_____。

### 2．判断题

（1）参加建筑安装工程投标的单位，必须具有招标文件要求的资质证书，并为独立的法人代表。　　　　　　　　　　　　　　　　　　　　　　（　　）

（2）投标是指建设单位按照招标文件的要求报价，并提供其他所需资料，以取得对该工程的承包权。　　　　　　　　　　　　　　　　　　　　　（　　）

### 3．简答题

（1）工程量清单具备的四个特点是什么？

（2）说明工程量清单项目编码的设置方法及其意义。

（3）《计价规范》的编制原则是什么？

（4）工程量清单项目的综合单价应如何确定？

（5）工程量清单计价有哪些内容？

（6）如何编制投标报价？

# 附录 A 安装工程工程量清单项目及计算规则（摘录）

## 1. 机械设备安装工程

1.1 切削设备。工程量清单项目设置及工程量计算规则，应按表 A-1 的规定执行。

表 A-1 工程量清单项目设置及工程量计算规则 切削设备（编码：030101）

| 项目编号 | 项目名称 | 项目特征 | 计量单位 | 工程量计算规则 | 工程内容 |
|---|---|---|---|---|---|
| 030101001 | 台式及仪表机床 | 1. 名称<br>2. 型号<br>3. 质量 | 台 | 按设计图示数量计算 | 1. 安装<br>2. 地脚螺栓灌浆<br>3. 设备底座与基础间灌浆 |
| 030101002 | 车库 | | | | |
| 030101003 | 立式车床 | | | | |
| 030101004 | 钻床 | | | | |
| 030101005 | 镗床 | | | | |
| 030101006 | 磨床安装 | | | | |
| 030101007 | 铣床 | | | | |
| 030101008 | 齿轮加工机床 | | | | |
| 030101009 | 螺纹加工机床 | | | | |
| 0301010010 | 刨床 | | | | |
| 0301010011 | 插床 | | | | |
| 0301010012 | 拉床 | | | | 1. 本体安装<br>2. 保护罩制作、安装、除锈、刷漆 |
| 0301010013 | 超声波加工机床 | | | | |
| 0301010014 | 电加工机床 | | | | |
| 0301010015 | 金属材料试验机械 | | | | 1. 安装<br>2. 地脚螺栓孔灌浆<br>3. 设备底座与基础间灌浆 |
| 0301010016 | 数控机床 | | | | |
| 0301010017 | 木工机械 | | | | |
| 0301010018 | 跑车带锯机 | | | | |
| 0301010019 | 其他机床 | | | | |

1.2 锻压设备。工程量清单项目设置及工程量计算规则，应按表 A-2 的规定执行。

表A-2 工程量清单项目设置及工程量计算规则 锻压设备（编码：030102）

| 项 目 编 号 | 项 目 名 称 | 项 目 特 征 | 计 量 单 位 | 工程量计算规则 | 工 程 内 容 |
|---|---|---|---|---|---|
| 030102001 | 机械压力机 | | | | 1. 安装<br>2. 地脚螺栓孔灌浆<br>3. 设备底座与基础间灌浆 |
| 030102002 | 液压顶 | 1. 名称<br>2. 型号<br>3. 质量 | | | 1. 安装<br>2. 地脚螺栓孔灌浆<br>3. 设备底座与基础间灌浆<br>4. 管道支架制作、安装、除锈、刷漆 |
| 030102003 | 自动锻压机 | | 台 | 按设计图示数量计算 | 1. 安装<br>2. 地脚螺栓孔灌浆<br>3. 设备底座与基础间灌浆 |
| 030102004 | 锻锤 | | | | |
| 030102005 | 剪切机 | | | | |
| 030102006 | 弯曲校正机 | | | | |
| 030102007 | 锻造水压机安装 | 1. 名称<br>2. 型号<br>3. 质量<br>4. 公称压力 | | | 1. 安装<br>2. 地脚螺栓孔灌浆<br>3. 设备底座与基础间灌浆<br>4. 管道支架制作、安装、除锈、刷漆 |

1.3 铸造设备。工程量清单项目及工程量计算规则，应按表A-3的规定执行。

表A-3 工程量清单项目设置及工程量计算规则 铸造设备（编码：030103）

| 项 目 编 号 | 项 目 名 称 | 项 目 特 征 | 计 量 单 位 | 工程量计算规则 | 工 程 内 容 |
|---|---|---|---|---|---|
| 030103001 | 砂处理设备 | | | | 1. 安装<br>2. 地脚螺栓孔灌浆<br>3. 设备底座与基础间灌浆<br>4. 管道支架制作、安装、除锈、刷漆 |
| 030103002 | 造型设备 | | | | |
| 030103003 | 造芯设备 | | | | |
| 030103004 | 落砂设备 | | 台 | 按设计图示数量计算 | |
| 030103005 | 清理设备 | | | | |
| 030103006 | 金属型铸造设备 | | | | |
| 030103007 | 材料准备设备 | 1. 名称<br>2. 型号<br>3. 质量 | | | |
| 030103008 | 抛丸清理室 | | 室 | 按设计图示数量计算<br>注：设备质量应包括抛丸机、回转台、斗式提升机、螺旋输送机、电动小车等设备用以及框架、平台、梯子、栏杆、漏斗、漏管等金属结构件的总质量 | 1. 抛丸清理室安装<br>2. 抛丸清理室地轨安装<br>3. 金属结构构件和车挡制作、安装<br>4. 除尘机及除尘器与风机间的风管安装 |
| 030103009 | | | 1 | 按设计图示尺寸以质量计算 | 方型（梁式）铸铁平台安装、除锈、刷漆 |

建筑电气工程预算技能训练

1.4 起重设备。工程量清单项目设置及工程量计算规则，应按表 A-4 的规定执行。

表 A-4  工程量清单项目设置及工程量计算规则  起重设备（编码：030104）

| 项目编号 | 项目名称 | 项目特征 | 计量单位 | 工程量计算规则 | 工程单位 |
|---|---|---|---|---|---|
| 030104001 | 桥式起重机 | 1. 名称<br>2. 型号<br>3. 起重质量 | 台 | 按设计图示数量计算 | 本体安装 |
| 030104002 | 吊钩门式起重机 | | | | |
| 030104003 | 梁式起重机 | | | | |
| 030104004 | 电动壁行悬挂式起重机 | | | | |
| 030104005 | 旋臂壁式起重机 | | | | |
| 030104006 | 悬壁立柱式起重机 | | | | |
| 030104007 | 电动葫芦 | | | | |
| 030104008 | 单轨小车 | | | | |

1.5 起重机轨道。工程量清单项目设备及工程量计算规则，应按表 A-5 的规定执行。

表 A-5  工程量清单项目设置及工程量计算规则  起重机轨道（编码：030105）

| 项目编号 | 项目名称 | 项目特征 | 计量单位 | 工程量计算规则 | 工程单位 |
|---|---|---|---|---|---|
| 030105001 | 起重机轨道 | 1. 安装部位<br>2. 固定方式<br>3. 纵横向孔道<br>4. 型号 | m | 按设计图示尺寸，以单根轨道长度计算 | 1. 安装<br>2. 车挡制作、安装 |

1.6 输送设备。工程量清单项目设备及工程量计算规则，应按表 A-6 的规定执行。

表 A-6  工程量清单项目设置及工程量计算规则  输送设备（编码：030106）

| 项目编号 | 项目名称 | 项目特征 | 计量单位 | 工程量计算规则 | 工程单位 |
|---|---|---|---|---|---|
| 030106001 | 斗式提升机 | 1. 名称<br>2. 型号<br>3. 提升高度 | 台 | 按设计图示数量计算 | 安装 |
| 030106002 | 刮板输送机 | 1. 名称<br>2. 型号<br>3. 输送机槽宽<br>4. 输送机长度<br>5. 驱动装置组数 | 组 | | |
| 030106003 | 板（裙）式输送机 | 1. 名称<br>2. 型号<br>3. 链板宽度<br>4. 链轮中心距 | 台 | | |
| 030106004 | 悬挂输送机 | 1. 名称<br>2. 型号<br>3. 质量<br>4. 链条类型<br>5. 节距 | | | |

| 项目编号 | 项目名称 | 项目特征 | 计量单位 | 工程量计算规则 | 工程单位 |
|---|---|---|---|---|---|
| 030106005 | 固定式胶带输送机 | 1. 名称<br>2. 型号<br>3. 输送机的长度<br>4. 输送机胶带宽度 | 台 | 按设计图示数量计算 | 安装 |
| 030106006 | 气力输送设备 | 1. 名称<br>2. 型号<br>3. 输送长度<br>4. 输送管尺寸 | | | |
| 030106007 | 卸矿车 | 1. 名称<br>2. 型号 | | | |
| 030106008 | 皮带秤安装 | 3. 质量<br>4. 设备宽度 | | | |

1.7 电梯。工程量清单项目及工程量计算规则，应按表 A-7 的规定执行。

表 A-7 工程量清单项目设置及工程量计算规则　　电梯（编码：030107）

| 项目编号 | 项目名称 | 项目特征 | 计量单位 | 工程量计算规则 | 工程单位 |
|---|---|---|---|---|---|
| 030107001 | 交流电梯 | 1. 名称<br>2. 型号<br>3. 用途<br>4. 层数<br>5. 站数<br>6. 提升高度 | 部 | 按设计图示数量计算 | 1. 上体安装<br>2. 电梯电气安装 |
| 030107002 | 直流电梯 | | | | |
| 030107003 | 小型杂货电梯 | | | | |
| 030107004 | 观光梯 | 1. 名称<br>2. 型号<br>3. 类别<br>4. 结构、规格 | 台 | | |
| 030107005 | 自动扶梯 | | | | |

1.8 风机。工程量清单项目设置及工程量计算规则，应按表 A-8 的规定执行。

表 A-8 工程量清单项目设置及工程量计算规则　　风机（编码：030108）

| 项目编号 | 项目名称 | 项目特征 | 计量单位 | 工程量计算规则 | 工程单位 |
|---|---|---|---|---|---|
| 030108001 | 离心式通风机 | 1. 名称<br>2. 型号<br>3. 质量 | 台 | 1. 按设计图示数量计算<br>2. 直联式风机的质量包括本体及电机、底座的总质量 | 1. 上体安装<br>2. 拆装检查<br>3. 二次灌浆 |
| 030108002 | 离心式引风机 | | | | |
| 030108003 | 轴流通风机 | | | | |
| 030108004 | 回转式鼓风机 | | | | |
| 030108005 | 离心式鼓风机 | | | | |

1.9 泵。工程量清单项目设置及工程量计算规则，应按表 A-9 的规定执行。

**表 A-9  工程量清单项目设置及工程量计算规则    泵（编码：030109）**

| 项 目 编 号 | 项 目 名 称 | 项 目 特 征 | 计 量 单 位 | 工程量计算规则 | 工 程 内 容 |
|---|---|---|---|---|---|
| 030109001 | 离心式泵 | 1. 名称<br>2. 型号<br>3. 质量<br>4. 输送介质<br>5. 压力<br>6. 材质 | 台 | 按设计图示数量计算<br>直联式泵的质量包括本体，电机及底座的总质量；非直联式的不包括电动机质量；深井泵的质量包括本体、电动机、底座及设备扬水管的总质量 | 1. 本体安装<br>2. 泵拆装检查<br>3. 电动机安装<br>4. 二次灌装 |
| 030109002 | 旋涡泵 | | | 按设计图示数量计算 | |
| 030109003 | 电动往复泵 | | | | |
| 030109004 | 柱塞泵 | | | | |
| 030109005 | 蒸汽往复泵 | | | | |
| 030109006 | 计量泵 | | | | |
| 030109007 | 螺杆泵 | | | | |
| 030109008 | 齿轮油泵 | | | | |
| 030109009 | 真空泵 | | | | |
| 0301090010 | 屏蔽泵 | | | | |
| 0301090011 | 简易移动潜水泵 | | | | |

1.10  压缩机。工程量清单项目设置及工程量计算规则，应按表 A-10 的规定执行。

**表 A-10  工程量清单项目设置及工程量计算规则    压缩机（编码：030110）**

| 项 目 编 号 | 项 目 名 称 | 项 目 特 征 | 计 量 单 位 | 工程量计算规则 | 工 程 内 容 |
|---|---|---|---|---|---|
| 030110001 | 活塞式压缩机 | 1. 名称<br>2. 型号<br>3. 质量<br>4. 结构形式 | 台 | 按设计图示数量计算<br>设备质量包括同底座上主机、电动机、仪表盘及附件、底座等的总质量，但立式及 L 形压缩机、螺杆式压缩机、离心式压缩机不包括电动机等动力机械的质量<br>活塞式 D、M、H 型对称平稀奇压缩机的质量包括主机、电动机及随主机到货的附属设备的质量，但不包括附属设备安装 | 1. 本体安装<br>2. 拆装检查<br>3. 二次灌装 |
| 030110002 | 回转式螺杆压缩机 | | | | |
| 030110003 | 离心式压缩机（电动机驱动） | | | | |

1.11  工业炉。工程量清单项目设置及工程量计算规则，应按表 A-11 的规定执行。

表 A-11　工程量清单项目设置及工程量计算规则　　工业炉（编码：030111）

| 项目编号 | 项目名称 | 项目特征 | 计量单位 | 工程量计算规则 | 工程内容 |
|---|---|---|---|---|---|
| 030111001 | 电弧炼钢炉 | 1. 名称 | 台 | 按设计图示数量计算 | 1. 本体安装<br>2. 内衬砌筑、烘炉<br>3. 炉体结构件及设备刷漆 |
| 030111002 | 无芯工频感应电炉 | 2. 型号<br>3. 质量<br>4. 设备容量<br>5. 内衬砌筑设计要求 | | | |
| 030111003 | 电阻炉 | 1. 名称<br>2. 型号<br>3. 质量 | | | 本体安装 |
| 030111004 | 真空炉 | | | | |
| 030111005 | 高频及中频感应炉 | | | | |
| 030111006 | 冲天炉 | 1. 名称<br>2. 型号<br>3. 质量<br>4. 熔化率 | | | 1. 本体安装<br>2. 前炉安装<br>3. 冲天炉加料机的轨道加料车、卷扬装置等安装<br>4. 轨道安装<br>5. 车挡制作、安装<br>6. 炉体管道的试压<br>7. 炉体结构件及设备刷漆 |
| 030111007 | 加热炉 | 1. 名称 | | | |
| 030111008 | 热处理炉 | 2. 型号<br>3. 质量<br>4. 结构形式<br>5. 内衬砌筑设计要求 | | | |
| 030111009 | | 1. 名称<br>2. 型号<br>3. 质量 | | | 1. 本体安装<br>2. 砌筑<br>3. 炉体结构件及设备刷漆<br><br>1. 本体安装<br>2. 炉体结构件刷漆及设备补刷油漆<br>3. 炉体管道安装、试压 |

1.12　煤气发生设备。工程量清单项目及工程量计算规则，应按表 A-12 的规定执行。

表 A-12　工程量清单项目设置及工程量计算规则　　煤气发生设备（编码：030112）

| 项目编号 | 项目名称 | 项目特征 | 计量单位 | 工程量计算规则 | 工程内容 |
|---|---|---|---|---|---|
| 030112001 | 煤气发生炉 | 1. 名称<br>2. 型号<br>3. 质量<br>4. 规格 | 台 | 按设计图示数量计算 | 1. 本体安装<br>2. 容器构建制作、安装 |
| 030112002 | 洗涤塔 | 1. 名称<br>2. 型号<br>3. 质量<br>4. 直径<br>5. 规格 | | | 1. 安装<br>2. 二次灌浆 |

续表

| 项目编号 | 项目名称 | 项目特征 | 计量单位 | 工程量计算规则 | 工程内容 |
|---|---|---|---|---|---|
| 030112003 | 电气滤清器 | 1. 名称<br>2. 型号<br>3. 质量<br>4. 规格 | 台 | 按设计图示数量计算 | 安装 |
| 030112004 | 竖管 | 1. 类型<br>2. 高度<br>3. 直径<br>4. 规格 | | | |
| 030112005 | 附属设备 | 1. 名称<br>2. 型号<br>3. 质量<br>4. 规格 | | | 1. 安装<br>2. 二次灌浆 |

1.13 其他机械。工程量清单项目设置及工程量计算规则，应按表 A-13 的规定执行。

表 A-13 工程量清单项目设置及工程量计算规则 其他机械（编码：030113）

| 项目编号 | 项目名称 | 项目特征 | 计量单位 | 工程量计算规则 | 工程内容 |
|---|---|---|---|---|---|
| 030113001 | 溴式锂吸收式制冷机 | 1. 名称<br>2. 型号<br>3. 质量 | 台 | 按设计图示数量计算 | 1. 本体安装<br>2. 保温、防护层、刷漆 |
| 030113002 | 制冰设备 | 1. 名称<br>2. 型号<br>3. 质量<br>4. 制冰方式 | | | |
| 030113003 | 冷风机 | 1. 冷却面积<br>2. 直径<br>3. 质量 | | | |
| 030113004 | 润滑油处理设备 | 1. 名称<br>2. 型号<br>3. 质量 | | | 1. 安装<br>2. 二次灌浆 |
| 030113005 | 膨胀机 | | | | |
| 030113006 | 柴油机 | | | | |
| 030113007 | 柴油发电机组 | | | | |
| 030113008 | 电动机 | | | | |
| 030113009 | 电动发电机组 | | | | |
| 0301130010 | 冷凝器 | 1. 名称<br>2. 型号<br>3. 结构<br>4. 冷却面积 | | | 1. 本体安装<br>2. 保温、刷漆 |
| 0301130011 | 蒸发器 | 1. 名称<br>2. 型号<br>3. 质量<br>4. 蒸发面积 | | | |

| 项目编号 | 项目名称 | 项目特征 | 计量单位 | 工程量计算规则 | 工程内容 |
|---|---|---|---|---|---|
| 0301130012 | 储液器（排液桶） | 1. 名称<br>2. 型号<br>3. 质量<br>4. 容积 | | | 1. 本体安装<br>2. 保温、刷漆 |
| 0301130013 | 分离器 | 1. 类型<br>2. 介质<br>3. 直径 | | | |
| 0301130014 | 过滤器 | | | | |
| 0301130015 | 中间冷却器 | 1. 名称<br>2. 型号<br>3. 质量<br>4. 冷却面积 | | | |
| 0301130016 | 玻璃钢冷却塔 | | | 按设计图示数量计算 | |
| 0301130017 | 集油器 | 1. 名称<br>2. 型号<br>3. 直径 | 支 | | |
| 0301130018 | 紧急泄氨器 | | | | |
| 0301130019 | 油视镜 | | | | |
| 0301130020 | 储气罐 | 1. 名称<br>2. 型号<br>3. 容积 | | | 本体安装 |
| 0301130021 | 乙炔发生器 | | | | |
| 0301130022 | 水压机蓄势罐 | 1. 名称<br>2. 型号<br>3. 质量 | 台 | | |
| 0301130023 | 空气分离塔 | 1. 类型<br>2. 容积 | | | 1. 本体安装<br>2. 保温 |
| 0301130024 | 小型制氧机附属设备 | 1. 名称<br>2. 型号<br>3. 质量 | | | |

1.14 "机械设备安装工程"适用于切削设备、锻压设备、铸造设备、起重设备、起重机轨道、输送设备、电梯、风机、泵、压缩机、工业炉设备、煤气发生设备、其他机械等的设备安装工程。

# 参 考 文 献

[1] 吴心伦.安装工程预算定额与预算.重庆：重庆大学出版社，1996.

[2] 马克忠.建筑安装工程预算定额与施工组织.重庆：重庆大学出版社，1997.

[3] 阮文.预算与施工组织.哈尔滨：黑龙江科学技术出版社，1997.

[4] 杨光臣.建筑安装工程预算与施工组织.重庆：重庆大学出版社，1997.

[5] 唐定曾，唐海.建筑工程电气概算.北京：中国建筑工业出版社，1997.

[6] 王春宁.建筑安装工程概预算.哈尔滨：黑龙江科学技术出版社，1999.

[7] 孙景芝.韩永学.电气消防.北京：中国建筑工业出版社，2000.

[8] 全国统一安装工程预算定额.北京：中国计划出版社，2000.

[9] 杨光臣.建筑电气工程识图.工艺.预算.北京：中国建筑工业出版社，2001.

[10] 中华人民共和国建设部标准定额司.全国统一安装工程预算工程量计算规则.
     北京：中国建筑工业出版社，2001.

[11] 中华人民共和国建设部标准定额司.全国统一安装工程预算工程量计算规则【M】.
     北京：中国建筑工业出版社，2001.

[12]《建筑工程工程量清单计价规范》宣贯辅导教材.北京：中国计划出版社，2003.

[13] 刘钟莹，茅剑，魏宪，卜宏马.建筑工程工程量清单计价.南京：东南大学出版社，2004.

[14] 景星容，杨宾.建筑设备安装工程预算，北京：中国建筑工业出版社，2004.

[15] 郑发泰.建筑电气工程预算.北京：中国建筑工业出版社，2005.

[16] 中国建筑工程造价管理协会，建筑工程造价管理基础知识，北京：中国计划出版
     社，2007.

[17] 韩永学.建筑电气工程概预算.哈尔滨：哈尔滨工业大学出版社，2008.

# 读者意见反馈表

书名：建筑电气工程预算技能训练　　　主编：韩永学　杨玉红　孙景翠　　　策划编辑：陈健德

> 　　谢谢您关注本书！烦请填写该表。您的意见对我们出版优秀教材、服务教学，十分重要。如果您认为本书有助于您的教学工作，请您认真地填写表格并寄回。**我们将定期给您发送我社相关教材的出版资讯或目录，或者寄送相关样书。**

## 个人资料

姓名＿＿＿＿＿年龄＿＿＿＿联系电话＿＿＿＿＿＿＿（办）＿＿＿＿＿＿＿（宅）＿＿＿＿＿＿＿（手机）

学校＿＿＿＿＿＿＿＿＿＿＿＿＿＿＿＿＿专业＿＿＿＿＿＿＿职称/职务＿＿＿＿＿＿＿＿＿＿＿

通信地址＿＿＿＿＿＿＿＿＿＿＿＿＿＿邮编＿＿＿＿＿＿＿E-mail＿＿＿＿＿＿＿＿＿＿＿＿

## 您校开设课程的情况为：

本校是否开设相关专业的课程　□是，课程名称为＿＿＿＿＿＿＿＿＿＿＿＿＿＿＿＿　□否

您所讲授的课程是＿＿＿＿＿＿＿＿＿＿＿＿＿＿＿＿＿＿＿＿＿课时＿＿＿＿＿＿＿＿＿＿＿

所用教材＿＿＿＿＿＿＿＿＿＿＿＿＿＿＿出版单位＿＿＿＿＿＿＿＿＿＿＿印刷册数＿＿＿＿＿

## 本书可否作为您校的教材？

□是，会用于＿＿＿＿＿＿＿＿＿＿＿＿＿课程教学　　□否

## 影响您选定教材的因素（可复选）：

□内容　　　　□作者　　　　□封面设计　　□教材页码　　　□价格　　　　□出版社

□是否获奖　　□上级要求　　□广告　　　　□其他＿＿＿＿＿＿＿＿＿＿＿＿＿＿＿＿＿＿

## 您对本书质量满意的方面有（可复选）：

□内容　　　　□封面设计　　□价格　　　□版式设计　　　□其他＿＿＿＿＿＿＿＿＿＿＿＿

## 您希望本书在哪些方面加以改进？

□内容　　　　□篇幅结构　　□封面设计　　□增加配套教材　□价格

可详细填写：＿＿＿＿＿＿＿＿＿＿＿＿＿＿＿＿＿＿＿＿＿＿＿＿＿＿＿＿＿＿＿＿＿＿＿＿

＿＿＿＿＿＿＿＿＿＿＿＿＿＿＿＿＿＿＿＿＿＿＿＿＿＿＿＿＿＿＿＿＿＿＿＿＿＿＿＿＿＿

## 您还希望得到哪些专业方向教材的出版信息？

＿＿＿＿＿＿＿＿＿＿＿＿＿＿＿＿＿＿＿＿＿＿＿＿＿＿＿＿＿＿＿＿＿＿＿＿＿＿＿＿＿＿

　　谢谢您的配合，请将该反馈表寄至以下地址。如果需要了解更详细的信息或有著作计划，请与我们直接联系。

通信地址：北京市万寿路 173 信箱　职业教育分社　　　　邮编：100036

http://www.hxedu.com.cn　　　　E-mail:gaozhi@phei.com.cn　　　电话：010-88254565

# 反侵权盗版声明

电子工业出版社依法对本作品享有专有出版权。任何未经权利人书面许可，复制、销售或通过信息网络传播本作品的行为，歪曲、篡改、剽窃本作品的行为，均违反《中华人民共和国著作权法》，其行为人应承担相应的民事责任和行政责任，构成犯罪的，将被依法追究刑事责任。

为了维护市场秩序，保护权利人的合法权益，我社将依法查处和打击侵权盗版的单位和个人。欢迎社会各界人士积极举报侵权盗版行为，本社将奖励举报有功人员，并保证举报人的信息不被泄露。

举报电话：（010）88254396；（010）88258888

传　　真：（010）88254397

E-mail:　　dbqq@phei.com.cn

通信地址：北京市万寿路 173 信箱

　　　　　电子工业出版社总编办公室

邮　　编：100036